BIBLIOTHÈQUE DES PROF...

INDUSTRIELLES, COMMERCIALES ET AGRICOLES

TRAITÉ-MANUEL

DE

PISCICULTURE

D'EAU DOUCE

APPLIQUÉE AU REPEUPLEMENT DES COURS D'EAU

ET A L'ÉLEVAGE EN EAUX FERMÉES,

PAR

Albert LARBALÉTRIER

Diplomé de l'École d'agriculture de Grignon et ancien élève libre
de l'Institut national agronomique,
Ex-professeur d'agriculture et de pisciculture, etc., etc.

AVEC 64 FIGURES DANS LE TEXTE ET DE NOMBREUX TABLEAUX

Agriculture

Jardinage

—

Série H

N° 20

—

PARIS

J. HETZEL ET Cie, ÉDITEURS

18, RUE JACOB, 18

1886

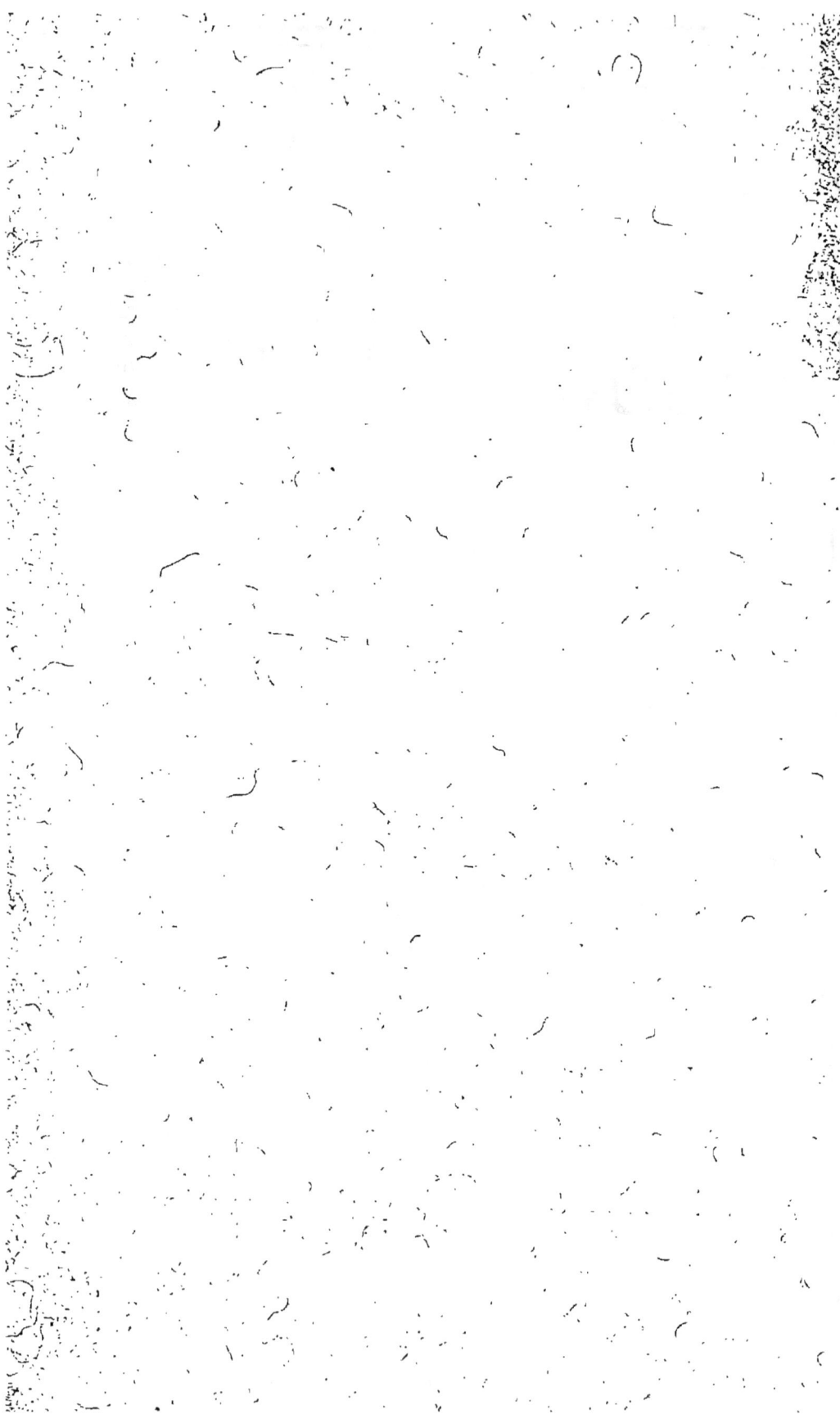

BIBLIOTHÈQUE DES PROFESSIONS

INDUSTRIELLES, COMMERCIALES ET AGRICOLES

SÉRIE H

N° 20

TYPOGRAPHIE FIRMIN-DIDOT. — MESNIL (EURE).

BIBLIOTHÈQUE DES PROFESSIONS
INDUSTRIELLES, COMMERCIALES ET AGRICOLES

TRAITÉ-MANUEL

DE

PISCICULTURE

D'EAU DOUCE

APPLIQUÉE AU REPEUPLEMENT DES COURS D'EAU
ET A L'ÉLEVAGE EN EAUX FERMÉES

PAR

Albert LARBALÉTRIER

Diplômé de l'École d'agriculture de Grignon et ancien élève libre
de l'Institut national agronomique,
Ex-professeur d'agriculture et de pisciculture, etc., etc.

AVEC 64 FIGURES DANS LE TEXTE ET DE NOMBREUX TABLEAUX

Agriculture

Jardinage

Série H

N° 20

PARIS

J. HETZEL ET Cie, ÉDITEURS

18, RUE JACOB, 18

PRÉFACE

Certes, les bons traités de Pisciculture ne manquent pas ; aussi n'est-ce en aucune façon pour les remplacer, ni même pour en ajouter un autre à la série déjà existante, que nous publions aujourd'hui cet ouvrage.

Presque tous les livres de Pisciculture publiés jusqu'ici, présentent cette science sous un aspect peut-être un peu exclusif, ne visant la plupart du temps qu'un seul côté de la question : soit le repeuplement des cours d'eau, soit le côté fantaisiste de la production du poisson, la Pisciculture d'amateur.

Pour nous, la Pisciculture est tout autre chose : c'est une subdivision de la zootechnie ou économie du bétail, ayant pour objet la production et la vente du poisson, et, comme conséquence, le profit, but définitif de toute opération industrielle. Pour y arriver, la connaissance approfondie des pratiques piscicoles s'impose d'une manière trop évidente pour que nous y insistions.

Quoique le caractère de ce *Traité-manuel de Pisci-*

culture d'eau douce[1] soit essentiellement pratique, nous n'avons pas négligé le côté théorique et scientifique, qui simplifie tant les questions, en montrant le *pourquoi* des méthodes employées.

Ce manuel s'adresse aux pisciculteurs, aux amateurs, aux élèves et surtout aux professeurs des Écoles d'agriculture et fermes-écoles que la loi de 1874 oblige à enseigner la Pisciculture. Nul doute, que les uns et les autres y trouvent la plupart des renseignements pratiques désirables pour mener à bonne fin une entreprise piscicole sérieuse. Une autre raison nous a décidé à publier cet ouvrage : ayant inséré quelques études de Pisciculture industrielle dans divers journaux et revues agricoles et scientifiques, nous avons reçu bon nombre de lettres, nous demandant des renseignements multiples, demandes auxquelles nous n'avons pu satisfaire qu'en partie; quelques-uns même de nos lecteurs nous demandaient de condenser en un volume notre enseignement piscicole, qui n'avait été qu'oral jusqu'à ce jour.

Telles sont les causes multiples qui motivent l'apparition de ce nouveau *Manuel*.

Avant de clore cette préface, déjà trop longue, nous

---

1. Pour la Pisciculture marine, voir l'ouvrage de M. F. Fraîche, *Guide pratique de l'Ostréiculteur,* culture des huîtres, des moules, homards, langoustes, etc., J. Hetzel et Cⁱᵉ, éditeurs, 1 vol. *Bibliothèque des professions industrielles.* — Prix : 3 francs.

devons une dernière explication à nos lecteurs. Il nous a semblé nécessaire de nous étendre quelque peu sur la physiologie et l'anatomie des poissons, car nous sommes intimement convaincu qu'il est impossible d'exploiter avec fruit des machines dont on ignore le fonctionnement et les moindres rouages. Ceci explique pourquoi la première partie de notre ouvrage est si développée. De plus, nous nous sommes quelque peu étendu sur les notions relatives à la capture du poisson, abordant ainsi la science des pêcheries, si intimement liée à la Pisciculture. Enfin, nous avons tenu à signaler les appareils perfectionnés qui dans ces dernières années ont vu le jour, surtout aux États-Unis, et grâce auxquels la Pisciculture américaine est aujourd'hui la première du monde.

A. L.

PISCICULTURE

D'EAU DOUCE

NOTIONS PRÉLIMINAIRES

L'*aquiculture* est la science qui s'occupe des produits *animaux* de l'eau.

Or, les eaux répandues à la surface du globe sont de deux sortes : les eaux *douces*, comme les fleuves, les rivières, les ruisseaux, les lacs, les étangs, etc.; et les eaux *salées*, telles que les eaux de la mer et de certains lacs.

Ces eaux sont habitées par des animaux très différents, dont l'étude est du ressort de la *zoologie*. Ceux qui sont utilisés par l'homme à un titre quelconque et qui, par conséquent, doivent être multipliés ou améliorés sont du domaine de l'*aquiculture*.

Ces animaux appartiennent à divers groupes, ils diffèrent les uns des autres ; aussi leur culture est fort variable, car comme en agriculture, en pisciculture il y a des procédés spéciaux qui varient avec les espèces : ainsi de même que la culture du blé diffère de celle de l'olivier, que l'élevage du cheval diffère de celui du mouton, de même l'élevage de la carpe diffère notablement de celui de l'écrevisse, par exemple.

Par cela même, l'aquiculture peut être subdivisée en plusieùrs études distinctes, parmi lesquelles les plus importantes sont :

1° La *Pisciculture,* qui s'occupe des poissons ;

2° La *Crustaticulture,* qui s'occupe des crustacés aquatiques ;

3° L'*Hirudiculture,* ou élevage des sangsues ;

4° L'*Ostréiculture,* ou élevage des huîtres ;

5° La *Myticulture,* ou culture des moules.

Dans ce volume, nous ne nous occuperons que de la production et de l'élevage des animaux d'eau douce utilisés à un titre quelconque, soit dans l'alimentation, dans les arts, la médecine, l'industrie, etc., etc.

Notre étude sera divisée en quatre parties bien distinctes :

1° Les *Poissons ;*

2° Les *Procédés de multiplication et d'élevage ;*

3° La *Pêche en eau douce et la législation ;*

4° Les *Écrevisses, sangsues,* etc.

PREMIÈRE PARTIE

LES POISSONS

CHAPITRE PREMIER

CONSIDÉRATIONS GÉNÉRALES

La Pisciculture. — La pisciculture est la partie de l'aquiculture qui s'occupe de la production et de l'élevage du poisson. Bon nombre de sciences prêtent leur concours aux études piscicoles ; les trois principales sont : l'*ichtyologie,* ou histoire naturelle des poissons ; l'*hydrologie,* qui traite des eaux et de leurs différentes espèces ; enfin, l'*économie rurale.*

Le but de la pisciculture est la production des jeunes poissons, soit pour repeupler les cours d'eau, soit pour faire l'élevage dans les eaux fermées.

Historique. — La pisciculture est encore à l'état d'enfance. Cependant quelques-unes de ses pratiques semblent avoir été appliquées par les anciens. D'ailleurs, bien avant notre ère, les Chinois pratiquaient l'élevage du poisson, aussi est-ce à eux que revient l'honneur de cette découverte. L'abbé Huc rapporte que des Chinois venant des provinces de Canton vendaient de la semence de poisson aux propriétaires d'étangs.

Les anciens Égyptiens pêchaient du poisson dans le Nil

et le lac Mœris. Les Grecs estimaient peu cette nourriture;
par contre, chez les Romains, le principal luxe des festins
consistait en poissons, aussi entretenaient-ils des viviers
splendides dont on se fait difficilement une idée exacte. « Les
Romains étaient si friands de poissons, ils étaient si fins con-
naisseurs que, rien qu'au goût, ils pouvaient désigner dans
quelles eaux le poisson avait été pris.

« Les anciens avaient des raffinements inouïs : Hélioga-
bale saupoudrait de perles, au lieu de poivre blanc, les poissons ; il les faisait cuire dans une sauce qui était azurée comme
l'eau de la mer, et qui leur conservait leur couleur naturelle.

« Rappelons, à titre de curiosité, la reine Atergate, qui
aimait tant le poisson qu'elle fit défendre à ses sujets d'en
manger, et cela dans la crainte qu'il n'en restât pas assez
pour elle. »

Au moyen âge, les moines élevaient beaucoup de poissons
dans les étangs, en prévision du régime maigre qui était
alors très rigoureusement observé.

Plus tard enfin, comme nous le verrons par la suite, la
découverte des fécondations artificielles donna à la pisciculture un nouvel essor; aussi n'est-ce réellement qu'à partir
de ce moment que l'histoire de la pisciculture devient intéressante.

D'ailleurs, on comprendra sans peine que les progrès de
cette science devaient marcher quelque peu avec les progrès de l'ichtyologie. C'est Aristote qui nous a laissé la première histoire naturelle des poissons ; mais il est à remarquer que les Grecs se sont moins occupés des poissons d'eau
douce que des espèces marines, et cela se conçoit, les rivières de leur pays étant le plus souvent à sec pendant la saison chaude, et la mer étant partout à leur portée.

Pline s'est occupé des poissons, mais en se basant sur
Aristote. Au quatrième siècle, Ausone, poète naturaliste
gallo-romain, a décrit quelques poissons, mais très impar-

faitement ; ce n'est que vers 1550 que Rondelet, P. Belon, etc., firent quelques études ichtyologiques sérieuses.

Enfin, vers la fin du dix-huitième siècle, Linné, Buffon et surtout Cuvier établirent les grandes bases de la science des poissons et commencèrent l'œuvre que continuent de nos jours d'éminents naturalistes.

Problème piscicole. — Le problème piscicole peut être ainsi posé : Étant donné une situation favorable à la production du poisson, en tirer le plus grand bénéfice possible ?

Or, qu'est-ce qui dira au pisciculteur si son opération est bien conduite, si elle est lucrative ? Est-ce la comparaison de sa manière de faire avec la méthode scientifique consacrée ? Est-ce la production de sujets d'élite ? Non. C'est la comptabilité.

La comptabilité en pisciculture est donc de première nécessité, surtout lorsqu'on fait l'élevage industriel du poisson. Comme dans toutes les comptabilités possibles, la différence entre les dépenses et les recettes donnera le résultat de l'opération. La nourriture donnée sera évaluée en argent, soit en prenant comme base les prix du marché, soit en l'évaluant d'après la quantité d'azote et d'acide phosphorique qu'elle contient, si cette nourriture n'a pas de prix courant sur le marché.

Conditions économiques de la production du poisson. — A l'origine des sociétés humaines, on s'est d'abord contenté, pour se nourrir, de chasser les animaux sauvages vivant dans les forêts. Mais, la population s'accroissant sans cesse, la nourriture devint bientôt insuffisante et il fallut asservir des animaux, par cela même cultiver quelques plantes. Or, pendant longtemps, le poisson n'a été pêché que dans les cours d'eau où il se reproduisait tout naturellement. Il est vrai que la grande fécondité de cette classe de vertébrés a suffi pour en assurer une production à peu près constante ; mais peu à peu la population s'accroissant de plus en plus, et avec elle, la civilisation, l'industrie et la navigation se développant de plus en plus, le poisson a diminué en proportion même du progrès, de sorte que, aujourd'hui, la production naturelle du poisson d'eau douce est insuffisante pour alimenter nos marchés. Il nous faut donc maintenant produire le poisson d'une manière intensive, tout comme nos agriculteurs produisent le bétail. Pour cela, nous pouvons utiliser les étangs, lacs et petits cours d'eau, car les fleuves et les rivières, malgré tous les efforts qu'on a faits et ceux qu'on pourra tenter encore, ne seront jamais complètement réempoissonnés, puisque les causes de destruction qui ont amené le dépeuplement subsistent toujours et vont même en s'accroissant de jour en jour; et, à vrai dire, on ne peut pas sacrifier entièrement les nécessités de l'industrie et de la navigation fluviale à la pisciculture. C'est donc la production *privée* du poisson qui doit être considérée. Cette production a d'ailleurs un double avantage : elle alimente les marchés, et constitue pour le producteur une source réelle de profits. Or, c'est ce dernier point surtout qui mérite d'être considéré, car il est de toute évidence qu'on ne réalisera des bénéfices que si les prix de vente sont élevés et les frais de production faibles. En ce qui concerne les prix de vente, quoique soumis aux fluctuations du marché, ils sont aujourd'hui assez élevés pour qu'on s'adonne à cette industrie ; d'ailleurs il est à remarquer que ces prix sont indépendants de notre volonté individuelle. Au contraire, les frais de production dépendent non seulement des circonstances et des milieux économiques, mais encore de l'habileté du producteur. C'est donc surtout à l'abaissement de ces frais de production que doit viser le pisciculteur.

Mais la pisciculture privée ou pour mieux dire, *industrielle*, opérant sur des eaux fermées, y a-t-il avantage à faire produire un hectare en poissons, ou n'est-il pas préférable de le mettre en culture ? On ne peut rien dire de général à ce sujet, cependant, la constatation du prix de vente du poisson sur nos marchés, comparativement au prix des denrées agricoles, est la meilleure réponse qu'on puisse faire à cette question. « Il est grand temps, écrivait il y a quelques années déjà, M. de la Blanchère, dans le *Bulletin de la Société d'acclimatation*, que l'on sache reconnaître, — et surtout dire bien haut, — que l'eau est un *champ à mettre en culture*, comme toute autre portion du territoire. Il faut qu'on apprenne en outre, que cette eau est un champ plus fertile que les meilleurs champs fournis par la terre en tant que sol. »

Par suite du dépeuplement de nos cours d'eau le poisson devient de plus en plus rare, la demande est plus considérable que l'offre, et par cela même les prix sont élevés. Quoique l'importation soit assez forte, elle ne peut équilibrer les prix, car le transport du poisson à grande distance est encore loin d'être un problème résolu. Quoi qu'il en soit, et nous ne saurions trop insister sur ce point, une généralisation en ce qui concerne ce délicat problème de la mise en valeur d'une certaine étendue de terre par le pisciculteur ou par l'agriculteur, serait téméraire, car la solution du problème dépend des conditions économiques qui entourent le producteur. Cependant, d'une manière générale, la production *bien comprise* du poisson est lucrative dans notre pays ; une seule chose fait défaut, c'est la connaissance des procédés piscicoles nécessaires pour arriver au but qu'on se propose. Comme le dit fort bien M. de la Blanchère, que la science française vient d'avoir la douleur de perdre et dont la compétence en matière piscicole n'était mise en doute par personne, c'est l'ignorance qui est cause de la stérilité, partout et toujours. Elle a été longtemps cause de la stérilité de nos terres et de leur maigre culture ; elle est aujourd'hui la cause de l'abandon et du friche de nos eaux.

Production du poisson en France. — Chez nous, la

production du poisson est peu considérable et nullement
en rapport avec nos besoins, puisque les importations ne peuvent combler le déficit; et cependant, rien qu'en 1858, on
a importé en France 1,007,495 kilogr. de poisson d'eau
douce. En 1884 le total du produit importé des pêches étrangères s'est élevé, pour la ville de Paris seulement, au chiffre
de 6,818,111 kilogr., ce qui représente une valeur de près de
14 millions de francs [1].

« Depuis quelques années, dit M. de la Blanchère, la pêche est devenue si mauvaise et suit une progression si fran-
chement décroissante, que tous les gens raisonnables en sont
frappés. Avec la diminution des produits, les prix se sont
élevés, les fabricants de conserves se montrent plus exigeants,
on dirait qu'ils sentent que la manne qui a fait leur fortune
va leur manquer. Ils ont raison, elle va leur manquer si des
mesures sévères ne font pas tout rentrer dans l'ordre [2]. »

Nos eaux fournissent à l'État un produit annuel de
600,000 à 700,000 francs, tandis qu'en Angleterre, une étendue d'eau moitié moindre procure 15 millions au trésor.

Il est vrai que pour les pêches maritimes nous sommes
moins arriérés, mais là encore nous pourrions avoir bien
davantage. Ainsi en 1882, nous employions à la pêche
83,845 personnes, et le produit total des pêcheries était de
93 millions de francs. En Angleterre, on compte 120,000 pêcheurs, et le poisson qu'ils capturent représente une valeur
de 275 millions de francs.

Cependant, malgré le prix élevé du poisson on en consomme encore une notable quantité. Ainsi à Paris la consommation moyenne est evaluée à 12 kgr. 767 par habitant et par an. Cette moyenne peut se décomposer ainsi :

1. Dans ce chiffre, les importations de l'Angleterre figurent pour
4,943,611 kgr., la Belgique 409,000 kgr., la Hollande 790,000 kgr., la
Prusse 590,000 kgr., l'Italie 105,000 kgr., et la Suisse 10,500 kgr.

2. *Annales agronomiques*, 1878.

poissons de mer, 12 k. 112, poissons d'eau douce, 0,655.

Superficie totale des eaux en France. — Nous possédons environ 50,000 cours d'eau s'étendant sur une longueur de plus de 158,000 kilomètres, soit une superficie totale de 75,000 hectares environ.

Indépendamment de ces eaux courantes, nous avons encore, toujours comme eaux douces, 110,000 hectares d'étangs et 20,000 hectares de lacs.

Les cours d'eau et leurs affluents serpentent dans les vallées, ils constituent ainsi des *bassins* qui, en général, correspondent aux *versants*. Cependant, le versant de l'Atlantique comprend deux bassins, celui de la Loire et celui de la Garonne; le versant de la Manche correspond au bassin de la Seine, celui de la Méditerranée au Rhône. Ce sont là les grands bassins de la France. Ceux de la Meuse, de l'Escaut, de la Somme, de la Charente, de l'Adour, etc., ont beaucoup moins d'importance.

Les côtes de la France s'étendent sur une longueur d'environ 640 lieues, dont près de 100 sur la Méditerranée.

La chair de poisson considérée comme aliment. Sa valeur nutritive. — Le poisson constitue la base de la nourriture de certaines populations dites ichtyophages, les Scandinaves et les Islandais par exemple. En France, la consommation est limitée. Or, il serait à désirer que cette nourriture fût plus répandue qu'elle ne l'est, car elle jouit de qualités précieuses à bien des titres. Tout d'abord, le poisson est un aliment nutritif, et si certaines personnes ne le considèrent pas comme tel, c'est parce qu'il n'apaise pas facilement la faim et qu'il est rapidement digéré. Cependant il convient moins que la viande à l'homme qui se livre à un travail pénible, mais aussi, il est, en général, d'une digestion très facile [1].

---

1. Il résulte d'analyses nombreuses, que la chair de poisson n'est que de 3 pour 100 moins nourrissante que celle du bœuf.

La chair de poisson est riche en eau et en albumine, les matières grasses s'y trouvent en proportions variables suivant les espèces.

Voici, d'après M. Payen, la composition de la chair du gardon :

Eau	67,030
Matières azotées	15,145
Matières grasses	13,250
Substances minérales	2,720
Matières non azotées et pertes.....	1,855
	100,000

D'ailleurs, comme le fait remarquer le Dr Riant, le mode de préparation influe également sur la digestibilité de cette espèce d'aliment. En général, tout procédé qui consiste dans l'emploi d'une notable quantité de graisse ou d'huile diminue la digestibilité.

Le poisson salé, en partie desséché, est plus nourrissant, mais plus difficile à digérer, en raison de la condensation de ses fibres, et aussi des altérations qu'il peut avoir subies.

Le poisson fumé est beaucoup plus nutritif. Le boucanage lui enlève l'eau qu'il contient à l'état frais, et développe des principes odorants et sapides qui en font un aliment agréable, nourrissant et stimulant [1].

Indépendamment de ces qualités, la chair de poisson contenant une quantité assez notable de phosphore, agit sur les fonctions de la génération ; c'est ce qui explique pourquoi les populations des bords de la mer, qui font du poisson leur principale nourriture, sont d'une fécondité remarquable et possèdent toujours de nombreuses familles. Par ce fait même, on le comprendra sans peine, les gouvernements ont tout intérêt à favoriser la consommation du poisson.

---

1. *Leçons d'Hygiène,* par le Dr Riant; Paris 1875.

Voici, d'après M. Letheby, le tableau de la valeur nutritive de quelques espèces de poissons :

POISSONS.	EAU.	ALBUMINE, etc.	GRAISSE.	SELS.	TOTAL pour 100.		CARBONE pour 1 d'azote.
					AZOTE.	CARBONE.	
Poissons à chair blanche.	78	18,1	2,9	1,0	18,1	2,9	0,2
Anguille.	75	9,9	13,8	1,3	9,9	13,8	1,4
Saumon.	77	16,1	5,5	1,4	16,1	5,5	0,3

Il résulte de ces analyses que les poissons à chair blanche, comme la sole, le merlan, le turbot, etc., contiennent 22 p. 100 de matières solides, dont 18 de substances azotées; il faut donc du beurre dans leur préparation pour en augmenter la valeur nutritive. Il n'en est pas de même pour le saumon, l'anguille et la plupart des autres poissons d'eau douce, ainsi que du maquereau, de la sardine et du hareng, dans lesquels la proportion de matières grasses est beaucoup plus considérable. Or, par le fait même de la richesse de ces aliments en hydrates de carbone, ils conviennent fort bien aux populations des pays septentrionaux, car ces principes contribuent dans une large mesure à l'entretien de la chaleur animale. Cette théorie se trouve d'ailleurs pleinement vérifiée par les faits, car personne n'ignore que ce sont les peuples du nord qui consomment le plus de poissons et le plus d'aliments riches en hydrates de carbone, huiles, graisses, etc.

Utilisation des débris de poissons. — Dans la préparation des poissons conservés, sardines, morues, thons, saumons, harengs, etc., on obtient des résidus qui, avec les débris et déchets des poissons de grande pêche, trouvent leur emploi en agriculture. Ces déchets, à l'état sec, renferment de 10 à 14 pour 100 d'azote, ainsi qu'une notable quantité de phosphate et de sels alcalins. Dans les contrées voisines de la mer, cet engrais est très employé et donne d'excellents résultats; aussi, en raison même de la valeur fertilisante de cette substance, son commerce s'est-il rapidement étendu.

En Angleterre, les débris de harengs sont payés aux pêcheurs de 30 à 50 fr. les 1,000 kil. par les agriculteurs du Norfolk. Voici, en quelques mots, comment se prépare cet engrais de harengs : lorsqu'on fait bouillir ces poissons pour en extraire l'huile, la matière grasse qui surnage peut être facilement recueillie; la substance même des poissons reste au fond des chaudières et constitue l'engrais qu'on nomme encore *tangrum*.

« A Dieppe, à Saint-Valéry, à Fécamp, dit M. Girardin, les jardiniers et les maraîchers font un grand usage des saumures de harengs : et c'est grâce à leur emploi qu'ils obtiennent de si beaux légumes, tendres et savoureux, dans les terres sablonneuses du littoral qu'ils cultivent. »

On donne le nom de *guano de Norwège* aux débris de morues obtenus dans les pêcheries de la Scandinavie, qui produisent plus de 100 millions de kil. de morue par an. M. Rohart prépare cet engrais de la manière suivante : les débris sont d'abord séchés à l'air, puis soumis à l'action de la vapeur à une pression de 6 atmosphères; ensuite, on les fait passer dans des étuves à air, l'engrais devient friable et peut être facilement pulvérisé.

Voici la composition de cet engrais, d'après M. Malaguti :

Eau	70,0
Matière organique azotée	582,0
Phosphates	296,5
Sels de potasse et de soude	27,9
Azote en combinaison	88,5

On peut appliquer l'engrais de poisson sur les céréales en végétation à l'entrée du printemps ; c'est sur les terres crayeuses ou calcaires qu'il donne les meilleurs résultats. On l'applique à la dose moyenne de 400 kil. par hectare.

CHAPITRE II

ORGANISATION DES POISSONS

Caractères de ces animaux. — Les poissons sont des animaux vertébrés ovipares, à sang froid, vivant dans les eaux douces ou salées ; leur respiration s'opère par l'intermédiaire de l'eau, dont ils extraient l'air dissout à l'aide de leurs branchies. Le cœur est formé d'un seul ventricule et d'une seule oreillette. Le corps est symétrique et les membres sont transformés en nageoires.

La forme des poissons est assez variable, cependant, toujours le corps est d'une seule venue et ne présente aucun rétrécissement en forme de *cou*, séparant la tête du tronc ; en général, la queue est développée et mue par des muscles puissants fournissant une grande partie de la chair comestible; l'anguille et la lamproie ont l'aspect cylindrique ou serpentiforme, le goujon est presque conique, les gymnodontes sont sphériques, enfin d'autres poissons sont tout à fait plats, les raies et les soles par exemple. Le corps des animaux qui nous occupent est généralement recouvert d'écailles de formes et de couleurs variables. Le squelette peut être dur et résistant comme chez la truite, le brochet, le hareng, la carpe, etc. (poissons osseux); d'autres, tels que les raies, les lamproies, etc., ont les os mous et cartilagineux (poissons cartilagineux).

A. *Fonctions de nutrition.*

Trois appareils concourent à la nutrition :

1° L'appareil digestif ;

2° L'appareil circulatoire ;

3° L'appareil respiratoire.

Appareil digestif. — La disposition du tube digestif, la forme et la situation des organes qui le constituent, présentent des différences assez tranchées, suivant les groupes et même les espèces de poissons.

La *bouche* est ample, placée, soit à la partie supérieure de la tête, comme chez la truite, soit à la partie inférieure, comme chez l'esturgeon, qui cherche sa nourriture dans la vase. Les dents, lorsqu'elles existent[1], sont en nombre variable et diversement placées, elles sont très caduques et constituent plutôt des organes de préhension que de mastication. Il peut y en avoir sur les maxillaires, à l'intermaxillaire, le vomer, les palatins, même sur la langue et sur l'os pharyngien, assez rarement même ces dernières font défaut. Ces dents présentent la forme de pointes acérées ou de crochets ; elles sont *nues*, c'est-à-dire formées presque exclusivement de dentine ; tantôt elles sont soudées dans les os, d'autres fois simplement implantées dans la gencive. Il n'y a pas de glandes salivaires chez les poissons.

L'*œsophage* est très court et peu distinct de l'estomac. La vessie natatoire, sorte de poche dont les usages sont encore imparfaitement connus, débouche chez quelques espèces dans l'œsophage par un canal particulier.

L'*estomac* ne se distingue guère de l'intestin que par son diamètre qui est un peu plus fort. Dans beaucoup d'espèces, l'estomac est accompagné dans sa partie terminale de cœcums nombreux, nommés *cœcums pyloriques*.

L'*intestin* est simple et forme en général peu de circon-

---

1. Lorsqu'on dit qu'un poisson est dépourvu de dents, on veut parler de la bouche antérieure, mâchoires, vomer, palatins, etc., mais il y a toujours des dents pharyngiennes.

volutions, il est relativement plus allongé chez les espèces herbivores que chez les espèces carnivores ou omnivores. Chez quelques poissons, l'intestin présente dans sa partie médiane une valvule en spirale qui lui donne l'aspect d'une vis d'Archimède, ce qui augmente beaucoup la surface absorbante. Le rectum est court et s'ouvre en avant de l'orifice génital.

Le foie est très développé et occupe souvent plus des deux tiers de la cavité abdominale ; il sécrète une énorme quantité d'huile qui, chez les raies par exemple, en augmente encore le volume.

La vésicule biliaire ne présente rien de particulier ; elle manque chez les lamproies et quelques autres espèces.

La rate est en général peu développée ; elle l'est d'autant moins que le foie est plus gros.

Les reins, au nombre de deux, sont de forme variable : allongés chez les poissons à squelette osseux, arrondis au contraire chez les poissons cartilagineux ; ils sont placés au-dessous de la colonne vertébrale, qu'ils accompagnent dans une partie assez étendue. La vessie urinaire n'existe pas chez toutes les espèces ; lorsqu'on la trouve, elle est située au-dessus du rectum.

En général, les poissons sont des animaux très voraces ; les uns se nourrissent de matières végétales, les autres sont carnassiers, leur nourriture consiste alors en poissons, mollusques, zoophytes, insectes, crustacés, matières animales diverses, etc., bon nombre d'espèces vont même jusqu'à s'entre-dévorer.

La carpe présente dans la fonction digestive une particularité remarquable : après avoir mangé, elle fait revenir ses aliments dans l'arrière-bouche ; alors elle les triture avec ses dents pharyngiennes, simulant ainsi une véritable rumination. Dans la bouche, un repli de la muqueuse empêche les aliments d'entrer dans les cavités branchiales.

Appareil circulatoire. — Le système circulatoire des poissons est incomplet. En effet, le cœur n'est formé que d'un ventricule et d'une oreillette; il est analogue au cœur droit des animaux vertébrés supérieurs. Le sang des poissons est coloré en rouge; il est à température variable. Les globules sont elliptiques et leur longueur varie entre 0^mm0086 et 0^mm0128. Il résulte des recherches de M. Malassez, que le nombre des globules contenus dans un volume déterminé de sang est beaucoup moindre chez les poissons que chez les autres vertébrés. Il y a sous ce rapport, une dif-

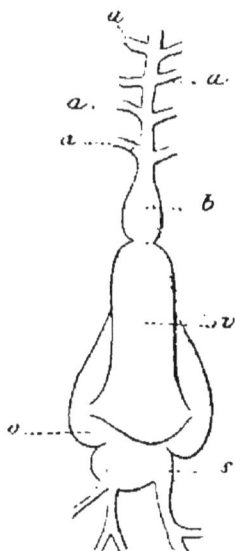

Fig. 1. — Circulation du sang. Bulbe artériel et sinus de Cuvier.

férence notable entre les poissons à squelette osseux et les poissons à squelette cartilagineux. Ainsi, tandis que chez les premiers on compte de 700,000 à 2,000,000 globules par millimètre cube, chez les poissons cartilagineux on n'en trouve que 140,000 à 230,000. C'est ainsi qu'il y en a 2 millions chez la sole, 1 million chez l'anguille, 230,000 chez la raie et 140,000 chez la torpille.

La circulation se fait de la manière suivante : le sang

venant des veines arrive au cœur, la contraction du ventricule le chasse alors par le *bulbe artériel* (*b*, fig. 1) (commencement de l'aorte) dans les branchies, où il subit l'action
de l'oxygène tenu en dissolution dans l'eau (respiration);
de là il se rend dans les différents vaisseaux de l'économie et
revient dans le *sinus de Cuvier* (5), renflement qui entoure
l'oreillette, il passe ensuite dans celle-ci pour être de nouveau poussé dans le ventricule (*v*).

Le cœur avec son bulbe aortique (fig. 1) est entouré d'un
péricarde. En résumé, on voit que dans le système circulatoire des poissons, le cœur n'est jamais traversé que par du
sang veineux.

Système lymphatique. — Le système lymphatique est
assez développé; il est constitué par des sinus s'étendant
sous la colonne vertébrale, et communiquant avec un ensemble de tubes et de cavités contenus dans diverses parties
du corps, et admettant l'eau du dehors. Il y a même des
orifices aquifères près de l'anus de certaines espèces.

Appareil respiratoire. — L'air qui se trouve naturellement dissous dans l'eau a une composition un peu différente de l'air atmosphérique. Cela se conçoit, étant donné
que ce gaz est, non pas une combinaison chimique, mais un
simple mélange, chaque gaz qui le constitue se dissout pro-
portionnellement à sa solubilité propre. Par cela même, l'air
extrait de l'eau renferme environ 35 d'oxygène pour 67 d'a-
zote. C'est cet air que respirent les poissons à l'aide des
branchies, organes situés au-dessous de la tête à la place
qu'on pourrait appeler le cou. Ces branchies ne communiquent pas directement avec la bouche, mais s'en trouvent
séparées par une sorte de grille formée par les arcs branchiaux; les deux cavités respiratoires sont donc distinctes
de la cavité buccale. L'eau qui pénètre dans cette dernière
en traversant la grille, pénètre jusqu'aux branchies; là,
cette eau après avoir été *respirée,* c'est-à-dire dépourvue de

l'air atmosphérique qu'elle contenait, elle sort par les *ouïes*
ou orifices externes de la cavité branchiale.

Les branchies sont des lamelles rangées en deux séries le
long de la face externe de chacun des arcs branchiaux. Ces
arcs sont généralement au nombre de quatre de chaque côté
(voir fig. 4). Les branchies simulent assez bien un peigne. En
effet, elles sont constituées par une lame cartilagineuse flexible, sur laquelle sont rangés des filaments disposés sur deux
rangs et à la surface desquels se répandent des vaisseaux;
les plis que forment ces filaments augmentent la surface de
l'organe.

Les vaisseaux artériels, ceux qui, venant du cœur, portent le sang qui n'a pas encore été oxydé, sont situés au

Fig. 2. — Pièces de l'opercule.

bord interne des deux rangées de filaments; au contraire,
le sang oxydé se trouve au bord externe et les vaisseaux qui
le contiennent aboutissent dans l'aorte.

Les branchies, organes délicats, sont protégées par l'*o-
percule*. Celui-ci est formé de quatre pièces : l'*opercule proprement dit*, qui est la pièce la plus étendue (*o*, fig. 2) ; le
subopercule, situé immédiatement au-dessous (*s*), il est quelquefois muni d'épines ; l'*interopercule*, qui donne attache aux
rayons branchiostèges, dont nous parlerons au sujet du
squelette (*i*) ; enfin, le *préopercule*, pièce triangulaire située
en avant et qui forme charnière dans sa partie antérieure.

Dans la classe des poissons, les branchies varient, non

seulement comme forme et comme étendue, mais leur disposition présente encore de nombreuses différences qui ont même servi de base pour l'établissement de quelques classifications.

Chez quelques poissons, les branchies étant très larges, mais les plis peu profonds, dès qu'ils sont hors de l'eau, l'évaporation à la surface de ces organes étant très rapide, la mort survient presque instantanément ; le hareng est dans ce cas. Chez la carpe, l'anguille, etc., les branchies sont plus petites mais les plis sont plus profonds, par cela même, l'évaporation est moins active, aussi ces poissons peuvent-ils vivre quelque temps hors de l'eau.

Chez les brochets, les perches, les carpes, et toute la série des poissons dits acanthoptérygiens et malacoptérygiens, les branchies ont l'apparence de peignes et sont suspendues à des divisions de l'os hyoïde, appelées arcs branchiaux ; l'os hyoïde des poissons, dit M. P. Gervais est, en effet, plus compliqué que celui des autres vertébrés, et il ne subit pas la réduction que la suite du développement amène dans celui de ces derniers.

Les branchies des syngnathes et des hippocampes sont

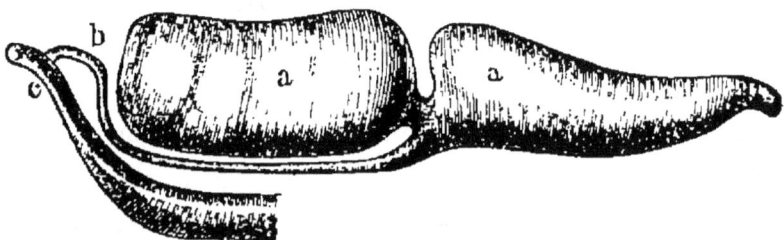

Fig. 3. — Vessie natatoire de la carpe.

en houppes, mais elles ne communiquent également avec l'extérieur que par une seule paire d'ouvertures placées sur les côtés de la tête, et ces ouvertures, nommées ouïes, sont le plus souvent protégées par un appareil résistant et mobile, de nature osseuse, auquel on donne le nom d'opercule. Il y a, au contraire, plusieurs paires de ces orifices chez les raies et chez les squales, et les cyclostomes en possèdent aussi de multiples. Toutefois, celles des chimères, bien qu'offrant en réalité la même disposition, se réunissent pour chaque côté de manière à ne constituer qu'une seule issue, et il en est de même chez les myxines, qui rentrent dans la division des lamproies [1].

La *vessie natatoire*, sur les fonctions de laquelle on a énormément discuté, semble être un organe annexe de la respiration. C'est une sorte de sac rempli d'air appelé canal pneumatophore (*b*, fig. 3) ; quelquefois ce sac est fermé, chez les *perches*, les *morues*, le *thon*, le *turbot* par exemple, alors les poissons sont dits *physoclistes*; chez d'autres, la vessie natatoire est pourvue d'un conduit aérien qui, ainsi que nous l'avons déjà vu, s'ouvre dans l'œsophage, les poissons ainsi conformés sont dits *physostomes*, les *hippocampes*, les *coffres*, les *diodons,* etc., sont dans ce cas.

On peut considérer la vessie natatoire comme l'homologue du poumon, et, en effet, la transition s'établit entre ces deux organes par une série de formes intermédiaires : ainsi, parfois, la vessie présente à la surface interne une structure celluleuse et est pourvue d'un réseau vasculaire bien développé ; chez le *polyptère*, cet organe est double ; on trouve, dit M. Sicard, en communication avec l'œsophage deux sacs membraneux pleins d'air, dont les parois sont sillonnées de plis très fins et reçoivent du sang par les vaisseaux qui viennent des derniers arcs branchiaux. Enfin, chez le *lepidosiren* (*dipneustes*), une ouverture placée à la partie supérieure du pharynx donne accès dans deux grandes poches aériennes qui ont tous les caractères de véritables poumons [2].

---

1. *Les Poissons,* par Gervais et Boulard. (Introduction.)
2. *Éléments de Zoologie,* par Henri Sicard.

B. *Fonctions de relation.*

Les fonctions de nutrition servent à la réparation journalière des tissus et à l'accroissement de l'individu ; d'autres fonctions mettent l'animal en rapport avec le monde extérieur, ce sont les fonctions de *relation*.

Elles comprennent deux séries d'organes : les organes de la locomotion et les organes des sens.

1º Organes de la locomotion.

Trois sortes d'organes concourent à la locomotion. Ce sont : les os, les nerfs, et les muscles dont nous allons dire quelques mots.

Système osseux. — Le squelette des poissons peut être mou, c'est-à-dire *cartilagineux*, ou bien dur et résistant, c'est-à-dire *osseux*. Cette distinction est très importante car elle a servi de base pour la classification.

Les poissons à squelette cartilagineux sont appelés *chondroptérygiens*, ceux à squelette osseux portent le nom d'*ostéoptérygiens*.

Les os des chondroptérygiens sont formés de cellules ramifiées plongées dans une matière intercellulaire assez consistante ; souvent ces cellules sont entourées d'une couche de substance constituant la *capsule du cartilage*, c'est dans l'intérieur de ces capsules que les cellules se multiplient par division, c'est ce que les anatomistes nomment une multiplication cellulaire *endogène*.

Les poissons cartilagineux, en vertu même de l'élasticité et de la flexibilité de leur squelette, sont en général très agiles et très souples : les lamproies, les esturgeons et les raies en sont un exemple.

Pour les poissons osseux nous ne pouvons songer à décrire leur squelette d'une façon tant soit peu complète ; il est fort compliqué en général, puisque chez la carpe seule on compte 4,386 os. Nous nous contenterons de quelques notions sommaires dont la connaissance est indispensable.

Deux régions sont à considérer, celle de la tête et celle du tronc. La première de ces régions est fort complexe, car la tête d'un poisson est formée d'une multitude d'os, comprenant non seulement les os de la tête proprement dite (crâne et face), mais les os de l'appareil bronchial, qui tiennent à la tête, et les membres antérieurs. Dans le crâne, on distingue, sur la ligne médiane et en arrière : l'*os basilaire*; puis le *sphénoïde postérieur*, le *sphénoïde antérieur*, qui n'existe que chez quelques espèces ; puis le *vomer*, qui porte souvent des dents; enfin, l'*ethmoïde*. De chaque côté de cette ligne sont des os paires, ce sont les *occipitaux*, s'appuyant sur le basilaire ; puis en avant de ceux-ci, le *rocher*, le *mastoïdien*, le *pariétal*. Au-dessous de cette rangée, l'os de la *grande aile* du sphénoïde, la *petite aile* du sphénoïde, le *frontal postérieur* et le *frontal antérieur* qui limite l'*orbite pariétal*, formé de trois os, et un *occipital* comprenant cinq pièces osseuses. Or, chacun de ces os a reçu un nom spécial.

A la boîte crânienne est attaché un système osseux formé par les arcs céphaliques inférieurs et qui entoure l'ouverture buccale, c'est l'arc maxilocrémastique ou tympano-palatin, formé par le palatin, le ptérygoïdien et l'os transverse, puis le temporal, le jugal, le symplectique et le tympanique.

Le maxillaire est attaché au crâne par l'intermédiaire d'os nombreux. L'intermaxillaire qui touche à l'ethmoïde, quelquefois un *sus-maxillaire*, puis le *dentaire* et l'*angulaire* formant la mâchoire inférieure. En arrière de l'arc maxilo-crémastique sont les os constitutifs de l'opercule : ce sont les préoperculaire, operculaire, le suboperculaire, et interoperculaire, dont nous avons déjà dit un mot et qui ont été enlevés dans la figure 4, pour mettre à découvert les arcs branchiaux. Dans le fond de l'arrière-bouche sont les arcs branchiaux, dont les branches latérales sont réunies par une pièce appelée *copule*. Le premier de ces arcs (arc hyoïdien) sert de base à la langue. Ce sont là les pièces principales du squelette de la tête, mais nous le répétons, il y en a bien d'autres; en faire ici une étude plus complète serait dépasser le cadre que nous nous sommes tracé.

Le tronc est moins compliqué. Il est formé par les vertèbres du dos et celles de la queue. Les vertèbres des poissons sont biconcaves, elles s'unissent en une série continue laissant entre elles, par leur concavité même, une excavation remplie d'une substance fibro-cartilagineuse.

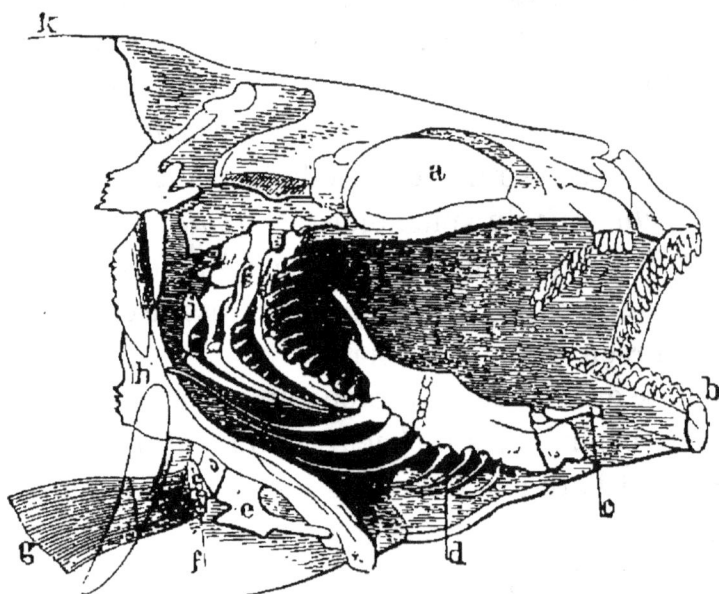

Fig. 4. — Ostéologie de la tête.

Les vertèbres donnent attache aux côtes et à des os placés entre les apophyses épineuses, qu'on a appelés *côtes interépineuses;* les nageoires dorsale et anale sont suspendues à ces os, qui sont pour ainsi dire isolés et comme implantés dans les chairs. Les côtés et les apophyses constituent les principales *arêtes* des poissons.

Nageoires. — Les membres des poissons sont transformés

en nageoires, cependant on retrouve, dans quelques-unes, les pièces osseuses plus ou moins modifiées constituant les membres antérieurs et postérieurs des animaux supérieurs.

Derrière la tête des poissons est une ceinture osseuse qui soutient les nageoires *pectorales;* cette ceinture, dite *scapulaire,* se compose de deux branches qui descendent obliquement en arrière des arcs branchiaux. Chaque branche est formée de trois os, le supérieur est appelé *sur-scapulaire,* le second, qu'on a comparé à l'*omoplate,* a gardé ce nom, on l'appelle encore *scapulaire,* enfin le troisième correspond à la *clavicule* encore appelé *huméral.* Ce dernier soutient plusieurs rangées d'os, d'abord un os pointu, le *coracoïde,* puis au-dessous de celui-ci deux osselets qu'on a comparés au

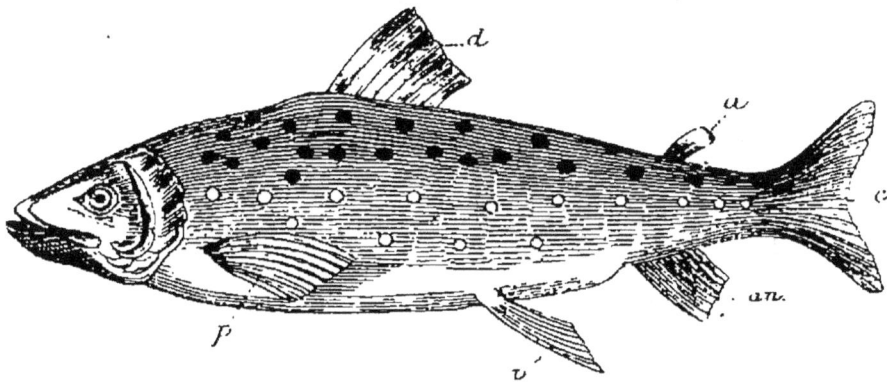

Fig. 5. — Nageoires de la truite.

cubitus et au *radius* et qui soutiennent les osselets du *carpe* portant les rayons des nageoires, qui ont été comparés aux doigts ou phalanges.

Les nageoires postérieures ou *ventrales,* ont une structure beaucoup plus simple. Elles sont attachées à la ceinture *pelvienne,* qui se compose de deux pièces distinctes simulant un bassin rudimentaire, l'*os iliaque,* qui n'adhère pas à la colonne vertébrale.

Quelquefois les nageoires pectorales (*p,* fig. 5) sont très petites, d'autres fois elles sont fort développées et peuvent même servir au poisson pour se soutenir dans l'air, au-dessus des eaux ; les dactyloptères, les exocets, etc., présentent cette particularité.

Les nageoires ventrales (*v*) sont moins développées et formées de moins de rayons. Leur position est assez variable, aussi reçoivent-elles des noms différents. Lorsqu'elles sont plus rapprochées de l'anus que les pectorales, elles sont dites nageoires ventrales *abdominales*, dans ce cas, l'os iliaque est libre au milieu du corps ; lorsqu'elles sont placées plus en avant l'os iliaque se joint à la ceinture scapulaire, alors elles sont dites *thoraciques*, chez la perche par exemple. Enfin, placées encore plus en avant des pectorales elles sont appelées *jugulaires*. Les nageoires ventrales existent presque toujours, elles ne font guère défaut que chez l'anguille, la murène, etc., ces poissons sont dits *apodes*.

Indépendamment de ces membres transformés, ou *nageoires paires*, il y en a d'autres nommées *nageoires impaires*. Ce sont, la *dorsale* (*d*), la *caudale* (*c*) et l'*anale* (*an*). La nageoire dorsale, comme son nom l'indique, est placée sur le dos, quelquefois elle est unique comme chez le hareng, la brème, le gardon, etc. ; d'autres fois elle est formée de deux parties, chez la perche par exemple il y a trois dorsales, alors, la plupart du temps, les rayons de la première sont épineux, tandis que ceux de la seconde sont mous. Chez la morue, la seconde est plus ou moins éloignée de la première, aussi est-elle parfois considérée séparément, la dernière est quelquefois nommée *adipeuse*. Toutefois, il est à remarquer qu'elle est formée d'un simple repli de la peau. Cette nageoire adipeuse *a* existe aussi chez la truite (fig. 5).

Quelquefois, à la suite de la dorsale, on remarque un nombre variable de petites *pinules*, la plupart du temps libres : les maquereaux et les thons présentent cette particularité.

La nageoire *caudale* est de forme variable ; la plupart du

temps elle est fourchue et généralement les deux lobes sont égaux, alors elle est dite *homocerque*. Elle est d'autant plus fourchue que le poisson nage plus vite. Chez les exocets et quelques autres espèces, les deux lobes sont inégaux, le supérieur est plus long que l'inférieur, dans ce cas la queue est *hétérocerque*. Chez la lotte de rivière, la morue, etc., la nageoire caudale est arrondie. Chez le polyptère du Nil la caudale se termine par une pointe unique, alors elle est dite *difiarque*.

La nageoire *anale*, placée non loin de l'anus, est généralement formée de rayons mous ; elle manque assez rarement.

Voici d'ailleurs, sous forme de tableau, les divers aspects que peuvent présenter les nageoires, organes qui, ainsi que nous le verrons par la suite, jouent un grand rôle dans la caractéristique des ordres.

NAGEOIRES	Paires	*Pectorales*	normales.
			développées simulant des ailes.
		Ventrales	abdominales.
			thoraciques.
			jugulaires.
	Impaires	*Dorsale*	unique.
			multiple — avec pinules.
			multiple — sans pinule.
		Caudale	arrondie.
			fourchue.... homocerque.
			pointue..... hétérocerque.
		Anale.	

Muscles. — Chez les poissons, les muscles de la tête ont peu d'importance. Ceux du tronc sont au contraire très développés et constituent, sur les côtés et sur toute la longueur du corps, ce qu'on nomme les *masses latérales ;* chacune d'elle est partagée longitudinalement en deux parties, une supérieure, l'autre inférieure; de plus, chacun de ces quatre muscles est lui-même partagé transversalement, par des ligaments intermusculaires, en autant de parties qu'il y a de corps vertébraux.

Le muscle diaphragme, qui, chez les mammifères, sépare la cavité thoracique de la cavité abdominale, n'existe pas chez les poissons.

Contractilité musculaire. — Le tissu musculaire est formé de cellules allongées en forme de fibres plus ou moins allongées ; or, le contenu de la cellule augmentant de densité et se segmentant, il y a eu formation de *sarcous éléments*, sur la nature desquels les anatomistes ne sont pas bien d'accord.

Les muscles possèdent la propriété de se raccourcir sous l'influence des excitants, c'est ce qu'on appelle la *contraction musculaire*. Dans cet état, le muscle est le siège de phénomènes physiques et chimiques curieux sur lesquels nous ne pouvons insister ici. Pendant les contractions, les fibres musculaires se raccourcissent, mais elles augmentent de diamètre.

Les muscles sont de deux sortes, les uns formés d'éléments lisses, les autres d'éléments striés. Les premiers peuvent se contracter indépendamment de la volonté de l'individu, qui, par cela même n'en est pas maître ; il n'en est pas de même des muscles striés, qui agissent à la volonté de l'individu. Ce sont ces derniers qui contribuent aux actes de la vie de relation, les autres présidant aux fonctions digestives, etc.

La contractilité musculaire persiste beaucoup plus longtemps chez les poissons que chez les autres animaux vertébrés.

Système nerveux. — Le système nerveux des poissons, comparativement à celui des autres vertébrés, présente une dégradation évidente. Jamais le cerveau n'est très développé, mais, toujours, il est formé par une série de pièces placées à la suite les unes des autres, comme chez les reptiles.

Les lobes olfactifs sont en général de grosseur moyenne et longuement pédiculés, puis viennent les lobes hémisphériques relativement volumineux ou *prosencéphales*, puis les lobes optiques ou *mésencéphales,* et enfin le cervelet, qui constitue une sorte de capuchon dont la concavité est tournée en arrière. Enfin la moelle allongée. Chez tous les poissons on trouve les pièces que nous venons d'énumérer, mais ce qui diffère essentiellement avec les espèces considérées, c'est le volume relatif de ces parties.

La moelle épinière est à peu près cylindrique et marquée en dessus et en dessous de deux scissures longitudinales.

Les nerfs des poissons sont peu apparents, et d'ailleurs peu nombreux, aussi leur sensibilité est-elle assez médiocrement développée.

2° Organes des sens.

Les organes des sens se ressentent de l'état peu développé du système nerveux, mais ils comprennent des parties annexes qu'on n'observe guère que chez les poissons.

Sens du toucher. — Le sens du toucher, chez les poissons, est encore bien imparfaitement connu. Les barbillons qui garnissent la bouche de quelques espèces, telles que les carpes, les barbeaux, la loche, etc., sont certainement affectés à cet usage, car ces animaux s'en servent pour chercher leur nourriture dans la vase. Les rayons isolés de quelques nageoires, notamment des pectorales, semblent encore être doués de la propriété tactile.

La peau des poissons présente un derme ou couche profonde, et un épiderme. L'épiderme est formé de cellules polyédriques régulièrement disposées. Le derme ou chorion est constitué par des fibres enchevêtrées de tissu conjonctif plus ou moins épais à couleurs brillantes. Ces colorations, si variées et quelquefois si belles, qu'on observe chez certaines espèces sont dues à des cellules pigmentaires renfermées dans le derme; leur forme est sphérique, on les appelle *chromatoblastes*. On les trouve en grande abondance chez quelques mollusques marins, chez le calmar par exemple.

Quelques poissons présentent des phénomènes assez curieux de changements de coloration assez rapides. Ils sont dus, d'après M. Pouchet, à la contraction ou à la dilatation des chromatoblastes.

Ligne latérale. — Chez la plupart des poissons, on observe de chaque côté du corps et sur toute sa longueur, une ligne ponctuée formée de petits orifices qui communiquent avec l'intérieur, c'est ce qu'on nomme la *ligne latérale*. Ce sont de petits canaux qui débouchent au dehors par ces ouvertures; autrefois on les croyait de nature glandulaires, mais les recherches de Leydig [1] ont fait voir qu'il n'y avait là aucune sécrétion de mucus, et que ces orifices étaient le siège d'une sensibilité spéciale au sujet de laquelle la science est encore dans la plus profonde ignorance. On croit que cette ligne latérale est le siège d'une sorte de touches à distance qui serait transmise par les vibrations. Quelques auteurs croient qu'il fournirait aux poissons une sensation spéciale de pression dans l'eau. Rien n'est moins certain que ces hypothèses. Généralement ces petits canaux sont ramifiés, cependant chez quelques espèces, l'esturgeon par exemple, ils présentent la forme de sacs comprimés s'ouvrant à l'extérieur.

Écailles. — Les écailles sont des productions dermiques formées d'éléments calcaires et de matières organiques. Leur forme et leur disposition varient beaucoup d'un genre à l'autre, Agassiz s'était même servi de cette particularité pour établir sa classification. Mais celle-ci, d'ailleurs toute artificielle, était surtout applicable aux poissons fossiles dont on retrouve généralement les écailles assez bien conservées; au point de vue zoologique, elle était notoirement

1. Leydig, *Uber die Schleimkanple der Knochenfische*, 1860.

insuffisante, aussi a-t-elle été remplacée par d'autres. Quelquefois les écailles sont très petites, cachées sous la peau et presque invisibles, ceci a lieu chez les anguilles et les loches par exemple ; d'autres fois, chez la carpe par exemple, elles sont très développées.

Le plus souvent, les écailles sont imbriquées comme les tuiles d'un toit.

Les écailles sont dites *cycloïdes*, lorsqu'elles sont formées de disques minces à rayons concentriques et à bord libre ré-

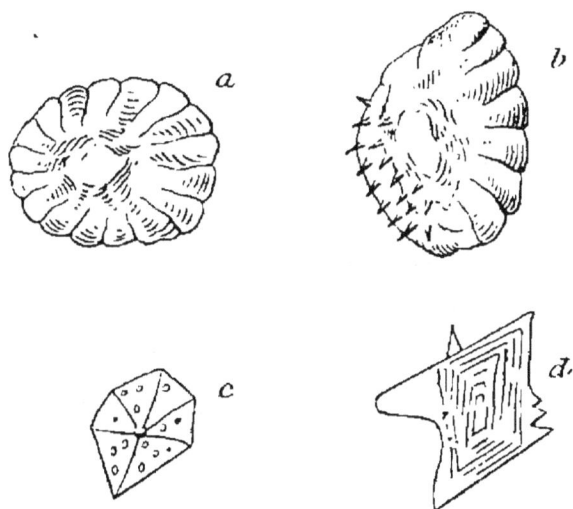

Fig. 6. — Écailles de poissons.

gulier, la carpe, le brochet, et la plupart des poissons malacoptérygiens et acanthoptérygiens sont dans ce cas (*a*, fig. 6).

Elles sont *cténoïdes*, lorsque leur bord libre est denté ou épineux, exemple : la perche et la vive (*b*, fig. 6).

On nomme écailles *ganoïdes*, celles qui sont anguleuses, s'unissant sur leurs bords, et constituées par une matière osseuse recouverte d'émail, tels sont les écailles des polyptères et de bon nombre de poissons fossiles (*c*).

Les écailles sont *placoïdes*, lorsqu'étant osseuses comme précédemment, elles sont dépourvues d'émail et présentent des tubercules ou des crochets (*d*, fig. 6). Généralement, elles sont disposées d'une façon assez irrégulière et présentent un aspect chagriné. Exemple, les écailles de raie, de squales, etc.

Les écailles des poissons sont des organes très délicats ; lorsque, par accident, ces animaux viennent à les perdre tous ou en partie, ils s'en ressentent toujours et en meurent la plupart du temps.

Sens du goût. — Le goût semble fort peu développé chez les poissons ; il réside, selon toutes probabilités, dans la muqueuse buccale. La langue y contribue fort peu, car la plupart du temps elle est membraneuse ou même osseuse.

Sens de l'odorat. — Les fosses nasales, chez les poissons, ne communiquent pas avec la bouche. Elles sont placées sur les côtés de la tête, plus ou moins près du museau ; elles se terminent en cul-de-sac et leur muqueuse pituitaire, très régulièrement plissée, reçoit les extrémités des nerfs olfactifs. Généralement il y a deux narines, chez quelques espèces il n'y en a qu'une. Les anciens avaient déjà remarqué que l'odorat était assez développé chez les poissons, et quoique quelques auteurs modernes aient nié le fait, il semble bien établi maintenant que ce sens supplée en grande partie à celui du goût, avec lequel il est d'ailleurs très intimement lié chez tous les êtres de la série animale. « Les poissons, dit Pline, sont doués manifestement de l'odorat ; en effet, on ne les prend pas tous avec le même appât, et ils flairent l'amorce avant de le saisir ; quelques-uns, cachés dans le fond des cavernes, en sont expulsés par l'odeur du poisson salé avec lequel le pêcheur frotte l'entrée du rocher, comme s'ils reconnaissaient et fuyaient le cadavre d'un de leurs semblables. Certaines odeurs les attirent de loin, telle que celle de la *sèche* brûlée et du *poulpe ;* aussi met-on cette amorce dans les nasses. Ils flairent au loin l'odeur de la cale des navires, et surtout le sang des poissons. »

Sens de l'ouïe. — L'appareil de l'audition, quoique ne présentant pas cette admirable complication qu'on observe chez les vertébrés supérieurs, est cependant fort intéressant à étudier chez les poissons. L'oreille n'est pas renfermée dans un labyrinthe cartilagineux, mais bien membraneux. On y trouve un vestibule puis une sorte de limaçon, des canaux semi-circulaires, un canal externe et des sacs renfermant un liquide qui tient en suspension des corpuscules calcaires nommés *otolithes*. Ces otolithes semblent destinés à favoriser l'audition, car des nerfs s'y épanouissent. Les otolithes manquent chez bon nombre de poissons. Les canaux semi-circulaires, généralement grands, portent chacun une ampoule munie d'un filet nerveux.

Sens de la vue. — Les yeux des poissons sont parfois très grand, d'autres fois très petits, quelquefois même si minuscules qu'ils ne peuvent servir à la vue, chez les myxinoïdes par exemple. Chez le cyprin télescope (*cyprinus macrophtalmus*), les yeux font sur la tête une saillie de 2 à 5 centimètres, de là son nom. Le globe oculaire est hemisphérique chez les poissons, la cornée transparente est peu convexe et très étendue. Le cristallin est sphérique et souvent volumineux, il fait saillie au-devant de la pupille. Dans l'intérieur du corps vitré on trouve quelques corpuscules dont on ignore encore la fonction.

Voici, d'après le Dr Moreau [1], les dimensions comparées des yeux du thon et du merlan; elles font voir que le diamètre transversal peut différer dans de notables mesures du diamètre longitudinal.

	Diamètre longitudinal.	Diamètre vertical.	Axe.
Thon	0,060	0,052	0,044
Merlan	0,021	0,019	0,011

La plupart du temps, les yeux des poissons sont découverts, cependant, quelques squales ont une paupière placée à

1. Dr Moreau, *Histoire naturelle des poissons*, tome I.

l'angle interne de l'œil et qui peut s'étendre au-devant de
lui : l'humeur aqueuse se trouve par cela même fort réduite.
L'iris présente des teintes variées, d'un beau brun doré chez
la tanche, il est jaunâtre chez la brème, rouge chez le rotengle, doré chez la lotte, etc.

Les anableps, poissons de l'Amérique septentrionale,
présentent la singulière particularité d'avoir la partie antérieure du globe de l'œil traversée par une bande qui la
coupe en deux segments d'inégale convexité, de sorte qu'ils
peuvent voir aussi bien dans l'air que dans l'eau, ce qui
leur permet de saisir avec sûreté leur proie dans l'un et
l'autre de ces éléments. (Paul Gervais.)

Production d'électricité. — Quelques poissons sont pour-

Fig. 7. — Torpille électrique.

vus d'organes électriques qui sont pour eux des armes dé-
fensives ou offensives, et dont ils se servent le plus souvent
pour paralyser leurs proies. Les torpilles, les silures, les gymnotes et quelques autres espèces sont dans ce cas.

Les propriétés électriques de la torpille (fig. 7), d'abord
signalées par Rédi au dix-huitième siècle, puis par Réaumur,
furent étudiées ensuite par le Dr Brancroff qui, le premier
soupçonna la force électrique. Plus tard, Walsh, Matteuci,
Breschet, Becquerel, etc., complétèrent ces études.

L'appareil électrique est double, il est placé de chaque côté de la bouche et des organes respiratoires. C'est un organe en forme de demi-disque, formé d'une foule de petits prismes hexagonaux placés à côté les uns des autres et perpendiculairement au sol. Ces prismes sont divisés transversalement en segments superposés, par des diaphragmes qui alternent régulièrement et qui sont imbibés d'un liquide albumineux. Il y a, suivant la taille des torpilles, de 800 à 1,200 de ces prismes dans chaque organe, ils sont séparés les uns des autres par des cloisons de tissu cellulaire qui reçoivent des filets nerveux et des vaisseaux. L'électricité s'élabore dans le cerveau, à la volonté de l'animal, les filets nerveux le transportent dans les organes précédemment décrits, où elle s'accumule et sert alors suivant les besoins.

D'après M. Sicard, ces organes offrent avec les muscles une analogie complète ; selon cet auteur [1], l'électricité produite sous l'influence de l'excitation nerveuse excito-motrice, n'est pas autre chose qu'une transformation de la force, qui se traduirait en mouvement si ces parties étaient formées de tissu musculaire normal.

Chez le silure électrique, poisson qu'on trouve dans les eaux douces de l'Afrique centrale et dans le Nil, où les Arabes le désignent sous le nom de *raasch*, c'est-à-dire *tonnerre*, l'appareil électrique est situé immédiatement au-dessous de la peau. Il est double, une cloison qui règne tout le long du dos et du ventre sépare les deux parties.

Le *gymnote* ou *anguille électrique* est propre à l'Amérique du Sud. A. de Humbold en a fait une étude fort intéressante. Les décharges produites par le gymnote sont beaucoup plus intenses que celles fournies par la torpille et le silure : on ressent la commotion dans quelque partie du corps qu'on les touche ; mais c'est surtout par les attouche-

1. *Éléments de Zoologie,* par Henri Sicard.

ments sous le ventre et aux nageoires pectorales qu'on donne lieu à d'étonnantes secousses. « Quand on a vu que les anguilles électriques renversent un cheval en le privant de toute sensibilité, dit M. de Humbold, on doit craindre sans doute de les toucher au premier moment qu'on les a sorties de l'eau. Cette crainte est effectivement si forte chez les gens du pays, qu'aucun d'eux ne voulut se résoudre à dégager les gymnotes des cordes du harpon, ou à les transporter aux petits trous remplis d'eau fraîche que nous avions creusés sur le rivage de Cano de Bera. Il fallut bien nous résoudre à recevoir nous-même les premières commotions, qui certainement n'étaient pas très douces. Les plus énergiques surpassaient en force, les coups électriques les plus douloureux que je me souvienne jamais d'avoir reçus fortuitement d'une grande bouteille de Leyde complètement chargée. Nous conçûmes dès lors que, sans doute, il n'y a pas d'exagération dans le récit des Indiens, lorsqu'ils assurent que des personnes qui nagent se noient, quand une de ces anguilles les attaque par la jambe ou par le bras. Une décharge aussi violente est bien capable de priver l'homme pour plusieurs minutes de tout l'usage de ses membres. Si le gymnote se glissait le long du ventre et de la poitrine, la mort pourrait même suivre instantanément la commotion. »

On trouve des gymnotes dont la longueur dépasse $1^m,60$. L'organe producteur d'électricité chez ce poisson, règne tout le long du dessous de la queue ; il est formé de quatre faisceaux constitués par de petits prismes analogues à ceux qui forment l'appareil électrique de la torpille.

C. *Fonctions de reproduction.*

Organes mâles. — Chez les poissons, la reproduction est sexuelle, c'est-à-dire qu'elle nécessite l'intervention de deux éléments, l'un mâle et l'autre femelle, pour donner naissance à un être nouveau.

La plupart des poissons sont ovipares, la viviparité est une exception chez ces animaux, on ne l'observe guère que chez les anableps, la blennie, etc.

Chez les mâles, il y a un testicule double qui sécrète une liqueur crémeuse renfermant des spermatozoïdes à tête globuleuse.

Les spermatozoïdes des poissons, comme ceux des autres animaux, ne possèdent la propriété fécondante qu'autant qu'ils présentent les mouvements caractéristiques si bien connus des physiologistes ; le pouvoir fécondant cesse dès que ces mouvements s'arrêtent.

Chez les poissons qui nous occupent, la vitalité des spermatozoïdes dure beaucoup plus longtemps que chez les autres vertébrés, cependant, toutefois, elle est de faible durée, comme le prouvent les chiffres qui suivent, déterminés par M. de Quatrefages [1] :

Brochet......................	8′10″
Gardon......................	3′10″
Carpe	3′
Perche......................	2′40″
Barbeau......................	2′10″

De plus, la durée de cette vitalité dépend beaucoup de la température des milieux où s'effectue la fécondation. Nous reviendrons d'ailleurs, avec plus de détails, sur cette question en traitant des fécondations artificielles.

Organes femelles. — L'organe générateur femelle est formé d'un ovaire double, quelquefois une des parties est atrophiée, chez la perche par exemple, cependant, dans ce dernier cas, les deux oviductes persistent.

Ces ovaires produisent des ovules qui, au premier temps de leur évolution, sont constitués par une membrane vitel-

---

1. *Études sur les fécondations artificielles des œufs de poissons*, par MM. de Quatrefages et Millet.

line transparente et épaisse, un vitellus d'abord peu abondant, mais qui augmente de plus en plus, et au milieu duquel se trouve la vésicule germinative, sur laquelle on
distingue la *tache germinative* ou de Wagner.

La fécondation se fait après la ponte, le mâle suit la femelle, et dépose le fluide fécondant ou laitance, sur les œufs
précédemment pondus par la femelle ; ce n'est que chez
quelques poissons du groupe des plagiostomes qu'il y a accouplement.

Pendant le développement embryonnaire on n'observe pas
chez les poissons, ces organes transitoires qui jouent un si
grand rôle chez les vertébrés supérieurs et qu'on nomme
allantoïde et *amnios ;* aussi les animaux qui nous occupent
rentrent-ils dans la catégorie des *anallantoïdiens*, par opposition aux mammifères, oiseaux et reptiles ou *allantoïdiens,* qui sont pourvus d'une vésicule allantoïde riche en
vaisseaux, jouant un rôle important dans la nutrition de
l'embryon.

Il existe, la plupart du temps, une vésicule ombilicale qui
est constituée par une portion du feuillet interne du blasto-
derme. Chez les jeunes truites et saumons, cette vésicule,
véritable réservoir de nourriture pour le nouveau-né, persiste pendant cinq ou six semaines, période pendant laquelle le jeune poisson ne prend aucune autre nourriture.

Le moment de la reproduction chez les poissons, s'accuse
par des signes extérieurs sur lesquels nous reviendrons plus
tard.

Chez les syngnathes ou *aiguilles de mer*, on observe une
particularité curieuse : les œufs, au moment de leur émis-
sion, s'engagent dans une rainure creusée sous la queue de
la femelle ; cette rainure aboutit dans une poche placée
sous le ventre, et formée par un boursouflement de la peau.

Les cas d'hermaphrodisme sont assez rares chez les poissons, sauf chez les merlans, toutefois c'est toujours accidentel.

Comme nous le verrons par la suite, en étudiant séparément les différentes espèces, les poissons pondent une quantité prodigieuse d'œufs, souvent on en compte plus d'un million, comme chez l'esturgeon par exemple [1].

Métamorphoses. — Lorsque l'embyron naît à un degré de développement incomplet, il porte le nom de *larve ;* dans ce cas, il ne ressemblera à ses parents qu'après une série de modifications qui s'accompliront pendant sa vie extérieure : ces modifications constituent les *métamorphoses.* Elles sont à peu près générales chez les insectes et les batraciens, chez les poissons elles sont tout à fait exceptionnelles et ne s'observent guère que chez quelques espèces. Ainsi les lamproies donnent naissance à des larves, dont l'aspect ne ressemble guère à celui des parents et qu'on a longtemps considérées comme espèces particulières. La larve de la lampoie des ruisseaux a été pendant longtemps décrite comme une espèce distincte sous le nom d'*ammocète.* C'est M. Aug. Müller qui a rétabli la vérité, en suivant avec beaucoup de soin ce poisson dans son développement [2].

Le saumon présente de même des formes transitoires fort bien caractérisées, auxquelles on a donné des dénominations particulières. C'est ainsi que pendant le premier âge il est appelé *parr,* pendant le second on le nomme *smolt,* enfin, au bout de deux ou trois ans, il est appelé *grilse.*

Migrations des poissons. — C'est à l'époque de la reproduction que quelques espèces quittent les eaux douces pour descendre vers la mer, ou bien remontent de la mer dans les cours d'eau ; d'autres quittent les profondeurs de l'Océan pour se rapprocher des côtes. A ce sujet, il y a une distinction à établir.

---

1. Une carpe pond de 300,000 à 600,000 œufs, une tanche de 200,000 à 400,000, le saumon et la truite environ 1200 par livre de poids.

2. A. Müller, *Verlaüfiger Bericht über die Entwicklung der Neunaugen,* 1856.

Les saumons, aloses, éperlans et autres poissons, qui remontent de la mer dans les eaux douces, sont dits *ana-dromes*, tandis que les anguilles, quittant les eaux douces pour aller frayer à la mer, sont *cataadromes*.

Or, ces migrations sont très importantes, et, en pratique, il faut les favoriser autant que possible. Ainsi le saumon ne peut pas se reproduire dans l'eau de mer, même à un très faible degré de salure, et ce fait est dû, comme l'a démontré M. Millet, à la paralysie des animalcules de la laitance.

Les aloses remontent le cours des fleuves au printemps.

Les anguilles ne se reproduisent qu'à la mer; les jeunes, dès qu'elles ont 20 ou 25 millimètres de long, ce qui a lieu généralement au printemps, remontent les cours d'eau en colonnes serrées et compactes constituant ce qu'on nomme la *montée*.

Seules, les espèces dont nous venons de parler, et quelques autres sans importance au point de vue pratique, peuvent impunément aller de la mer dans les eaux douces, et réciproquement; les autres ne peuvent subir ce changement. M. Paul Bert a fait à ce sujet de curieuses expériences. Il a remarqué qu'un cyprin plongé dans l'eau de mer, s'y agite violemment pendant quelques minutes, puis vient flotter à la surface; sa respiration se ralentit, les branchies passent du rouge clair au noir sombre, enfin, un mucus épais couvre le corps du poisson. Or, ce sont des lésions branchiales qui sont la cause déterminante de la mort; elles sont dues à l'action du sel sur l'epithélium de la branchie. C'est donc exclusivement l'arrêt de la respiration branchiale qui est cause de la mort, car le cœur fonctionne jusqu'au dernier moment. Cependant, comme nous l'avons vu, l'anguille, qui est un poisson d'eau douce, vit fort bien dans la mer; mais il est à remarquer que, par l'examen microscopique des lamelles branchiales de ce poisson, le contact de l'eau salée ne produit pour ainsi dire aucune altération, tandis que les branchies des cyprins deviennent opaques et se raidissent. La cause de la mort ou de la survie des poissons d'eau douce plongés dans l'eau de mer, réside donc dans les différences entre les propriétés physico-chimiques de l'épithélium branchial.

C'est une cause identique qui empêche les poissons de mer de vivre dans les eaux douces.

CHAPITRE III

CLASSIFICATION DES POISSONS

Taxonomie ichtyologique. — La taxonomie est la science qui s'occupe des classifications en général; or, on comprendra sans peine son importance en ce qui concerne les poissons, dont les espèces sont si nombreuses.

Bien des classifications ichtyologiques ont été proposées, car l'utilité pour celui qui étudie des êtres quelconques de les grouper d'une manière naturelle est tellement évidente, que tous les auteurs ont éprouvé le besoin de classer. Connaissant les caractères généraux d'un groupe, il suffit, pour déterminer une *espèce*, de procéder par élimination, et alors un caractère secondaire, ou même une simple particularité, détermine le type spécifique.

D'ailleurs, les classifications ne sont pas chose nouvelle, puisque le plus grand naturaliste de l'antiquité, Aristote, s'y est adonné avec beaucoup de soin. Il avait partagé le règne animal en deux grandes séries assez naturelles, mais faussement dénommées; les poissons étaient rangés dans la première. Voici la substance de cette division :

1º Animaux pourvus de sang.

a. Quadrupèdes vivipares (mammifères).

b. Quadrupèdes ovipares (tortues, lézards, oiseaux, serpents, *poissons*).

2º Animaux exsangnës.

a. Mollusques (céphalopodes) ;

b. Testacés (gastéropodes, etc.) ;

c. Crustacés ;

d. Insectes.

Linné avait divisé les animaux en six classes, dont les poissons formaient la quatrième. Il les avait ainsi dénommées :

1° Mammalia (mammifères) ;

2° Aves (oiseaux) ;

3° Amphibia (reptiles) ;

4° Pisces (*poissons*) ;

5° Insecta (insectes) ;

6° Vermes (vers, mollusques, zoophytes).

Cette classification domina dans la science jusqu'à Cuvier, qui jeta les bases de la classification zoologique réellement naturelle, qui, plus ou moins modifiée dans ses caractères secondaires, est encore aujourd'hui presque universellement adoptée. La classification de G. Cuvier comprend quatre *embranchements*, chacun d'eux est lui-même subdivisé en *classes*, celles-ci en *ordres*, et ainsi de suite. Dans l'énumération qui suit, nous n'indiquons que les subdivisions du premier embranchement.

1er Embranchement : Vertébrés.

    Classe 1. Mammifères ;

        2. Oiseaux ;

        3. Reptiles ;

        4. *Poissons.*

2e Embranchement : Mollusques ;

3e Embranchement : Articulés ;

4e Embranchement : Rayonnés.

M. le professeur H. Milne-Edwards, en 1855, a quelque

peu modifié la classification de Cuvier : les divisions qu'il a établies sont indiquées un peu plus loin.

M. Van Beneden a proposé une classification basée sur les caractères embryologiques qui ne manque pas d'une certaine valeur ; mais, par suite de l'état encore trop peu avancé de l'embryogénie, elle ne peut être adoptée sans réserves. M. Van Beneden compare le règne animal au règne végétal, et classe tous les animaux en trois grands groupes :

1° *Hypocotylédones* (mammifères, oiseaux, reptiles, batraciens, *poissons*) ;

2° *Épicotylédones* (insectes, arachnides, myriapodes, crustacés); ce groupe correspond aux *articulés ;*

3° *Allocotylédones* (mollusques, vers, échinodermes, polypes, foraminifères, infusoires).

Chez les animaux du premier groupe, le vitellus rentre par le ventre, chez les seconds il rentre par le dos, enfin chez les derniers il ne rentre ni par le dos ni par le ventre.

Un naturaliste autrichien, M. C. Claus, a proposé une classification assez curieuse qui mérite d'être mentionnée. Elle comprend huit types :

1° *Protozoaires* (foraminifères, infusoires, etc.) ;

2° *Cœlentérées* (éponges, acalephes, etc.) ;

3° *Échinodermes* (astérides, holothurides, etc.) ;

4° *Vers* (cestodes, trématodes, hirudinées, rotateurs, chétopodes, etc.);

5° *Arthropodes* (crustacés, arachnides, insectes) ;

6° *Mollusques* (lamellibranches, dibranchiaux, etc.);

7° *Tuniciers* (ascidies, etc.) ;

8° *Vertébrés* (*poissons*, amphibies, reptiles, oiseaux, mammifères).

Pour nous, nous préférons encore la classification de Milne-Edwards qui, quoique tenant peu compte du développement embryonnaire, n'en constitue pas moins une classification très naturelle répondant en tous points aux besoins de la pratique. C'est à elle que nous nous rallierons dans la suite de ces études, aussi était-il utile de l'énumérer tout au long.

Classification de Milne-Edwards (1855).

Iᵒ — EMBRANCHEMENT : VERTÉBRÉS OU OSTÉOZOAIRES :

Sous-embranchement des *Allantoïdiens* :

1ʳᵉ Classe : *Mammifères ;*
2ᵉ   —   *Oiseaux ;*
3ᵉ   —   *Reptiles.*

Sous-embranchement des *Anallantoïdiens* :

4ᵉ Classe : *Batraciens ;*
5ᵉ   —   *Poissons.*

IIᵒ — EMBRANCHEMENT : ANNELÉS OU ENTOMOZOAIRES.

1ᵒ Sous-embranchement des *Arthropodes :*

1ʳᵉ Classe : *Insectes ;*
2ᵉ   —   *Myriapodes ;*
3ᵉ   —   *Arachnides ;*
4ᵉ   —   *Crustacés.*

2ᵒ Sous-embranchement des *Vers :*

1ʳᵉ Classe : *Annélides ;*
2ᵉ   —   *Helminthes ;*
3ᵉ   —   *Turbellariés ;*
4ᵉ   —   *Cestoïdes ;*
5ᵉ   —   *Rotateurs.*

IIIᵒ — EMBRANCHEMENT : MOLLUSQUES ou
MALACOZOAIRES :

1ᵒ Sous-embranchement des *Mollusques proprement dits :*

1ᵒ *Céphalopodes ;*

2° *Ptéropodes;*
3° *Gastéropodes;*
4° *Acéphales.*

2° Sous-embranchement des *Molluscoïdes :*

1ʳᵉ Classe : *Tuniciers;*
2ᵉ   —   *Bryozoaires.*

IV° — ZOOPHYTES.

1° Sous-embranchement des *Radiaires :*

1ʳᵉ Classe : *Échinodermes;*
2   —   *Acalèphes;*
3   —   *Polypes.*

2° Sous-embranchement des *Sarcodaires :*

1ʳᵉ Classe : *Infusoires;*
2ᵉ   —   *Spongiaires.*

Comme on peut le voir par l'examen des classifications qui précèdent, tandis que les autres groupes varient suivant les auteurs, les poissons ne changent guère de place.

M. Léon Vaillant, dans le cours d'Ichtyologie qu'il professe au Muséum d'Histoire naturelle, divise les poissons en six sous-classes, dont les caractéristiques essentielles sont résumées dans le tableau ci-contre.

En résumé, les poissons constituent pour nous la cinquième classe de l'embranchement des vertébrés. Il nous reste maintenant à diviser cette *classe* en subdivisions que nous étudierons successivement.

G. Cuvier a divisé les poissons en *ordres*. La classification établie par lui est aujourd'hui encore adoptée par la plupart des auteurs. Nous la résumons, légèrement modifiée, dans le tableau qui suit. Quoiqu'elle ne soit pas par-

Classification ichtyologique en six sous-classes.

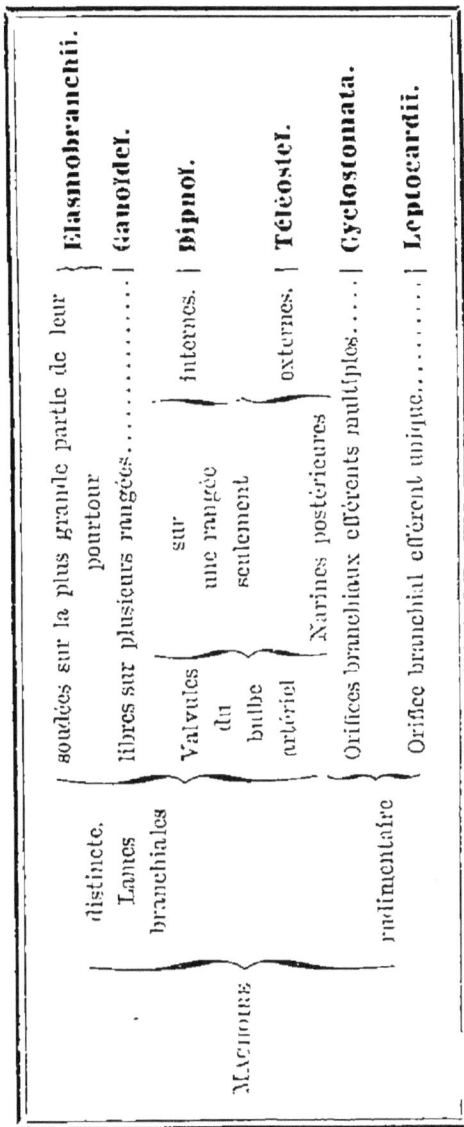

Mâchoire { distincte. Lames branchiales	{ soudées sur la plus grande partie de leur pourtour .... }	**Elasmobranchii.**
	libres sur plusieurs rangées	**Ganoïdei.**
	Valvules du bulbe artériel { sur une rangée seulement	{ internes.	**Dipnoï.**
	externes.	**Téléostei.**
	Narines postérieures { Orifices branchiaux efférents multiples	**Cyclostomata.**
rudimentaire	Orifice branchial efférent unique	**Leptocardii.**

faitement rigoureuse aux yeux des zoologistes, nous la préférons aux classifications scientifiques établies depuis, car
on ne peut lui refuser une qualité, qui, à notre point de vue,
mérite d'attirer l'attention, c'est d'être éminemment *pratique* et facile à appliquer.

SOUS-CLASSES.	CARACTÉRISTIQUES DES ORDRES.	ORDRES DÉNOMMÉS.
OSTÉOPTÉRYGIENS.	Mâchoire supérieure mobile. { Branchies en forme de peignes. { Rayons épineux à la nageoire dorsale.	**Acanthoptérygiens.**
	Pas de rayons épineux Malacoptérygiens. { En arrière de l'abdomen, sous les pectorales.	**Malacoptérygiens. Abdominaux.** / **Malacoptérygiens. Subbranchiaux.**
	Nageoires ventrales. Nulles....	**M. Apodes.**
	Branchies en forme de houppes..............	**Lophobranches.**
	Mâchoire supérieure soudée au crâne.....................	**Plectognathes.**
CHONDROPTÉRYGIENS.	Crâniens. { Branchies libres, une seule ouverture des ouïes.	**Sturioniens.**
	Branchies adhérentes. { Mâchoire inférieure mobile.	**Sélaciens.**
	Plusieurs ouvertures. { Mâchoire disposée en cercle.	**Cyclostomes.**
	Acrâniens.	Ni crâne, ni cerveau.....................	**Leptocardiens**

CHAPITRE IV

DESCRIPTION DES ORDRES DE POISSONS

1° *Acanthoptérygiens.*

Caractères généraux. — Cet ordre est caractérisé par la présence des rayons épineux à la nageoire ou aux nageoires dorsales ; il y en a aussi à la nageoire anale, et souvent aux ventrales. Chez ces poissons les branchies sont pectinées, la vessie natatoire est close et dépourvue de canal pneumatophore (physoclistes).

Cet ordre est un des plus nombreux, il constitue à lui seul le tiers des poissons connus. Il a été divisé en un grand nombre de familles. Les quinze principales sont les suivantes :

Familles des percoïdes. — Les percoïdes ont le corps oblong, plus ou moins comprimé, couvert d'écailles ctenoïdes ; la bouche est grande, garnie de dents nombreuses disposées sur le vomer, les palatins et les pharyngiens. La *perche commune* est le type de cette famille ; parmi les autres espèces, on distingue : le *bar*, l'*apron*, la *vive*, etc.

Famille des joues-cuirassées. — Ces poissons ont le corps allongé, la tête armée d'épines et de plaques qui leur donnent un aspect bizarre. Leurs nageoires pectorales sont généralement très développées. Les principales espèces de ce groupe étrange sont : le *dactyloptère* ou *poisson-volant*, dont les pectorales sont si développées qu'elles peuvent jusqu'à un certain point servir au vol ; l'*épinoche*, le *chabot*, le *trigle*.

Famille des sciénoïdes. — Ces poissons ressemblent beaucoup aux percoïdes, ils n'ont en général aucune utilité ; les principales espèces sont : l'*ombrine*, les *gorettes*, les *sciènes*, etc.

Famille des sparoïdes. — Poissons au corps ovalaire couvert de grandes écailles ; les principales espèces sont : la *daurade*, le *pagel*, le *sargue*, etc.

Famille des ménides. — Les représentants de cette famille n'ont aucune importance ; les principaux sont : le *picarel*, le *gerrès*, etc.

Famille des squammipennes. — Ces poissons ont les dents en forme de brosses, le corps est comprimé, de taille petite ; ils sont revêtus des couleurs les plus brillantes et les plus agréables. Les *chétodons*, les *castagnoles*, les *cavaliers*, etc., appartiennent à ce groupe.

Famille des pharyngiens labyrinthiformes. — Les représentants de cette famille habitent l'Inde et la Chine ; ils ont les pharyngiens supérieurs divisés en petits feuillets irréguliers formant des cavités où peut demeurer l'eau venant des branchies, de sorte que ces poissons peuvent vivre assez longtemps hors de l'eau. Les *anabas* appartiennent à ce groupe.

Famille des scombéroïdes. — Le *thon* et le *maquereau* sont les principaux représentants de cette famille ; ces poissons forment un groupe très naturel, mais assez difficile à caractériser d'une manière générale.

Famille des tænoïdes. — Ces poissons ont une forme allongée qui les font ressembler en quelque sorte à de gigantesques vers intestinaux, de là leur nom. Les *gymnètres*, qui habitent la Méditerranée et qui souvent atteignent deux mètres cinquante de longueur, caractérisent ce groupe.

Famille des athérines. — L'*athérine sauclet* ou *cabas-*

son, caractérise cette famille ; il a le corps allongé, deux nageoires dorsales bien distinctes, et une bande argentée le long des flancs caractérise ce groupe. Il habite l'Océan.

Famille des gobioïdes. — Poissons au corps allongé, généralement de petite taille ; quelquefois la peau est muqueuse. Quelques espèces sont vivipares. Les *gobies* ou *goujons de mer*, espèce comestible, appartiennent à ce groupe ; il en est de même de ces poissons aux formes étranges appelés *blennies* ou *baveuse,* à cause de la mucosité que sécrète leur peau.

Famille des mugiloïdes. — Les *muges* ou *mulets*, sont le type de cette famille ; leur corps est presque cylindrique et couvert de grandes écailles, les dents sont excessivement fines. Ces poissons habitent la mer, mais ils remontent parfois assez loin l'embouchure des fleuves. Le *céphale* ou *muge à grosse tête*, commun dans la Méditerranée, est l'espèce la plus répandue.

Famille des labroïdes. — Poissons au corps allongé, n'ayant qu'une seule dorsale, lèvres grosses, proéminentes, et plissées ; ils sont ornés de couleurs brillantes. Les principales espèces sont : la *vieille commune,* encore appelée *perroquet de mer,* à cause de son corps rouge, jaune et vert ; le *rason* ou rasoir, ainsi nommé à cause de sa tête tranchante, etc.

Famille des bouches en flûte. — Encore appelés *tubulirostres ;* ces poissons ont la bouche prolongée en un long tube très caractéristique. Les *fistulaires,* au corps cylindrique, et les *centrisques* ou *bécasses de mer* appartiennent à cette famille.

Famille des pectorales pédiculées. — Le nom de cette famille caractérise les poissons qui la constituent. Ceux-ci n'ont pas d'écailles proprement dites, mais une peau rude et épineuse. Les *baudroies,* et ce poisson étrange appelé *chironecte* appartiennent à ce groupe.

2° *Malacoptérygiens.*

Cet ordre comprend trois groupes :

1° Malacoptérygiens abdominaux ;

2° Malacoptérygiens subbranchiaux ;

3° Malacoptérygiens apodes.

Les poissons appartenant à cet ordre ont les rayons des nageoires mous, excepté quelquefois le premier de la dorsale ou des pectorales.

Malacoptérygiens abdominaux. — Ils sont caractérisés par leurs nageoires ventrales, qui sont suspendues sous l'abdomen. C'est dans ce groupe que se trouvent les poissons les plus importants au point de vue piscicole. Cuvier a divisé les malacoptérygiens abdominaux, en cinq familles très naturelles, qui sont : les *clupes*, les *ésoces*, les *cyprins*, les *silures* et les *salmonidés*.

Famille des salmonées. — Ces poissons ont le corps écailleux et la première nageoire dorsale à rayons mous, elle est généralement suivie d'une seconde dorsale adipeuse, c'est-à-dire non soutenue par des rayons. Les maxillaires, les palatins, le vomer, et la langue sont habituellement pourvus de dents acérées, plus ou moins nombreuses.

La plupart des salmonées sont renommés pour la délicatesse de leur chair. Les principaux représentants de cette famille sont les *ombres*, les *éperlans*, les *saumons* et les *truites*, sur lesquels nous aurons à revenir longuement.

Famille des clupes. — Les clupes ont une dorsale unique et des écailles grandes. Les principaux genres de cette famille sont : les *harengs*, les *aloses*, les *anchois*, les *polyptères* et les *lépisostées*.

Famille des ésoces. — Cette famille est caractérisée par une nageoire dorsale placée très en arrière ; la mâchoire inférieure et les intermaxillaires sont munis de fortes dents. Le *brochet*, l'*exocet volant* et le *stomias*, appartiennent à ce groupe.

Famille des cyprins. — Ces poissons ont le corps garni de fortes écailles, la dorsale est unique. Leur bouche est peu fendue et dépourvue de dents, par contre il y en a sur les pharyngiens. Ces cyprins sont les moins carnassiers de tous les poissons, ils habitent les eaux douces de l'ancien et du nouveau continent. Les principaux sont : la *loche*, la *carpe*, le *goujon*, le *barbeau*, la *tanche*, la *brème*, la *chevaine*, l'*ablette*, le *vairon*, le *poisson rouge*, etc., etc.

Famille des siluroïdes. — Dans ce groupe, le corps est dépourvu de larges écailles, mais la peau est garnie de grandes plaques osseuses. Le *silure d'Europe* appartient à cette famille ; c'est le plus grand de nos poissons d'eau douce, car sa taille dépasse souvent trois mètres de long. C'est principalement dans le Volga qu'on trouve les plus beaux silures. Les autres représentants de cette famille sont : le *silure électrique*, l'*arge*, le *malaptérure*, etc.

Malacoptérygiens subbranchiaux. — Les malacoptérygiens subbranchiaux ont les nageoires ventrales suspendues aux os de l'épaule, sous les pectorales. Trois familles entrent dans ce groupe : les *pleuronectes*, les *gadoïdes*, et les *discoboles*.

Famille des pleuronectes. — Les pleuronectes ou poissons plats, ont le corps déprimé latéralement. La tête n'a pas de symétrie, les deux côtés de la bouche sont inégaux et les yeux sont placés d'un même côté. C'est le côté privé d'yeux qui est tourné vers le fond de la mer, car ces poissons nagent sur le côté. Les *turbots*, les *plies* et les *flétans* se rangent dans cette famille.

Famille des gadoïdes. — Ces poissons ont le corps peu allongé, légèrement comprimé ; les mâchoires sont armées de fortes dents. La plupart ont deux ou trois nageoires sur le dos ; la tête est généralement dépourvue d'écailles. Les *morues*, les *merlans*, les *lottes*, etc., appartiennent à ce groupe.

Famille des discoboles. — Famille très peu nombreuse, caractérisée par des nageoires ventrales en forme de disque. La *rémora* et le *cycloptère* appartiennent à cette famille.

Malacoptérygiens apodes. — Ces poissons ont un aspect serpentiforme ; ils n'ont pas de nageoires ventrales et leurs écailles sont excessivement petites.

Une seule famille, celle des *anguilliformes*.

Famille des anguilliformes. — Dans cette famille, caractérisée plus haut, se rangent les *anguilles de rivières*, les *murènes*, les *gymnotes électriques*, les *congres* ou *anguilles de mer*, l'*ophisure serpent* ou *serpent de mer*, etc.

3° *Lophobranches.*

Caractères. — Les poissons constituant cet ordre, au lieu d'avoir les branchies en forme de lames ou de peigne, les ont en forme de petites houppes rondes, disposées par paires le long des arcs branchiaux. Le corps de ces animaux, très peu charnu, est recouvert de plaques résistantes à angles plus ou moins acérés. Cet ordre ne comprend qu'une seule famille divisée en deux genres, celui des *syngnathes* et celui des *pégases*.

Genre syngnathe. — Ces poissons ont le museau tubuleux, le corps très mince et à peu près d'égal diamètre partout. Ce genre renferme les *syngnathes* proprement dits ou aiguilles de mer, dont le corps est très mince et allongé : leur peau, en se boursouflant, forme sous le ventre une poche destinée à recevoir les œufs. Les *hippocampes* ou chevaux marins sont de petite taille ; après leur mort, le tronc et la tête de ces poissons se recourbent par la dessiccation et simulent assez bien l'encolure d'un cheval.

Genre pégase. — Ces poissons ont le museau saillant ; mais la bouche n'est plus à l'extrémité comme chez les précédents, elle est placée à la base. Les nageoires pectorales sont étendues, et l'animal peut s'en servir non seulement dans l'eau, mais encore dans l'atmosphère. Exemple, le *pégase-dragon*.

4° *Plectognathes*.

Caractères. — Les poissons de cet ordre forment la transition entre les deux sous-classes des ostéoptérygiens ou poissons osseux, et les chondroptérygiens ou poissons cartilagineux.

Ces animaux ont peu d'importance au point de vue pratique étant plutôt curieux qu'utiles.

Leur squelette, d'abord à peu près mou, finit par se durcir avec l'âge.

Le caractère distinctif de cet ordre est que l'os maxillaire est soudé sur le côté de l'intermaxillaire, qui seul forme la mâchoire.

Deux familles distinctes :

Famille des gymnodontes. — Les animaux de cette famille n'ont pas la bouche armée de dents apparentes, mais elle est garnie d'une sorte de bec d'ivoire qui les remplace. Les *tétrodons* et les *diodons* rentrent dans ce groupe.

Famille des sclérodermes. — Ces poissons ont le museau conique ou pyramidal, se prolongeant depuis les yeux, et terminé par une petite bouche armée de dents fines et aiguës. Les *coffres* et les *balistes* sont les types de ce groupe.

5° *Sturioniens*.

Caractères. — Les poissons constituant cet ordre, et ceux des trois qui suivent, ont le squelette cartilagineux.

Les sturioniens ont les branchies libres comme les poissons ordinaires ; ce sont généralement des animaux de grande taille, qui habitent la mer, mais remontent les cours d'eau.

Une seule famille, celle des *acipensérides*.

Famille des acipensérides. — Le type de cette famille est l'esturgeon, poisson de forte taille, à la bouche elliptique placée en dessous, au museau allongé. Il a la queue hétérocerque et les écailles ganoïdes. Les autres genres sont ceux des *chimères* et des *polyodons*.

6° *Sélaciens.*

Caractères. — L'ordre des sélaciens ou *plagiostomes*, comprend des poissons à branchies fixes ; de chaque côté du cou sont cinq ouvertures branchiales. Il y a des nageoires pectorales et ventrales ; ces dernières sont situées des deux côtés de l'anus, ou en arrière de l'abdomen.

Cet ordre ne comprend qu'une seule famille dans laquelle Cuvier a établi plusieurs genres :

Les *raies*, dont les yeux s'ouvrent à la partie supérieure de la tête ; derrière chaque œil est un trou ou *évent* qui communique avec l'intérieur de la bouche, par lequel le poisson rejette l'eau surabondante, et qui ne peut servir à sa respiration.

Les *scies* ont le museau déprimé, en forme de lame d'épée, leur corps est large et aplati horizontalement.

Les *marteaux* ont la tête aplatie horizontalement, tronquée en avant et se prolongeant transversalement sur les côtés, de manière à simuler la tête d'un marteau.

Enfin les *squales*, qui comprennent les *requins*, les *lamies* ou *touilles*, les *roussettes*, etc., etc.

7° *Cylostomes.*

Caractères. — Ces poissons ont une organisation très

imparfaite. Leur corps est allongé, serpentiforme ; il se termine en avant par une lèvre circulaire, charnue, formant un véritable suçoir, une ventouse ; de là le nom de *suceurs* qui leur est souvent appliqué. Les branchies ont l'aspect de bourses.

Cet ordre ne comprend qu'une seule famille, celle des *suceurs*, renfermant les genres *lamproie* et *myxine*.

8° *Leptocardiens.*

Caractères. — Cet ordre ne comprend qu'une seule espèce, l'*amphioxus* ou *branchiostome*. Il a le corps comprimé latéralement, dépourvu de nageoires paires ; sa nageoire caudale, par contre, se prolonge sur le dos et sous le ventre en un replis étroit. Il n'y a pas non plus de boîte crânienne.

C'est le type le plus dégénéré des vertébrés qu'on connaisse. Il établit la transition entre cet embranchement et celui des articulés.

CHAPITRE V

NATURE DES EAUX DOUCES

Avant d'aborder l'étude des principales espèces de poissons qui jouent un rôle quelconque en pisciculture, il nous faut examiner quelque peu le milieu qu'elles habitent, c'est-à-dire les eaux.

Composition. — L'eau est un corps liquide à la température ordinaire. Sa composition en poids, comme l'a démontré M. Dumas, peut être ainsi établie :

$$\left.\begin{array}{l} \text{Hydrogène}\dots\dots\ 11,11 \\ \text{Oxygène}\dots\dots\dots\ 88,89 \end{array}\right\} \text{ ou } \left.\begin{array}{l} 1 \\ 8 \end{array}\right\} \text{ 9}$$

En volume, elle est formée de :

$$\left.\begin{array}{l} 2 \text{ vol. d'hydrogène} \\ 1 \text{ vol. d'oxygène} \end{array}\right\} \text{ condensés en 2 volumes [1].}$$

Telle est la composition chimique de l'eau distillée, mais dans la nature on ne la trouve jamais ainsi ; elle renferme toujours des corps solides et gazeux.

L'eau de mer se distingue des eaux douces en ce qu'elle renferme une notable proportion de sel marin ou chlorure de sodium ; nous n'avons pas à en parler ici.

L'eau est incolore sous une faible épaisseur ; sous une épaisseur plus grande, elle affecte une teinte bleue caractéristique ; quelquefois elle est d'un vert sombre, ce qui est

---

1. D'après les recherches de Gay-Lussac et de Humbold, faites en 1805.

dû probablement à la présence d'un limon argileux jaune qui, avec la couleur bleue, forme le vert ; on comprendra dès lors, qu'une eau renfermant de ce limon sera d'un vert d'autant plus foncé qu'elle sera vue sous une plus grande épaisseur.

Les eaux, de l'Orénoque présentent une teinte brune-chocolat, qui a été attribuée à une abondante dissolution de matières organiques.

Les eaux, indépendamment des substances qui s'y trouvent dissoutes, tiennent en suspension des matériaux solides dont la proportion est très variable. Il y en a $\frac{1}{160}$ dans le Pô, et $\frac{1}{200}$ dans le Rhin par exemple.

Au point de vue de la production du poisson, les eaux douces peuvent être divisées en :

Cours d'eau (fleuves et rivières) ;

Eaux de sources ;

Étangs et lacs.

Les cours d'eau proviennent de sources, de la fonte des neiges et des glaciers ; elles se chargent de matières minérales en traversant les terrains. Leur composition varie avec les pluies, la nature et l'étendue des couches géologiques qu'elles traversent, etc. Parmi les éléments solubles qu'on trouve dans les eaux fluviales, nous citerons, par ordre décroissant d'importance :

La chaux,

La magnésie,

L'acide sulfurique,

L'acide carbonique,

La silice,

Le chlore,

Les matières organiques,

La soude,

La potasse,

L'alumine,

L'oxyde de fer,

L'acide azotique,

L'iode,

Le manganèse, etc.

La plupart de ces corps sont unis les uns aux autres et forment des combinaisons fort variées.

Le carbonate de chaux se trouve en assez fortes proportions. D'après M. Knap, on a trouvé les quantités suivantes de ce corps dans 100 de résidu de dessiccation calciné des eaux suivantes :

Loire	35
Tamise	43 à 57
Elbe	55
Meuse	48 à 62
Danube	67
Rhin	55 à 75
Seine	75
Rhône	82 à 94

Une seule petite rivière de Westphalie, le Pader, enlève chaque année au terrain qu'elle traverse, une quantité de carbonate de chaux équivalente à un cube de 30 mètres de côté.

On trouve encore dans les eaux fluviales des quantités assez fortes d'azotates. Les dosages suivants portent sur un mètre cube.

Rhône	0 gr. 5 à 5 gr. 0	(d'après Bineau).
Seine (Bercy)	14 gr. 6	(d'après Deville).
Rhin (Strasbourg)	3 gr. 8	id.
Rhône (Genève)	8 gr. 5	id.

L'acide chlorhydrique et l'acide sulfurique se trouvent parfois en quantités fort notables. C'est ainsi que M. Boussingault a trouvé dans le Rio-Vinagre, qui descend de la chaîne des Andes, dans l'Amérique du Sud, 1 gr. 2117 d'acide chlorhydrique et 1 gr. 3475 d'acide sulfurique par litre d'eau. On rencontre d'assez fortes quantités d'acide sulfurique dans les eaux de la baie de Santorin, à un tel point, que les navires doublés de cuivre s'y rendent pour nettoyer leur carène.

Les eaux courantes renferment encore des quantités très variables de matières organiques qui, suivant M. Bobière, paraissent augmenter pendant les crues. L'action de ces substances sur la nature des eaux est étudiée tout au long dans un autre chapitre (Altérations des cours d'eau, page 158 et suivantes).

Les eaux renferment des proportions assez diverses d'azote et d'ammoniaque, qui proviennent soit de la dissolution des azotates, soit des pluies, qui apportent des quantités plus ou moins fortes de ces deux substances, surtout par les temps d'orage.

Les eaux de sources sont encore de composition très variable; de plus, leur température est loin d'être toujours la même.

Température des eaux. — Le degré de température des eaux est le plus souvent en raison de la nature et de la profondeur du terrain d'où elles émergent. Ainsi dans les terrains de sédiment supérieurs, on ne rencontre jamais de sources thermales, et rarement des sources tempérées; mais dans les terrains de sédiment moyen, inférieur, de transition, et même volcaniques anciens, les sources froides jaillissent aussi bien que les sources tempérées ou thermales; d'où l'on a conclu, avec raison, que les eaux minérales froides émanant de terrains de sédiment supérieurs, se minéralisent à la manière des eaux de mines, par la lexiviation seule, tandis que celles des terrains plus profonds empruntaient leurs principes, partie à la lixiviation, partie aux réactions qui s'opèrent entre les matériaux solides du globe, sous l'influence d'un gaz et d'une température toujours supérieure à celle de l'air ambiant. (*Dictionnaire des eaux minérales.*)

4

La température des eaux a une grande importance. Ainsi, telle espèce affectionne les eaux froides, tandis que telle autre aime les eaux ayant un certain degré de chaleur. Les truites, par exemple, pour arriver à bien, demandent des eaux froides ; par contre, la carpe veut au moins 18° centigr. Cependant, lorsque la température de l'eau est trop forte, tous les poissons souffrent.

La température des eaux dites *froides* varie entre 6 et 12° ; au-dessus, jusqu'à 25°, les eaux sont *tempérées*. Au delà de 25° elles sont *thermales*.

Les eaux d'étang sont généralement tempérées et plus ou moins vaseuses ; par cela même elles conviennent fort bien à quelques espèces, à la carpe, par exemple, et particulièrement à la tanche ; mais, en général, ces eaux sont peu oxygénées. Nous aurons l'occasion de les étudier spécialement.

Les eaux des lacs sont généralement bien peuplées. Les espèces qu'on y trouve varient non seulement avec la nature des eaux, mais encore avec l'altitude.

Les éléments qu'on rencontre dans ces eaux sont très variables. Ainsi, dans les lacs des Vosges, il n'y a presque pas d'éléments minéraux. (Braconnot.)

Les matières solides renfermées dans un mètre cube d'eau du lac de Harnberg, près de Munich, atteignent, d'après Mendias, le chiffre de 50 gr. 20.

M. Johnson, en étudiant les eaux du lac Rachel, situé dans la forêt Noire, y a trouvé 69 gr. 90 de matières solides par mètre cube.

Enfin, dans le lac de Zurich, Moldenhauer en a dosé 139 gr. 50.

Gaz dissous dans l'eau. — Au contact de l'air, l'eau dissout une certaine quantité de gaz qui joue un grand rôle dans la vie des êtres aquatiques.

Ainsi, dans un litre d'eau de Seine, M. Péligot a trouvé 54 ^{cc} de gaz, formés de :

21^{cc} 4		d'azote.
10, 1		d'oxygène.
22, 6		d'acide carbonique.
54, 1	soit, pour 100	39,55 d'azote.
		18,67 d'oxygène.
		41,78 d'acide carbonique.

Il est à remarquer que l'eau tient en dissolution une certaine quantité d'air. Or, comme l'air est un mélange, et que l'oxygène est plus soluble que l'azote, l'air dissout dans l'eau est plus riche en oxygène que l'air atmosphérique, soit 0,32 pour 100 au lieu de 0,21.

Cependant, les gaz en dissolution sont en quantités très variables suivant les eaux et même les jours, aussi est-il fort rare que la proportion soit celle indiquée par la loi de solubilité des gaz en contact avec l'eau.

En général, les eaux courantes renferment plus d'acide carbonique que les eaux tranquilles.

L'oxygène joue un rôle capital dans les eaux. Si l'on vient à plonger un poisson dans une eau qu'on aura fait bouillir pendant quelque temps, c'est-à-dire privée d'air, il meurt au bout de quelques minutes, car l'oxygène *constitutif* de l'eau ne peut être utilisé par le poisson, puisqu'il est à l'état de combinaison chimique dans ce liquide.

Pour augmenter la proportion d'oxygène dans une eau, un des meilleurs moyens est de la faire tomber d'une certaine hauteur en chute ou cascade. Les chiffres suivants prouvent suffisamment ce que nous avançons.

Eau du bois de Boulogne (26 décembre 1872) :

Proportion d'oxygène de l'eau au-dessus de la grande cascade. . 9^{cc} 66.
Proportion d'oxygène à la grande cascade, au rocher sur lequel l'eau se brise................................... 10, 70.

Eau de Chantilly; analyses faites le 10 novembre 1872 :

Proportion d'oxygène de l'eau en amont du déversoir du grand

    lac.. 8^{cc} 96.

En aval du déversoir..................................... 10, 20.

Ces analyses, que nous empruntons à M. Gérardin[1], ont été faites sur un litre de liquide.

Comme nous le verrons en étudiant l'altération des cours d'eau, les matières polluantes les plus nuisibles sont celles qui font disparaître, ou qui diminuent la quantité d'oxygène nécessaire à la respiration des poissons.

Les variations de la proportion d'oxygène dans l'eau, d'après M. Hervé Mangon, sont quelquefois très rapides. Pendant les chaleurs de l'été de 1856, la porportion d'oxygène dissous dans l'eau du lac du bois de Boulogne est tombée, en une semaine, de 3^{cc} 6 par litre à 1^c seulement. Cette diminution a concordé avec une énorme mortalité des poissons du lac.

MM. Miller et A. Smith, en opérant sur les eaux de la Tamise, ont démontré que l'oxygène disparaît peu à peu en même temps que l'acide carbonique augmente, à mesure du trajet à travers les villes.

Les eaux devenant fétides par la putréfaction des matières organiques, sont absolument impropres à l'élevage du poisson.

Congélation des eaux. — Ce n'est pas rigoureusement à 0° que les eaux courantes se congèlent. Le mouvement de l'eau mêle les couches de températures différentes et détermine un frottement entre ces couches ; ces deux causes retardent le refroidissement, aussi la congélation se produit-elle à quelques degrés au-dessous de zéro.

D'ailleurs, le point de congélation s'abaisse en raison inverse de la pression.

L'eau présente une remarquable exception à la loi générale. Tout d'abord, par le refroidissement elle ne se contracte

----

1. Rapport sur l'altération, la corruption et l'assainissement des rivières.

que jusqu'à la température de 4°. A partir de ce point, son volume augmente. C'est donc à 4° que l'eau, occupant le moindre volume, pèse plus qu'à aucune autre température (maximum de densité). Cette observation a une grande importance : lorsqu'il survient un froid, l'eau se contracte à la surface et descend dans les parties inférieures pour être remplacée par des couches plus chaudes ; le froid agissant sur ces dernières, elles descendent de nouveau, et ainsi de suite, jusqu'à ce que toute la masse ait plus de 4° ; alors les couches supérieures se dilatent en se refroidissant.

La glace, dit M. Tissandier, étend sur les fleuves une couche bienfaisante : elle flotte comme un vaste radeau, protège les êtres vivants qu'elle couvre, les garantit d'un danger menaçant, les abrite sous un manteau protecteur [1]. Des froids prolongés de 10 à 12° sur des fonds de 1 à 4 mètres, peuvent occasionner la mort de tous les poissons. La tanche et l'anguille sont les poissons qui supportent les plus basses pressions.

Lorsque les poissons ont à souffrir des hivers rigoureux qui recouvrent, pendant plusieurs semaines, d'une épaisse couche de glace les bassins qui les renferment, il faut bien se garder de creuser dans la glace de grandes ouvertures destinées à aérer l'eau, car les poissons, avides d'oxygène, s'y précipitent, et, la plupart du temps, viennent expirer à la surface. Il est préférable, pour éviter cet accident, d'empêcher la surface des eaux de geler. Pour cela, on place de distance en distance des bottes de paille ou des fagots disposés verticalement dans l'eau. La paille est préférable, car les bottes n'étant immergées qu'à moitié, l'ensemble de chaque botte forme une infinité de petits conduits d'air permettant l'entrée de l'oxygène, si l'eau vient à se couvrir de glace [2].

1. *L'Eau*, par M. G. Tissandier.
2. Voir A. Larbalétrier, *Pisciculture*. (*Journal d'agriculture pratique* du 21 février 1884.)

4.

Flore et faune aquatiques. — Quelques espèces de poissons faisant des matières animales leur nourriture presque
exclusive, peuvent se passer de végétation aquatique : ces
espèces, comme nous le verrons plus tard, déposent généralement leurs œufs sur le sable ou le gravier. D'autres sont
herbivores, et attachent leurs œufs aux herbes.

Les végétaux aquatiques sont très nombreux, mais tous
n'ont pas la même importance au point de vue piscicole. Ceux
qu'on rencontre le plus communément dans les eaux douces
sont : La renoncule d'eau (*ranunculus aquatilis*), l'iris des
marais (*iris pseudacorus*), le nénuphar jaune (*nymphœa
luteum*), le nénuphar blanc (*n. alba*), la lentille d'eau
(*lemna gibba*), le cresson de fontaine (*nasturstium officinale*), etc. Ces plantes servent à certaines espèces pour y
déposer leurs œufs adhérants ; il importe donc de ne pas
les détruire. Cependant, il est très important d'empêcher la
trop rapide multiplication de quelques-unes de ces herbes,
des lentilles d'eau par exemple, qui, se reproduisant avec
une étonnante rapidité, peuvent amener de fâcheux accidents. Nous en avons eu un exemple remarquable à l'École
nationale d'agriculture de Grignon : au mois de juillet 1868,
il s'est développé dans l'étang de Grignon une telle quantité de lentilles d'eau, que la plante formait un réseau épais
à la surface de l'eau. Bientôt se dégagea de la pièce d'eau une
odeur caractéristique de sulfure d'hydrogène, et tous les
poissons (une centaine de kilogrammes) arrivèrent morts
à la surface de l'eau.

M. P. Dehérain, professeur de chimie et de physiologie
végétales à Grignon, étudia le phénomène ; voici ses conclusions : il n'était pas possible d'attribuer à un empoisonnement par l'hydrogène sulfuré, la mort de ces animaux, car
les oiseaux d'eau n'auraient pas échappé à l'action de ce gaz,
et l'étang restait garni de cygnes, de canards et de poules
d'eau ; mais je pensai que les lentilles d'eau avaient formé

à la surface de l'étang une couverture assez épaisse pour empêcher l'accès des rayons lumineux, et que, dès lors, les plantes submergées, plongées dans l'obscurité, avaient dû absorber l'oxygène dissous, le transformer en acide carbonique ; que les poissons enfin, privés d'oxygène, avaient dû périr asphyxiés.

Il s'est produit dans l'eau de l'étang de Grignon, maintenue à l'obscurité par la couche épaisse de lentilles d'eau, un remarquable exemple de cette concurrence vitale à laquelle l'illustre Darwin fait, avec juste raison, jouer un rôle si important dans la succession des espèces. Dans l'obscurité où ils ont été plongés, animaux et plantes se sont trouvés n'avoir à consommer qu'une quantité limitée d'oxygène : bientôt celui-ci a fait défaut, et les animaux, moins bien organisés pour résister à l'asphyxie, ont péri rapidement.

Il résulte de l'observation précédente que le dépeuplement des étangs, qui peut suivre le développement exagéré de la lentille d'eau, sera facilement évité, si l'on enlève celle-ci de façon à permettre un libre accès à la lumière : les plantes submergées ne sont à craindre qu'autant qu'elles sont plongées dans l'obscurité [1].

Les eaux sont peuplées d'une multitude d'animalcules, qui constituent pour la plupart des poissons une excellente nourriture. Aussi la question de la faune dans les eaux cultivées est-elle d'une importance capitale.

Parmi ces petits habitants des eaux qui se comptent par milliers, les plus importants sont les *infusoires*, animaux microscopiques de forme généralement ovoïde et munis de cils vibratiles. Ces infusoires constituent la première nourriture des alevins aussitôt après la résorption de la vésicule ombilicale.

Les mollusques d'eau douce sont très nombreux ; ils vi-

1. P. P. Dehérain, *Cours de Chimie agricole professé à Grignon.*

vent dans les eaux non infestées, et leur présence constitue même un caractère important pour l'appréciation du degré d'altération des eaux ; question sur laquelle nous aurons à revenir.

Les principales espèces sont les limnées (*limnea*), dont la coquille est mince, diaphane et à tours de spires allongés ; elles pondent au printemps.

Les planorbes (*planorbis*), encore appelées *cornes d'Ammon*, sont très communes dans nos rivières et ruisseaux. Il en est de même des paludines ou sabots (*paludina*), etc.

Parmi les crustacés, citons les crevettes de ruisseau (*gammarus fluviatilis*, les cyclopes (*cyclops*), les daphnies (*daphnia*), les cypris (*cypris*), les capucines, etc., etc.

Les insectes aquatiques sont très nombreux ; ce sont surtout leurs larves qui servent à l'alimentation des poissons. Ce sont les libellules, les phryganes, les némoines, les perles et les tipules, dont les petites larves rouges, connues sous le nom de *vers de vase,* sont très recherchées par toutes les espèces de poissons.

Enfin, on trouve encore dans les eaux douces bon nombre d'animaux qui nuisent au développement des poissons. Nous aurons à y revenir.

CHAPITRE VI

DESCRIPTION, MŒURS ET GENRE DE VIE DES PRINCIPALES ESPÈCES DE POISSONS

La classification des poissons ayant été donnée précédemment, nous adopterons dans la description des espèces l'ordre alphabétique, qui facilitera les recherches.

C'est sur la connaissance parfaite des mœurs et des moindres particularités de la vie des poissons que reposent les pratiques piscicoles, et que dépendent les chances de succès ; c'est pourquoi nous avons donné à cette partie une place exceptionnelle dans cet ouvrage.

Ablette (*alburnus*). — Les ablettes appartiennent à la famille des cyprins. (Ordre des malacoptérygiens abdominaux.)

L'ablette commune (*alburnus lucidus*), encore appelée *ovelle*, *borde*, *blanchaille*, etc., a le corps allongé, de 10 à 15 cent. de longueur, comprimé légèrement ; la tête est petite et plate en dessus, le maxillaire inférieur est un peu plus long que le supérieur. Les écailles, légèrement cténoïdes, sont développées en hauteur.

Ce poisson a une teinte verdâtre plus ou moins sombre, légèrement bleuâtre sur la tête ; les flancs et le ventre sont d'un blanc argenté.

L'ablette aime les eaux courantes, assez profondes. « Lorsque la température est douce, disent MM. Gervais et Boulard, les ablettes se jouent à la surface de l'eau, et rien n'est joli comme l'éclat de leurs écailles et l'élégance de leurs mouvements [1]. »

Ce charmant poisson fraye de mai en juin par bandes nombreuses, le long des rivages ; il dépose ses œufs, toujours fort nombreux, sur les plantes aquatiques.

Sa nourriture consiste en animalcules et en matières végétales.

Tous les poissons carnivores se montrent très friands de cette petite espèce, notamment les truites et les brochets. C'est dans le but de fournir à ces poissons, et surtout à la truite, une nourriture économique et fort à son goût, qu'il peut être utile au pisciculteur de se procurer des ablettes. Pour les pêcher en abondance, on peut s'y prendre de la manière suivante : on descend au fond de l'eau un panier rempli de sang caillé, mêlé avec du crottin de cheval. Après avoir laissé ce panier une nuit dans l'eau, on peut prendre le lendemain matin des ablettes en abondance. On peut encore en prendre de grandes quantités le soir, près des rives, avec l'épervier dru.

L'ablette se trouve dans tous nos cours d'eau. Sa chair est maigre, remplie d'arêtes et nullement appréciée. Cependant, en Suisse et en Allemagne, on la sale et on la fait sécher ; elle est ensuite mangée à l'huile et au vinaigre. Mais ce qu'on recherche surtout chez l'ablette, ce sont ses écailles, qui servent à fabriquer les fausses perles.

« Pour obtenir cette matière nacrée que l'on nomme *essence d'Orient*, dit M. John Fisher, on enlève doucement, à l'aide d'un couteau peu tranchant, les écailles argentines au-dessus d'un baquet d'eau, où on les lave à plusieurs reprises. On prend ensuite le dépôt, que l'on place dans un tamis très clair, et on lave à grande eau au-dessus d'un vase ; la matière nacrée passe seule et se précipite au fond du vase,

1. *Les Poissons*, tome Ier, Poissons d'eau douce.

elle forme une masse boueuse d'un blanc bleuâtre très brillant : c'est là l'essence d'Orient. Cette matière est délayée dans de la colle de poisson, et elle est alors prête à servir. Introduite dans un globule de verre, que l'on agite en tous sens et que l'on fait sécher rapidement au-dessus d'une poêle, elle lui donne des nuances et les reflets des perles fines. On remplit ensuite le globule de cire fondue, qui consolide le verre et fixe l'essence contre sa paroi intérieure. Cette fabrication a pris en France une grande extension dans ces derniers temps. »

Il faut environ 40,000 ablettes pour faire 1 kilogr. d'essence d'Orient. Les écailles valent de 20 à 30 francs le kilogr. A Paris, cette industrie occupe un grand nombre d'ouvriers, et l'exportation annuelle de ses produits s'élève à près d'un million de francs.

Indépendamment de l'ablette commune, on trouve encore d'autres espèces, parmi lesquelles il faut citer :

L'*ablette hachette* (*alburnus dolabratus*), dont le corps est plus haut, la tête plus forte et les écailles plus allongées. On la trouve surtout dans la Meuse.

L'*ablette mirandelle* (*alburnus mirandella*), qui est plus allongée ; sa nageoire dorsale est plus haute. On la rencontre surtout dans le lac de Genève et du Bourget.

Anguille (*anguilla fluviatilis*).— L'anguille est très répandue dans nos cours d'eau. Par ses mœurs bizarres et la délicatesse de sa chair, elle fait la joie des pêcheurs et les délices des gourmets ; son aspect serpentiforme et ses caractères extérieurs si nettement tranchées, ne permettent aucune confusion, et font reconnaître l'anguille entre tous les poissons.

Elle a le corps à peu près cylindrique, couvert d'une peau épaisse, résistante, munie d'écailles excessivement petites et d'autant moins visibles, que tout son corps est recouvert d'un enduit visqueux, qui fait que ce poisson glisse entre les

doigts avec beaucoup de facilité. C'est cette particularité
qui explique pourquoi l'anguille a été regardée dans certains pays comme un être impur : elle était comprise parmi
les poissons *dénués d'écailles,* que les lois religieuses des Juifs
interdisaient à ce peuple.

Le maxillaire inférieur, chez ce poisson, est un peu plus
allongé que le supérieur; les deux sont pourvus de petites
dents fines et acérées; l'œil est vif et petit, d'un beau jaune
clair, placé juste au-dessus de l'angle de la bouche. La nageoire dorsale commence vers le milieu du dos et se réunit
à la caudale en contournant la partie postérieure du corps.
La coloration de l'anguille est assez variable ; ainsi celles
qu'on pêche dans les eaux courantes et limpides sont généralement d'un beau vert olivâtre, avec reflets métalliques ;

Fig. 8. — Anguille.

au contraire, celles qui vivent dans les eaux vaseuses ou
quelque peu stagnantes, sont brun jaunâtre ou même complètement noires. La taille de l'anguille dépasse quelquefois
un mètre, et son poids excède souvent 3 kilogr. (fig. 8).

La vie de l'anguille est entourée de bien des mystères.
C'est surtout la manière dont elle se reproduit qui reste
obscure, malgré les minutieuses recherches de plusieurs savants du plus grand mérite. Les fables les plus bizarres et
les théories les plus étranges ont été répandues à ce sujet.
Pour quelques-uns, l'anguille venait au monde sur les ouïes
de certains poissons; pour d'autres, elle naissait de la rosée
du printemps. Quelques auteurs, et des plus éminents, ont
prétendu et prétendent encore, qu'elle n'est que la larve d'un
autre poisson non encore déterminé. En somme, rien de
bien précis dans tout cela, des hypothèses, et rien autre

chose. On s'est tour à tour demandé si l'anguille était vivipare ou ovipare, hermaphrodite ou unisexuée; l'âge qu'elle pouvait atteindre, etc., etc. Autant d'auteurs, autant d'opinions différentes. Cependant, sans vouloir trancher la difficulté, nous ferons observer qu'il semble aujourd'hui bien acquis à la science ichtyologique, qu'il y a des anguilles mâles et des anguilles femelles, et que les œufs semblent devoir éclore dans le corps de la femelle; enfin, que ce poisson se rend à la mer pour se livrer à l'acte de la reproduction. Les recherches du docteur Eberhard de Rostok semblent avoir jeté un certain jour sur cette question. En 1875, ce savant fut mis en possession, par un de ses élèves de l'Institut scientifique, d'un embryon d'anguille. Ces embryons sont de couleur blanche avec le ventre et la tête jaunes; la longueur moyenne est de 25 millim., les yeux noirs sont énormes, la mâchoire inférieure est très proéminente, la nageoire dorsale très allongée, et la peau, transparente et déjà visqueuse, laisse voir le squelette. Sous la gorge se trouve une forte vésicule ombilicale.

L'embryon étudié par le Dr Eberhard avait le corps gonflé, mais la région caudale, fait remarquer M. de la Blanchère [1], n'en était que plus distincte, portant d'ailleurs une anale qui, la parcourant dans toute sa longueur, rejoignait et formait la caudale.

Le Dr Eberhard a conclu de son étude que l'anguille est absolument ovovivipare, et que les embryons se nourrissent dans la poche maternelle, comme ceux du requin, aux dépens de la vésicule ombilicale. Au printemps, en mars ou avril, les jeunes anguilles, à peine grosses comme des fils, remontent les cours d'eau; elles sont alors en telle abondance, que souvent les eaux en sont obscurcies. Ce sont ces jeunes anguilles qui constituent la *montée*.

Remarquons toutefois, que la montée ne se met en mar-

1. H. de la Blanchère, *Bulletin de la Société d'acclimatation*, 1876.

che que par les nuits très sombres et orageuses. Pour l'anguille adulte, il en est de même : elle ne sort guère pendant le jour, restant cachée sous les pierres, dans les trous ou dans la vase ; ce n'est que par les temps d'orage ou à la tombée de la nuit qu'elle quitte sa retraite.

L'agilité de ce poisson est bien connue ; il nage avec rapidité, et les ondulations de son corps flexible, fendant les ondes, rappellent les mouvements du serpent sillonnant la plaine.

L'anguille a la vie très dure et peut rester très longtemps hors de l'eau. On prétend qu'elle quitte souvent les eaux la nuit, pour aller se promener dans les champs couverts de rosée, où elle recherche les insectes, les larves, les vers, etc. Cette particularité explique pourquoi on n'est pas toujours sûr de retrouver les anguilles dans les pièces d'eau où on les a mises.

A Comacchio, sur les bords de l'Adriatique, on produit l'anguille en abondance ; les lagunes de Comacchio sont célèbres à ce point de vue. Elles ont été décrites d'abord par Spallanzani, puis par M. Coste.

C'est l'instinct qu'ont les anguilles de remonter de la mer vers les eaux douces au printemps, que les habitants de Comacchio ont utilisé à leur profit. Le fretin ainsi capturé, on le force, par des artifices divers qu'il serait trop long de décrire, à se rendre, quand il est adulte, dans des réservoirs où on n'a plus qu'à le pêcher à mesure des besoins.

Les pêches à Comacchio, dit M. E. Sauvage, sont parfois vraiment miraculeuses, surtout pendant les nuits sombres et pluvieuses, alors que les vents glacés du nord soulèvent les flots de la lagune [1].

Les habitants de la colonie les attendent, comme les agriculteurs le soleil radieux qui doit mûrir les fruits de la terre. Ils prennent sans doute ces bouleversements de la na-

1. Voyez E. Sauvage, *La Grande Pêche.*

ture pour une manifestation de la souveraine harmonie, puisqu'ils les désignent sous le nom d'*ordre* (*ordine*); et, quand la tempête fait voler les toits de leurs demeures, ils s'écrient, avec satisfaction : *Ordine! ordine!* comme d'autres diraient : *La belle journée* [1] *!*

D'après M. le docteur Paul Brocchi[2], l'éminent professeur d'aquiculture de l'Institut agronomique, qui a visité tout récemment Comacchio, on pêche plus de 700,000 kilog. d'anguilles par année. Les autres espèces de poissons pêchées à Comacchio sont les muges, les athérines, etc.

Le commerce de ce poisson a une grande importance dans cette localité. A ce sujet, nous emprunterons encore quel-

Fig. 9.   Brochette d'anguilles.

ques renseignements au savant directeur de l'établissement d'aquiculture de Boulogne-sur-Mer, M. le docteur E. Sauvage :

« Les anguilles subissent une première opération. Un ouvrier, à l'aide d'une petite hachette, leur coupe la tête et la queue, et fait du tronc, suivant la grandeur du poisson un ou deux tronçons égaux ; tous ces tronçons sont enfilés dans des broches : les plus petites anguilles, après avoir subi une ou deux entailles qui en rendent la torsion plus facile, sont repliées en zigzag (fig. 9). Les broches sont placées au-dessus d'un feu que l'on conduit avec le plus grand soin, car il y a un degré de rissolé qu'il ne faut pas dépasser, sous peine de n'obtenir que des produits de qualité inférieure. La graisse qui s'écoule des broches est recueillie et sert, en partie, à l'entretien des lampes de l'atelier, de telle

1. Alb. Larbalétrier, *L'Art de produire et d'élever les poissons d'eau douce,* broch. in-18; Le Bailly, édit., Paris.
2. *Les Pêcheries des côtes de l'Adriatique,* 1880.

sorte que rien n'est perdu dans cette exploitation bien entendue. D'après les recherches de Coste, cette coutume de faire cuire les anguilles à la broche, soit entières, soit coupées par tronçons, remonte aux anciens Romains, comme le prouvent deux peintures trouvées à Pompéi, sur le pilier extérieur d'une hôtellerie découverte près des Thermes : les figures qui y servaient d'enseigne représentent, l'une une anguille entière repliée sur elle-même et embrochée, l'autre trois tronçons enfilés à la même broche [1].

En France, la valeur de l'anguille, comme substance alimentaire, et le prix auquel on la vend sur le marché, valent-ils la peine qu'on se livre à une production industrielle de ce poisson ?

Quel est le prix du kilogramme ? Il peut être fixé approximativement à 3 francs.

Or, la production de l'anguille présente-t-elle des difficultés ? Aucune, elle est même d'une extrême simplicité ; aussi voudrions-nous voir se généraliser une pratique susceptible de donner des bénéfices notables. Toutefois, dans cette question, il importe de ne pas trop généraliser, car, ainsi que nous le verrons par la suite, la production de l'anguille n'est pas toujours compatible avec celle des autres poissons et crustacés d'eau douce.

Comme aliment, l'anguille constitue le type du poisson *gras*. Rien de plus délicat et de plus nourrissant qu'une matelote bien apprêtée, à condition toutefois d'en prendre toujours une quantité raisonnable. Il importe de peler l'anguille avant de la consommer, car la peau est très riche en matières grasses, substances d'une digestion toujours laborieuse.

D'ailleurs, voici quelques chiffres empruntés à M. Letheby ; ils sont tout à fait significatifs en ce qui concerne la valeur alimentaire de la chair d'anguille [2] :

1. Dr Sauvage, *loc. cit.*
2. Dr Letheby, *Les Aliments.*

Eau............................... 75
Albumine......................... 9,9
Graisse.......................... 13,8
Sels............................. 1,3
Azote pour 100................... 9,9
Carbone.......................... 13,8

Le repeuplement des cours d'eau à l'aide de la *montée,* qu'on se procure si facilement au printemps, est depuis longtemps pratiqué dans plusieurs départements : partout les résultats ont été très satisfaisants [1].

Nous verrons plus loin comment on peut produire les anguilles dans les étangs.

Indépendamment de la chair d'anguille, on utilise encore la peau de ce poisson, qui est très mince et très souple. Dans quelques parties de la Tartarie la peau d'anguille remplace les vitres des fenêtres.

Alose (*alosa vulgaris*). — L'alose est un malacopté-

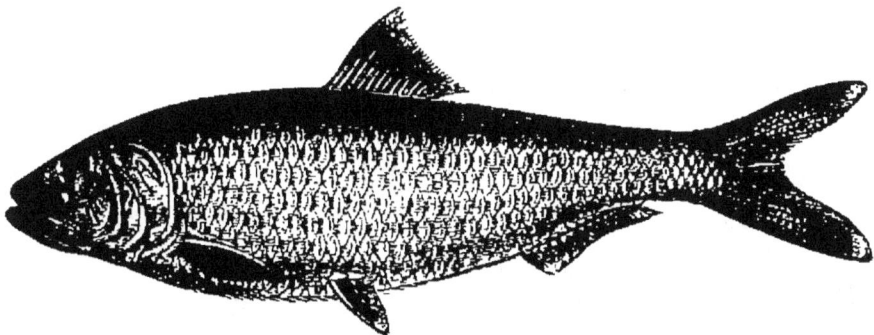

Fig. 10. — Alose.

rygien abdominal de la famille des clupes ; elle ressemble beaucoup au hareng, qui appartient d'ailleurs à la même famille.

Ce poisson a le corps en ovale allongé, le ventre est comprimé et tranchant, la tête petite et pyramidale, le museau est court et la bouche assez grande, la mâchoire inférieure

1. Voy. Alb. Larbalétrier, *L'Anguille* (*Journal d'agriculture pratique*), 21 août 1884.

est légèrement proéminente, l'œil est relativement grand
(fig. 10).

Le dos est verdâtre, à reflets irisés, les flancs sont un peu
plus pâles et pointillés, les nageoires sont d'un gris noirâtre, la caudale est très fourchue. Chez les jeunes poissons,
on voit quatre ou cinq taches noires au-dessus de la ligne
latérale [1].

On trouve ce poisson dans la Méditerranée, l'Océan, la
mer du Nord, etc. Il est anadrome, c'est-à-dire qu'il remonte
les cours d'eau au printemps pour y déposer ses œufs.

Lorsque les aloses entrent dans le Volga, dans l'Elbe,
dans le Rhin, dans la Seine, dans la Garonne, dans le Tibre,
dans le Nil, et dans les autres fleuves qu'elles fréquentent,
dit A. Karr, elles s'avancent communément très près des
sources de ces fleuves. Elles forment des troupes nombreuses
que les pêcheurs de la plupart des rivières où elles s'engagent voient arriver avec une grande satisfaction, mais qui ne
causent pas la même joie à ceux du Volga. Les Russes, per-
suadés que la chair de ces animaux peut être extrêmement
funeste, les rejettent de leurs filets, ou les vendent à vil
prix à des Tartares, moins prudents ou moins difficiles [2].

Les aloses frayent par bandes près des berges, vers le
mois de juin. Cette opération fatigue énormément ces poissons, beaucoup même périssent après la ponte.

L'alose se nourrit d'insectes, de vers et de petits mollusques. Notons que ce poisson, une fois dans les eaux douces,
ne prend aucune nourriture ; ce qui se conçoit d'ailleurs,
puisqu'il entre dans les cours d'eau pour frayer, et que la
plupart des poissons jeûnent lorsqu'ils sont sur le point de
se reproduire [3].

1. Diderot et d'Alembert, *Encyclopédie méthodique*.

2. A. Karr, *Dictionnaire du pêcheur*.

3. Alb. Larbalétrier, *L'Alose.* (*La Maison de campagne,* n° du 16 août
1885.)

On croit qu'en mer, dit M. Raveret-Wattel, les aloses vivent de petits poissons, de crustacés à mince carapace, de mollusques, etc. Quelques débris de végétaux marins trouvés dans leur estomac, font supposer qu'elles n'ont cependant point une nourriture exclusivement animale. Toujours est-il qu'elles ne mangent que peu ou pas en eau douce, où elles ne viennent que pour se reproduire. Elles remontent alors les courants avec une rapidité très grande, franchissant des centaines de kilomètres en peu de jours. On pêche souvent à Hadley Falls, sur le Connecticut, c'est-à-dire à plus de quatre-vingts kilomètres de la mer, des aloses ayant dans l'estomac de petits animaux marins encore intacts, dont l'ingestion ne doit par conséquent remonter qu'à quelques heures[1].

La chair de l'alose est ferme, délicate et savoureuse. En sortant de la mer elles sont maigres et de mauvais goût, mais le séjour dans l'eau douce les engraisse et les bonifie. On pêche les aloses en assez grande quantité près de Rouen, et surtout à Quillebœuf.

A l'embouchure de la Seine, ces poissons ont la chair généralement grasse, savoureuse et de bon goût ; ce qui est attribué par quelques auteurs à la grande quantité d'éperlans qu'ils trouvent dans ces parages.

Depuis quelques années, les États-Unis d'Amérique, qui font de la pisciculture sur une échelle immense, appréciant les qualités précieuses de l'alose, font tous les efforts imaginables pour propager cette espèce. Un navire spécialement aménagé dans ce but, et muni d'appareils particuliers servant à l'incubation des œufs, répand tous les ans des millions de jeunes aloses dans les eaux américaines[2].

A l'exemple des Américains, il serait très utile de favori-

1. Raveret-Wattel, *Rapport sur la situation de la Pisciculture à l'étranger*.

2. A. Larbalétrier, *loc. cit.*

ser la multiplication de cette espèce précieuse dans nos cours d'eau, qui autrefois très abondante dans la Loire, la Garonne et la Dordogne, y devient de plus en plus rare.

L'*alose finte* est une autre espèce, qui se distingue de la précédente par un corps plus allongé, des écailles moins grandes, et cinq ou six taches noires sur les flancs.

Barbeau (*barbus fluviatilis*). Encore appelé *barbet* ou *barbiaux*, ce poisson habite les eaux claires à fond cailloux; on le trouve assez souvent sous les arches des ponts.

Il est caractérisé par un corps fusiforme, une tête oblongue, une bouche moyenne à lèvres épaisses, dont la supérieure

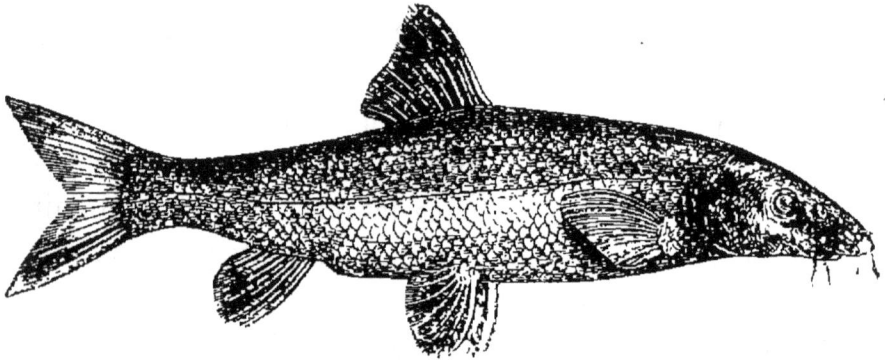

Fig. 11. - - Barbillon.

dépasse notablement l'inférieure; il a quatre barbillons à la mâchoire supérieure, deux à l'extrémité et deux aux angles. La brièveté des nageoires est encore une caractéristique de cette espèce; toutefois, la dorsale est relativement élevée; la caudale est très légèrement hétérocerque. Sa taille moyenne est de 30 centim., mais il atteint souvent 50 centim.; on en connaît même de un mètre de long, qui ont été pêchés en Allemagne.

Les jeunes sont appelés *barbillons*.

Voici la livrée de ce malacoptérygien : dos gris-verdâtre, pâle, à reflets blancs ou jaunes métalliques, flancs bleuâtres, ventre blanc, gorge et poitrine de même couleur, à reflets nacrés. La dorsale est grise, avec des taches d'un vert foncé olivâtre, l'anale et la caudale sont rougeâtres; cette dernière nageoire est bordée de noir.

Le barbeau (fig. 11) aime les eaux vives à courant rapide; cependant il craint les froids intenses et les chaleurs trop fortes, aussi ne le trouve-t-on que dans les climats tempérés. En hiver, ce poisson reste engourdi dans les trous.

Le barbeau fraye à l'âge de trois ou quatre ans, au mois de mai ou juin; la femelle est très prolifique et pond de 8,000 à 10,000 œufs d'un rouge orangé, qu'elle dépose sur le gravier, dans les endroits où le courant est rapide; ces œufs éclosent au bout de quinze jours ou trois semaines. En se basant sur cette particularité, il serait facile de favoriser la multiplication de cette espèce, en établissant dans les rivières des frayères formées de cailloux et de gravier placés dans des endroits favorables.

Ce poisson est omnivore; il est très vorace et se nourrit de petits poissons, de mollusques, d'insectes, et de détritus animaux et végétaux. On trouve les barbeaux en troupes, dans le fond, au milieu des rivières, jamais sur les bords.

Le poids moyen du barbeau est de 2 à 3 kilogr.; cependant, en 1867, on en a pêché un dans la Seine, à Paris, au pont de l'Alma, qui pesait 7 kilogr. 500.

Une autre espèce, le *barbeau plébéien* (*barbus plebeius*), se rencontre surtout en Italie; il se distingue par sa taille plus petite et un corps plus large.

La chair du barbeau est fine et délicate; elle est d'autant plus ferme et plus savoureuse que le poisson a été pêché dans une eau plus vive. C'est un mets très recherché des gourmets. Suivant Bloch, il acquiert dans le Weser un goût particulièrement agréable, à cause du lin que l'on met dans ce fleuve.

Les œufs de barbeau déterminent souvent chez les personnes qui les mangent, des accidents assez graves, ayant assez d'analogie avec l'urticaire des moules. Les docteurs Wogt et Trapenard ont eu plusieurs cas de ce genre à signaler [1].

Brème (*abramis brama*). Comme le barbeau, la brème appartient à la famille des cyprins. Ce poisson est très répandu dans les cours d'eau et les lacs de toute l'Europe. Il affectionne particulièrement les eaux tranquilles à fond vaseux et couvertes d'herbes.

La brème peut atteindre de 25 à 35 centim. de long ; son poids varie entre 1 et 2 kilogr. ; cependant on en cite une, pêchée à Paris en 1853, qui mesurait 58 cent. sur 20 cent. de haut ; elle pesait 5 kilogr.

Ce poisson a le corps très haut, aplati, couvert de grandes écailles, la tête est petite et le museau arrondi ; le maxillaire

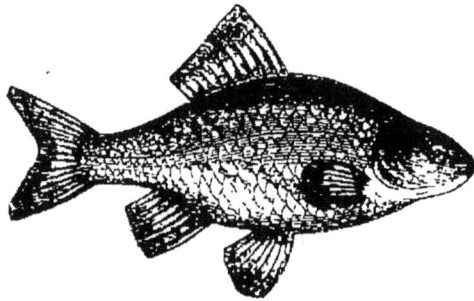

Fig. 12. — Brème.

supérieur dépasse un peu l'inférieur. Les nageoires pectorales et ventrales sont triangulaires, l'anale est très développée et la caudale nettement fourchue. La tête et le dos sont d'un vert olivâtre passant quelquefois au gris bleuâtre ; les flancs sont argentés, quelquefois même dorés, surtout à

1. Dans un cas semblable, la première chose à faire, c'est d'administrer un évacuant, par exemple 10 centigrammes d'émétique ou tartre stibié, dans un verre d'eau, à prendre par cuillerées de dix en dix minutes ; s'il y a déjà un certain temps que la substance toxique a été ingérée, on donnera un mélange de 10 centigr. d'émétique et de 40 grammes de sulfate de magnésie ou de soude. L'expulsion ne tardera pas à se manifester.

Après, on donnera quelques tasses d'une infusion de feuilles d'oranger avec quelques gouttes d'éther sulfurique.   A. L.

la partie inférieure ; les nageoires sont blanchâtres, l'anale affecte une teinte noirâtre.

La brème fraye vers le mois d'avril ou de mai ; alors elle remonte les courants en troupes nombreuses. Elle dépose ses œufs le matin, de très bonne heure, sur les herbes, de préférence sur les renoncules aquatiques. Ces œufs, gros comme une tête d'épingle, sont d'un gris verdâtre et très adhérents. Une seule femelle en pond jusqu'à 130,000.

« Lorsque, dans le printemps, dit A. Karr, les brèmes cherchent, pour frayer, les rivages unis ou des fonds de rivière garnis d'herbage, chaque femelle est souvent suivie de trois ou quatre mâles. Elles font un bruit assez grand en nageant en troupes nombreuses, et cependant elles distinguent le son des cloches, celui du tambour ou tout autre son analogue, qui, quelquefois, les effraye, les éloigne, les disperse ou les pousse dans les filets du pêcheur. »

La brème (fig. 12) ne se reproduit que vers l'âge de trois ans. Le transport des œufs de ce cyprin est très facile, surtout lorsque la température est basse ; aussi importe-t-il, lorsqu'on veut s'en procurer, d'aller les chercher le matin de bonne heure.

On trouve la brème dans les principaux lacs de l'Europe ; dans les cours d'eau, elle recherche les creux, le dessous des vieilles souches d'arbres, etc.

Ce poisson, dit M. C. Millet, se réunit quelquefois en troupes si considérables, que, d'*un seul coup de filet*, l'on en a pris 3,000 dans le lac de Zurich, et plus de 50,000, d'un poids total d'au moins 9,000 kilogr., dans un lac de Suède [1].

La brème se nourrit de matières végétales et d'animalcules aquatiques.

On sait que le corps des poissons renferme souvent des animaux parasitaires, sur lesquels nous aurons d'ailleurs à revenir ; or, la brème est particulièrement exposée à ces ma-

1. M. C. Millet, *Encyclopédie pratique de l'agriculteur,* tome IV.

ladies : très souvent on trouve chez ce poisson la *ligula ab-dominalis*, le *distoma globiporum*, le *tœnia laticeps*, etc., etc.

La chair de ce poisson est délicate, mais un peu molle et riche en arêtes. Celle des individus pêchés dans les eaux dormantes et vaseuses conserve un goût de vase assez désagréable, qu'on peut faire disparaître, paraît-il, en faisant avaler au poisson un verre de fort vinaigre avant de l'apprêter.

On élève et on engraisse facilement les brèmes dans les viviers profonds. Le son, la farine de maïs grossièrement moulue, et les pommes de terre cuites, constituent leur aliment de prédilection. Les brèmes ainsi produites sont très recherchées.

Il est avéré qu'en France, la brème, quoique n'étant pas un poisson de premier choix, est plus estimée qu'en Angleterre, où elle est assez dédaignée. Or, chose curieuse, et qui montre combien les goûts d'un peuple peuvent changer, sous le règne d'Édouard III, c'était un aliment très recherché. D'ailleurs, Isaac Walton, le père des pêcheurs à la ligne, donnait en 1653 le dicton français : « Qui a brème en son vivier peut fêter un ami. » Dicton parfaitement applicable à cette époque chez nos voisins.

Outre la brème commune, on connaît encore d'autres espèces, d'ailleurs bien moins importantes :

La *brème de Géhin* (*abramis Gehini*), qui a le corps moins haut et les écailles plus petites.

La *brème rose* (*abr. rutilus*), qui est plus petite ; avec la précédente, on la trouve surtout dans la Meuse et la Moselle.

La *brème bordelière* (*abr. pjœrkna*), qu'on trouve dans les mêmes eaux que la brème commune, mais qui est beaucoup plus petite ; de là le nom de *petite brème,* qu'on lui donne quelquefois (fig. 13).

Brochet (*esox lucius*). — Ce poisson appartient à la famille des ésoces, une des plus remarquables de l'ordre des malacoptérygiens abdominaux.

Il a le corps allongé, cylindrique, long de 0ᵐ,50 à 1 mètre, et quelquefois même 1ᵐ,50. La tête est volumineuse et le museau aplati, la mâchoire inférieure s'avance en pointe ; la bouche est largement fendue jusque sous les yeux, et garnie de fortes dents très nombreuses et bien acérées ; le dos est aplati et d'un vert plus ou moins blanchâtre, les flancs sont d'un vert impur à reflets dorés couverts de grandes taches, le ventre est blanc. Les écailles sont très petites. Les nageoires affectent une teinte rougeâtre sale ; la dorsale est située très en arrière au-dessus de l'anale ; c'est un des caractères distinctifs du brochet ; la queue est fortement échancrée.

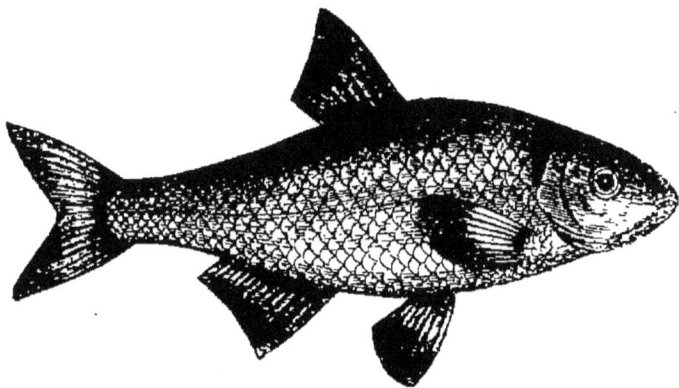

Fig. 13. — Bordelière.

Le brochet est très vorace ; aussi Lacépède l'a-t-il surnommé le *requin des eaux douces.*

Insatiable dans ses appétits, il ravage avec une promptitude effrayante les rivières et les étangs ; féroce sans discernement, il n'épargne pas son espèce et dévore ses propres petits ; goulu sans choix, il se jette sur tout ce qui remue, déchire et avale même les débris des cadavres. Dans les rivières et les étangs, il détruit, souvent en grande quantité, les jeunes canards domestiques ou sauvages, les jeunes oies et les petits cygnes, etc. « J'ai souvent trouvé dans l'estomac des gros brochets, dit M. Millet, divers oiseaux d'eau, des rats, des débris de jeunes chiens et de jeunes chats, et même des canards entiers. Dans les eaux renfermées, les brochets s'entre-dévorent, de sorte qu'au bout d'un certain temps il n'en reste souvent qu'un seul. L'un des grands réservoirs d'eau de Versailles a fourni, il y a quelques années, un exemple remarquable de la voracité de ce poisson : deux gros brochets étaient restés seuls, après avoir dévoré tous les autres de leur espèce ; l'un d'eux avala l'autre par la tête, mais n'ayant pu l'engloutir complètement, tous deux périrent étouffés[1]. »

M. Isidore Lamy cite un fait analogue. « Dans le parc de Maintenon, dit l'éminent pisciculteur, nous avons été témoin d'un fait curieux. Deux brochets de grosseur égale avaient cherché à s'entre-manger. L'un était parvenu à saisir la tête de l'autre ; mais dans la lutte qu'ils eurent à soutenir, l'un pour retirer la tête qu'il était parvenu à saisir, l'autre pour la dégager, ils succombèrent. Quand nous les trouvâmes, ils étaient, pardon du mot, complètement *engueulés*, et nous eûmes beaucoup de peine à les séparer, à les disjoindre, tant les mâchoires de l'un étaient fortement appliquées sur la tête de l'autre[2]. »

Le brochet fraye en février et mars, dans les ruisseaux à courant peu rapide ; la femelle pond en moyenne 50,000 œufs, d'un jaune transparent et enduits d'une matière gluante qui les fait adhérer ; ils éclosent au bout de douze ou quinze jours.

La croissance du brochet est très rapide, et la durée de sa vie semble être assez longue. Il est difficile, cependant, d'établir d'une façon certaine la moyenne de la durée de la vie de ce poisson. Quelques auteurs fixent sa plus grande limite à dix ans, d'autres prétendent qu'il peut vivre des siècles. Ces derniers appuient leur dire sur le fait raconté par Gesner, d'un de ces poissons qui, pris en 1497, à Hail-

<hr />

1. M. Millet, *loc. cit.*
2. J. Lamy, *Nouveaux éléments de Pisciculture*, 1866.

brun, en Souabe, portait un anneau sur lequel étaient gravés en lettres grecques, les mots suivants : « Je suis le poisson qui, le premier de tous, a été placé dans ce lac par les mains du maître de l'univers, Frédéric II, le 5 octobre 1230. » Le squelette de ce poisson, qui mesurait dix-neuf pieds de longueur, fut, dit-on, longtemps conservé à Manheim comme une curiosité [1].

La chair du brochet est blanche, ferme et très délicate ; toutefois, celle des individus pêchés à l'époque du frai ou dans les eaux dormantes a un goût désagréable.

Voici la composition de la chair de ce poisson :

Eau	77,530
Matières sèches	22,470
Graisse	0,602
Substances minérales	1,293
Azote	3,258

Les œufs de brochet sont, paraît-il, purgatifs et vomitifs. Ils peuvent déterminer l'urticaire chez certaines personnes. « J'ai vu des personnes, » dit le docteur I. Lamy, « être fortement indisposées pour avoir mangé d'un brochet dont les œufs n'avaient point été rejetés avant la cuisson. »

Les remèdes à appliquer dans un accident de ce genre sont les mêmes que ceux que nous avons mentionnés à propos des œufs des barbeaux.

Quelques faits semblent démontrer que le brochet n'est pas entièrement dépourvu d'une certaine intelligence. C'est ainsi qu'on a vu un brochet, dans le vivier du Louvre, du temps de Charles IX, qui, quand on criait *lupule, lupule*, se montrait et venait prendre le pain qu'on lui jetait.

Le docteur Warwick raconte, au sujet de l'intelligence de ce poisson, un fait que nous ne pouvons nous dispenser de rapporter tout au long :

1. Gervais et Boulard, *loc. cit.*

« Quand je demeurais à Durham, dit-il, je me promenais
un soir dans le parc qui appartient au comte de Hamenford,
et j'arrivai sur le bord d'un étang où l'on mettait pour
quelque temps les poissons destinés à la table. Mon attention se porta sur un beau brochet d'environ 6 livres ; mais
voyant que je l'observais, il se précipita comme un trait au
milieu des eaux. Dans sa fuite, il se frappa la tête contre le
crochet d'un poteau. J'ai su plus tard qu'il s'était fracturé
le crâne et blessé d'un côté le nerf optique. L'animal donna
les signes d'une effroyable douleur ; il s'élança au fond de
l'eau, et, enfonçant sa tête dans la vase, tournoya avec tant
de célérité, que je le perdis presque de vue pendant un moment, puis il plongea çà et là dans l'étang, et enfin se jeta
tout à fait hors de l'eau, sur le bord. Je l'examinai et reconnus qu'une très petite partie du cerveau sortait de la fracture sur le crâne.

« Je replaçai soigneusement le cerveau lésé, et, avec un
petit cure-dent d'argent, je relevai les parties dentelées du
crâne. Le poisson demeura tranquille pendant l'opération,
puis il replongea d'un saut dans l'étang ; mais au bout de quelques minutes, il s'élança de nouveau, plongea çà et là, et finit
par se jeter encore hors de l'eau. Il continua ainsi plusieurs
fois de suite. J'appelai le garde, et, avec son assistance,
j'appliquai un bandage sur la fracture du poisson ; cela fait,
nous le rejetâmes dans l'étang et l'abandonnâmes à son sort.

« Le lendemain matin, dès que je parus sur la berge de la
pièce d'eau, le brochet vint à moi, tout près de la berge,
et posa sa tête sur mes pieds. Je trouvai le fait extraordinaire ; mais, sans m'y arrêter, j'examinai le crâne du poisson, et reconnus qu'il allait bien. Je me promenai alors le
long de la pièce d'eau pendant quelque temps. Le poisson
ne cessa de nager en suivant mes pas, tournant quand je
tournais ; mais comme il était borgne du côté qu'il avait été
blessé, il parut toujours agité quand son mauvais œil se

trouvait en face de la rive sur laquelle je changeais la direction de mes mouvements.

« Le lendemain, j'amenai quelques jeunes amis pour voir ce poisson ; le brochet nagea vers moi comme à l'ordinaire. Peu à peu il devint si docile, qu'il arrivait dès que je sifflais, et mangeait dans ma main. Avec les autres personnes, au contraire, il resta aussi ombrageux et aussi farouche qu'il l'avait toujours été. »

Le brochet, en raison même de sa voracité sans égale, ne peut être élevé qu'à l'état exclusif ; encore est-ce là un élevage que nous ne conseillerons pas, car pour alimenter cent ou deux cents brochets dans une eau fermée, il faudrait disposer d'une quantité prodigieuse de poissons blancs.

Les brochets dévorent pour ainsi dire tous les poissons qu'ils rencontrent, et, comme nous l'avons vu, ils s'entre-dévorent entre eux. Cependant la perche est à l'abri des atteintes de cet être vorace, et cela à cause des dards qui hérissent la nageoire dorsale de ce dernier poisson ; aussi faut-il qu'un brochet soit bien affamé pour s'attaquer aux perches.

Les pisciculteurs mettent souvent quelques brochets dans les étangs à carpes, pour que la multiplication de ces dernières ne soit pas trop rapide. En effet, dans un étang, quelques brochetons détruiront les cyprins surabondants, seules les carpes fortes et robustes échapperont. Or, on comprend qu'il y a avantage à transformer les carpes faibles et chétives en chair de brochet, et de ne conserver que les belles pièces, qui se vendent beaucoup mieux. Généralement on met de cinq à dix brochetons par hectare de superficie d'eau.

Carpe (*cyprinus carpio*). — La carpe (fig. 14) constitue le type du groupe des cyprins, si bien caractérisé, tant au point de vue ichtyologique que piscicole. Ce poisson est très répandu dans nos cours d'eau. Sa bouche est peu fendue, ses mâchoires faibles et généralement dépourvues de dents ; tout le corps est couvert d'écailles larges et résistantes. Il y a une seule nageoire dorsale assez développée en longueur, mais peu haute. Ces cyprins sont les moins carnassiers de tous les poissons d'eau douce.

La carpe commune est originaire d'Asie. Les Romains la regardaient, on ne sait trop pourquoi, comme un poisson marin. Ce n'est guère que sous le règne de François Ier que ce poisson a commencé à se propager en France. Au moyen âge, la carpe, grâce à la délicatesse de sa chair, fut l'objet d'un élevage très soigné et très productif, surtout pratiqué par les moines des couvents, abbayes, monastères, etc.

Ce poisson a le corps légèrement comprimé et développé

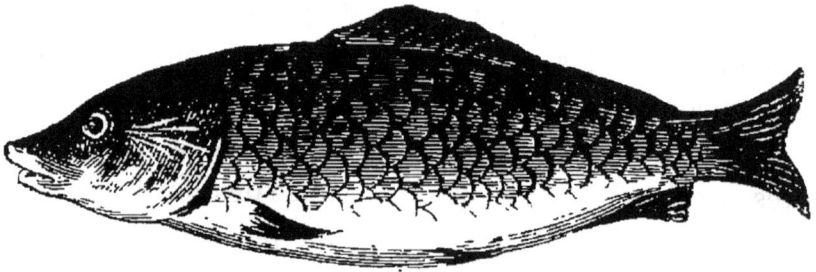

Fig. 14. — Carpe.

en hauteur; le dos est plus ou moins voûté; la tête est grosse et pyramidale; la bouche petite, dépourvue de dents, garnie de lèvres épaisses, dures, et munie de quatre barbillons, deux à la lèvre supérieure et deux aux coins de la bouche. La tête et les nageoires sont complètement nues, le reste du corps est couvert de grandes écailles à bord libre. La carpe est d'un beau brun doré, quelquefois verdâtre, avec des reflets bleus ou irisés; la ligne latérale est formée de petits points noirs; le ventre est jaune blanchâtre. La nageoire dorsale est placée un peu en arrière.

La taille moyenne de ce poisson est de 0^m,25 à 0^m,35; il atteint parfois jusqu'à 0,80, surtout dans le Midi, mais hâtons-nous d'ajouter que ce cas n'est pas commun. S'il faut en croire le naturaliste russe Pallas, il y a dans le Volga des carpes de plus de 1^m,50 de long. On rapporte qu'en 1711, on pêcha à Bischofshause, près de Francfort-sur-l'Oder, une carpe qui mesurait 3 mètres de long sur près d'un mètre de haut; elle pesait plus de 35 kilogr.

Il faut à la carpe des eaux peu ombragées, à fond plutôt vaseux, s'échauffant facilement, et dont la température en été soit de 18 à 24° centigr.

Ce poisson grandit vite, surtout lorsqu'il est bien nourri; de plus, il supporte les jeûnes les plus prolongés.

Les carpes frayent de mai en août; elles sont très fécondes et pondent de 200,000 à 300,000 et même 500,000 œufs. Ceux-ci sont verdâtres et gluants; ils sont généralement déposés sur les plantes aquatiques exposées au soleil. Dès le cinquième jour, on distingue l'embryon dans l'œuf.

Les laitances du mâle sont blanches, et remplissent une grande partie de l'abdomen quand elles sont développées. Les ovaires sont encore plus gros à proportion [1].

Les carpes peuvent vivre plusieurs siècles. Celles des bassins de Fontainebleau, qui sont d'une grosseur prodigieuse, remonteraient, dit-on, au temps de François Ier. Buffon a parlé de celles des fossés de Pontchartrain, qui ne comptaient pas moins de 150 ans.

Ce poisson peut vivre assez longtemps hors de l'eau; cela est prouvé par la manière dont on les engraisse dans quelques parties de la Hollande et de l'Angleterre : on les suspend, s'il faut en croire A. Karr, à la cave ou dans quelque autre lieu frais, dans un petit filet, sur de la mousse humide, en sorte que la tête de la carpe sorte hors du filet; de cette manière, on les garde assez longtemps en vie pour les engraisser, en les nourrissant avec de la mie de pain et du lait [2].

Souvent les carpes ont à souffrir des hivers rigoureux, qui

1. *Dictionnaire universel d'Histoire naturelle*, Charles d'Orbigny.
2. *Dictionnaire du Pêcheur.*

recouvrent d'une épaisse couche de glace les bassins qui les
renferment. Il faut bien se garder alors de creuser dans la
glace de grandes ouvertures destinées à aérer l'eau, car les
carpes, avides d'oxygène, s'y précipitent, et, la plupart du
temps, viennent expirer à la surface. Il est préférable, pour
éviter cet accident, d'empêcher la surface de l'eau de se con-
geler. Pour cela, on place de distance en distance des bottes de
paille disposées verticalement dans l'eau ; celles-ci n'étant
immergées qu'à moitié, l'ensemble de chaque botte de paille
forme une infinité de petits conduits d'air permettant l'entrée de l'oxygène, si l'eau vient à se couvrir de glace.

La chair de la carpe est très nutritive, saine, savoureuse
et recherchée. Voici d'ailleurs sa composition :

Eau	76,968
Matières sèches	23,032
Graisse	1,092
Substances minérales	1,335
Azote	3,498

A Paris, on consomme près de 100,000 kilogr. de carpes
par an. Celles pêchées dans les rivières sont meilleures que
celles qui proviennent des étangs.

La castration des carpes, appliquée par l'Anglais Jethro.
Tull, hâte beaucoup leur engraissement. Cette opération se
pratique en fendant longitudinalement le ventre du poisson, dont on extrait les ovaires ou les testicules ; la plaie est
ensuite recousue, et le poisson ne tarde pas à se remettre en
peu de temps [1].

Comme nous le verrons par la suite, de tous les poissons,
la carpe est le plus généralement élevé dans les étangs ;
c'est un véritable *poisson domestique.*

Nous ne pouvons nous résoudre à adopter tous les types
spécifiques de carpes que quelques auteurs se sont plu à dé-

---

1. Voy. Alb. Larbalétrier, *La Carpe. (Journal d'agriculture pratique,*
n° du 21 février 1884.)

nommer. Notre conviction est (et nous ne sommes pas les seuls à penser de la sorte), que l'*espèce* carpe a fourni quelques variétés morphologiques ou tératologiques jouissant d'une certaine fixité, il est vrai, mais dans certaines conditions seulement, telles sont :

La *carpe miroir,* qui n'a que quelques grandes écailles sur le côté, tout le reste du corps en étant dépourvu.

La *carpe à cuir,* qui a la peau complètement nue et dure.

La *carpe bossue,* qui est presque aussi haute que longue et qu'on trouve surtout en Italie.

La carpe aime les eaux tranquilles, fournies de végétaux, car elle se nourrit surtout de graines, de plantes vertes, et de petits insectes qu'elle happe à la surface de l'eau, en faisant des bonds caractéristiques, connus sous le nom de *sauts de carpe.* Cependant, quelques auteurs n'admettent pas tout à fait cette manière de voir, et prétendent que ce n'est pas pour prendre des insectes, mais bien pour se baigner dans l'air, que la carpe saute, absolument comme nous nous baignons dans l'eau pendant les fortes chaleurs.

Ne nous étant pas spécialement attaché à cette question, d'une importance d'ailleurs assez secondaire, nous ne pouvons trancher le différend; toutefois, il faut faire remarquer que c'est surtout à l'approche des temps orageux que la carpe saute; or, c'est surtout à ce moment qu'on voit des nuées de moucherons voltiger au-dessus des eaux.

Chabot (*cottus gobio*). — Il n'est peut-être pas de poisson ayant autant de noms que celui qui va nous occuper. Chaque localité lui réserve une appellation spéciale, toujours plus ou moins fantaisiste : *têtard, grosse-tête, chapsot, caboche,* etc., etc.

Le chabot (fig. 15), dont la taille ne dépasse guère 10 à 12 centimètres, a la tête très grosse et aplatie, le corps va en s'amincissant peu à peu jusqu'à la queue, qui se termine par un lobe unique; la bouche est largement fendue et garnie de petites dents. La peau de ce poisson est molle et visqueuse ; ses couleurs sont ternes, généralement la robe affecte une teinte d'un gris sale parsemé de taches brunes ou noires irrégulières. Il y a deux nageoires dorsales, unies par une membrane ; la deuxième est un peu plus haute que la première ; les pectorales sont très larges et simulent tant soit peu la forme d'un éventail ; les ventrales sont relativement petites.

Le chabot pond, en avril ou mai, des œufs jaunâtres assez

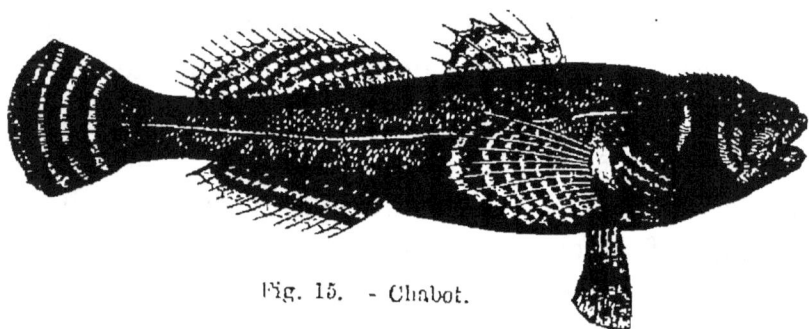

Fig. 15. — Chabot.

volumineux ; la femelle les dépose sous une pierre et ne s'en occupe plus, mais le mâle en prend soin et les surveille, paraît-il, avec beaucoup de sollicitude.

La truite, la perche et le brochet sont très friands de chabots.

Le chabot est d'une extrême voracité : il se nourrit de petits mollusques, d'insectes, de larves, notamment de larves de libellules ; il dévore même quelquefois le frai et les poissons qui viennent d'éclore, aussi faut-il l'éloigner des frayères.

La chair du chabot, qui devient rose en cuisant, est fort délicate.

Chevaine (*squalius dobula*). — La chevaine ou *chevenne* (fig. 16), encore appelée *meunier, chabuisseau, blanc, chevanne*, etc., selon les localités, appartient à la famille des cyprins. C'est le plus grand des poissons *blancs* de notre pays.

En effet, il atteint facilement 45 centimètres de long et arrive à peser 3 kilogr. et plus. Il a le corps allongé, très légèrement comprimé; le dos est large, la tête est forte, la bouche grande, la mâchoire supérieure dépasse quelque peu l'inférieure. Le corps de ce poisson est couvert de grandes et larges écailles rayonnées à stries circulaires plus ou moins ondulées; ses couleurs sont variées et parfois assez belles. Généralement, le dos est verdâtre; il en est de même du sommet de la tête; les flancs, argentés chez les jeu-

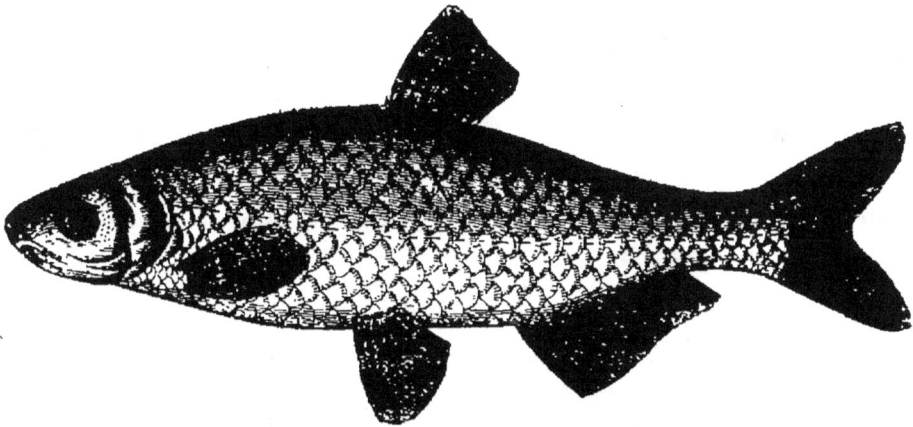

Fig. 16. — Chevaine.

nes, sont plutôt jaunes chez les adultes; le ventre est blanc et les nageoires anales et ventrales roses.

La chevaine affectionne tout particulièrement les eaux en mouvement. Le voisinage des cascades et des moulins sont ses endroits de prédilection; de là le nom de *meunier* qu'on lui donne habituellement.

M. de la Blanchère raconte, au sujet de ce poisson, une petite historiette que nous ne saurions mieux faire que de rapporter tout au long. « Une chevaine occupait, comme d'ordinaire, un trou situé au-dessous du déversoir d'un moulin, et autour d'elle pullulaient les ablettes, les vairons, et les petits gardons, dont elle ne se faisait point faute, car il est à remarquer que, d'abord omnivore dans sa jeunesse, la chevaine devient presque carnassière quand ses forces sont suffisantes.

« Je commençai par lui offrir des mouches artificielles, puis des mouches naturelles ; j'essayai de la ligne flottante, je réduisis ma flotte à une simple plume, puis à une paille imperceptible, et montai ma ligne sur un *seul crin ;* mais l'Ermite, c'est ainsi que nous l'avions baptisé, me tournait le dos, et s'en allait se promener de l'autre côté du bassin.

« Le fusil, employé par moi, n'eut pas un meilleur résultat, car la chevaine, qui avait vu le feu, savait que deux mètres d'eau sur son corps la préservaient de toute avarie, et plus on tirait, plus elle gagnait le fond. En réfléchissant à tous ces insuccès, je parvins à trouver un moyen. Je me dis que j'avais besoin d'eau trouble pour fermer les yeux de mon ennemi trop vigilant, et, voyant qu'elle ne m'était pas donnée, je la fis.

« Le déversoir, en cette saison, ne fournissait qu'un filet d'eau assez mince, mais qui tombait sans relâche, et il était certain que les infiltrations devaient être plus considérables en dessous de la digue, car je voyais sortir du trou plus d'eau qu'il n'en entrait par le déversoir. Aussi, ayant étudié tout cela, mon plan fut-il bientôt combiné. Je plaçai sous le filet d'eau, et suspendu au bout d'une perche à bascule, un grand panier à claire-voie rempli de terre forte, et je regardai avec bonheur l'eau du bassin se troubler.

« Malheureusement, cette eau était si calme par suite de son mouvement d'écoulement, qu'il fallait un temps considérable pour la rendre louche, car la terre délayée tombait très vite au fond. De plus, je ne pouvais pêcher que le matin ou le soir, moment où mon adversaire chassait ; d'un autre côté, le panier l'effarouchait. Il fallait que tout le monde s'y habituât.

« Je me procurai de petits vairons bien vivants au moyen d'une vaironnière en verre : je les mis dans ma boîte à vif, puis, pendant deux ou trois matinées, je fis jouer ma bascule à eau trouble. Enfin, un beau matin, à quatre heures, je commençai à descendre le panier et à pêcher au vif, bien caché et loin de l'eau. Mon premier essai ne produisit rien, mais le lendemain, vers la même heure, je fus récompensé de mes peines : je piquai mon ermite, et au moyen de l'aide qu'on me prêta et d'une épuisette secourable, je parvins à le sortir de l'eau. Il pesait 3 kilogr. 750 grammes [1]. »

Comme on le voit par ce qui précède, s'il est un poisson d'eau douce qui a le don de passionner le pêcheur à la ligne par des péripéties émouvantes, c'est bien le meunier.

Ce poisson fraye vers le mois d'avril, il pond en abondance des œufs assez petits, qui sont déposés sur le gravier ou les cailloux du fond.

La chevaine a les mouvements très rapides, elle n'est même pas dépourvu d'une certaine élégance, aussi est-il assez curieux de la voir nager à la surface de l'eau par une belle journée ensoleillée, à la recherche des insectes dont elle fait sa nourriture. Elle ajoute à ce menu des vers, des larves, des fruits, tels que cerises, groseilles, etc. On l'accuse même de manger quelquefois le frai d'autres espèces ; en somme, elle est très peu difficile sur le choix de sa nourriture, tout lui est bon.

La chair du meunier est loin d'être mauvaise, mais elle est un peu molle et remplie d'arêtes.

Corégone (*coregonus*). — Les corégones se rapprochent tellement des truites et des saumons, que nous en parlerons après avoir décrit ces derniers poissons, rompant pour une fois l'ordre alphabétique suivi jusqu'ici.

Épinoche (*gasterosteus aculeatus*). — Ce petit poisson, dont la taille varie entre 3 et 8 centimètres, a le corps allongé ; il a deux nageoires dorsales, dont la première est formée de

---

1. *L'Esprit des poissons*, par M. de la Blanchère.

rayons épineux indépendants ; les ventrales sont réduites à de simples épines.

L'épinoche habite les ruisseaux et rivières pourvus d'herbes. Elle est très agile, batailleuse, poursuivant toutes les autres espèces, qu'elle harcelle et mutile lorsqu'elle ne peut les dévorer. Elle est très vorace et se nourrit de vers, d'insectes, de frai, et même de petits individus de sa propre espèce. Un auteur rapporte qu'il a vu une épinoche dévorer, dans l'espace de cinq heures, soixante-quatorze poissons naissants de l'espèce appelée *vandoise*.

Les épinoches vivent ordinairement par troupes : leurs mœurs curieuses ont fait l'objet de travaux fort remarquables, parmi lesquels nous citerons particulièrement ceux de M. Coste et de M. Émile Blanchard. C'est ainsi que vers le mois de juin, le mâle construit dans les herbes un nid en forme de manchon ; pendant le mois de juillet, la femelle y dépose ses œufs, que le mâle soigne ensuite avec beaucoup de sollicitude.

L'épinochette est plus petite et plus effilée ; elle ne construit pas son nid dans le fond vaseaux, mais le suspend aux branchages de végétaux aquatiques.

Épinoches et épinochettes doivent être rigoureusement exclues des eaux qu'on exploite, non seulement à cause de leur humeur querelleuse, mais encore par ce fait qu'elles ne peuvent, malgré leur petite taille, servir de proie aux grandes espèces carnivores. En effet, une épinoche étant avalée par un autre poisson, au moment de sa mort elle relève, par un mouvement convulsif, les épines de sa nageoire dorsale, ce qui ne manque pas de déchirer l'estomac du poisson. C'est là un fait curieux de voir le *mangeur* tué par le *mangé*.

Esturgeon (*acipenser sturio*). — L'esturgeon (fig. 17) est un poisson anadiome, appartenant à la famille des sturioniers.

La principale espèce est l'esturgeon commun, qui atteint la taille de deux mètres, et qu'on trouve dans la Méditerranée, l'Océan, la mer Rouge, etc.; à l'époque du frai il remonte les cours d'eau qui se jettent dans ces mers, et y dépose ses œufs.

Ce poisson a le corps allongé, couvert de cinq rangées de plaques osseuses, ou écailles placoïdes, munies chacune d'une forte épine à son centre. La tête est large à la base, le museau allongé et pointu, la bouche est large. Sous la mâchoire inférieure sont quelques barbillons. Ce poisson est gris-blanchâtre, avec des taches brunes; il se nourrit de vers de petits poissons, etc. Sa chair est très délicate.

Le *petit esturgeon* ou *sterlet* (*acipenser rathenus*) n'atteint guère que 60 à 70 centimètres de longueur. On le trouve dans les fleuves qui se jettent dans la mer Noire. Son museau est plus allongé, son dos est d'un gris brunâtre presque noir, les nageoires ventrales sont rougeâtres. Sa chair est très estimée.

Le *grand esturgeon* (*acipenser huso*), le bélouga des Russes, atteint de 3 à 4 et même 5 mètres de longueur, il

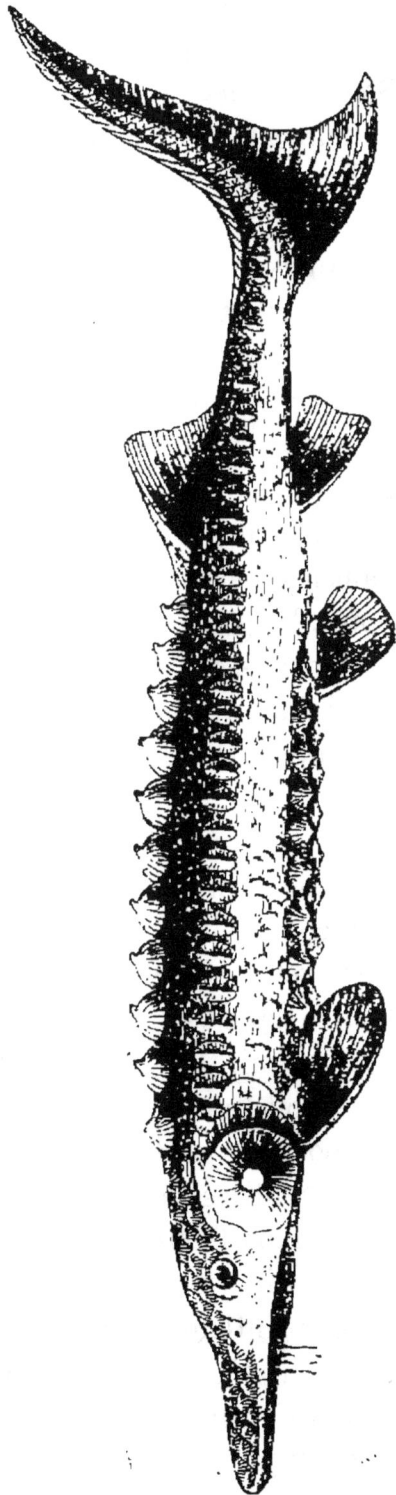

Fig. 17. — Esturgeon commun.

pèse de 400 à 600 kilogr. Sa peau est lisse et les plaques osseuses plus petites que chez les deux espèces précédentes. Son corps est gris-brunâtre. Il fraye au printemps, quelques semaines avant l'esturgeon commun.

Les esturgeons deviennent de plus en plus rares chez nous; il serait pourtant facile de les propager, d'autant plus que quelques espèces, le sterlet par exemple, peuvent vivre en eaux fermées. En Suède et en Prusse, cette dernière espèce a été introduite dans bon nombre de lacs où elle s'est fort bien comportée. D'ailleurs, l'esturgeon s'engraisse dans les eaux douces, et sa chair devient meilleure que lorsqu'il reste dans les eaux salées.

Les esturgeons ont, paraît-il, la vie très longue. Cependant les naturalistes ne sont pas encore bien fixés sur ce point. Ils peuvent vivre fort longtemps hors de l'eau.

Ces poissons se multiplient avec une prodigieuse facilité: ainsi dans un individu femelle, pesant à peine 80 kilogr., on a compté près de 1,500,000 œufs.

Comme nous l'avons déjà dit, la chair de l'esturgeon est très délicate et fort appréciée. Ses œufs fournissent le caviar, si commun en Russie; enfin, la vessie natatoire donne une colle (colle de poisson) dont les usages industriels sont nombreux. La graisse d'esturgeon remplace l'huile et le beurre dans certains pays; enfin, la peau est souvent utilisée comme cuir. On comprend dès lors que la pêche de l'esturgeon soit une des plus importantes, surtout en Russie, où ces poissons sont très abondants.

Ce sont les Cosaques qui se livrent à cette pêche, notamment dans l'Oural, fleuve dont la pêche est à peu près l'unique destination.

Au printemps, on capture les esturgeons avec des filets; en hiver, c'est avec des crocs. Ce dernier mode de pêche est fort curieux; voici comment le décrit M. C. Danilewski:

« Au jour fixé, mais pas avant dix heures du matin, pour

donner à tout le monde le temps de se rassembler, car beaucoup passent la nuit, à cause du froid, dans les villages et
les habitations du voisinage, les traîneaux des pêcheurs, avec
des crocs suspendus à l'attelage, se rassemblent et s'alignent
sur le rivage, en face de la yatove. On observe pendant ces
préparatifs le plus profond silence, pour ne pas effaroucher
le poisson engourdi. Un coup de canon donne le signal,
d'après lequel tous sautent sur la glace, pour occuper au
plus vite les places et percer les trous dans la glace, afin d'y
plonger leurs crocs au commencement même de la pêche.....
En quelques minutes, la place, surtout l'espace occupé par
la yalove, est percée de trous, comme un crible. Chacun
plonge son croc dans son trou presque jusqu'au fond de
l'eau, le relève et le descend lentement. Le poisson, d'abord
immobile au fond de l'eau, effrayé par le bruit, commence à
se mouvoir lentement, pour se disperser, et doit nécessairement s'accrocher aux crocs, qui forment comme une forêt
épaisse sous l'eau, puisqu'il y en a quelquefois plus de dix
mille sur un espace d'une verste ou d'une verste et demie
au plus de longueur, et d'une soixantaine de toises de largeur.
Quand le pêcheur sent qu'un poisson a touché son croc, il le
relève doucement pour l'accrocher, et tire le poisson à lui,
ce qui n'est pas difficile. Mais il arrive de prendre des poissons de 20 et même de 50 pouds, que non seulement un
homme ne pourrait même pas passer à travers le trou de la
glace. L'heureux pêcheur appelle à son aide quelqu'un de sa
compagnie, ou petite société de six à quinze personnes, que
les pêcheurs forment entre eux, non seulement pour s'entr'aider pendant la pêche, mais aussi pour égaliser leurs
chances de réussite, en divisant en parties égales entre les
membres de l'association le produit de leur pêche.

« Comme la pêche ne peut être également heureuse partout,
tout le monde se jette vers les endroits où elle commence à
devenir particulièrement abondante, en abandonnant leurs

trous pour en faire de nouveaux ; de sorte que la masse des
pêcheurs est dans un mouvement perpétuel de flux et de
reflux, sur l'espace étroit qui forme le théâtre de la pêche.
La cohue est tellement pressée, et la glace est percée de tant
de trous, que, malgré son épaisseur, elle cède souvent sous
le poids, s'affaisse et se couvre bientôt en rouge par le sang
des poissons accrochés. Sur le rivage se passe une scène non
moins animée d'achat et de vente, et c'est sur les lieux mêmes qu'on prépare le caviar frais ou liquide. Pendant cette
pêche, comme en général pendant les pêches d'hiver, on
laisse l'ichtyocolle et la vésiga[1] dans le poisson, pour
ne pas le gâter. Après avoir pris tout ou la plus grande
partie du poisson d'une yatave, les pêcheurs quittent la
glace et vont à la suivante, s'il y en a deux ou plusieurs
dans l'espace désigné pour la pêche de la journée, mais
il est sévèrement défendu de passer cette limite. »

Ce n'est pas d'aujourd'hui que la chair de l'esturgeon
passe pour un mets d'une extrême délicatesse. Les anciens Grecs l'appréciaient beaucoup. Au temps des Romains, ce fut un véritable culte qui fut rendu à ce poisson. On vit des officiers publics, rapporte M. V. Meunier,
couronnés de fleurs et escortés de musiciens, porter en
triomphe par les rues, des esturgeons pompeusement ornés.
Au moyen âge, tous les esturgeons pêchés en Angleterre ap-
partenaient au roi ; en France, quelques chartes attribuaient
le même privilège aux seigneurs. On ne fait plus de folies
pour l'esturgeon, mais on le regarde toujours comme un
mets délicat[2].

---

1. On donne le nom de *vesiga* ou *viaziga* à la corde dorsale de l'esturgeon, séchée à l'air. Cette corde est préalablement lavée, étirée et
pressée de manière à lui faire perdre toute sa matière visqueuse. Cuite
dans l'eau, cette substance se gonfle ; elle constitue un condiment fort
apprécié en Russie.   A. L.

2. Victor Meunier, *Les Grandes Pêches.*

On peut conserver l'esturgeon de trois manières :

1° On le gèle ; il a alors presque toutes les qualités du poisson frais.

2° On le sèche simplement.

3° On le sèche, sale, et le sèche ensuite ; on obtient alors le *balyk,* qui se prépare surtout sur les bords de la mer Caspienne. Ce sont les esturgeons les plus gras qui sont réservés à cet usage.

Le caviar se prépare de deux façons :

1° Le caviar liquide, qui se fait en prenant les œufs, qu'on mélange généralement avec un peu de chair d'esturgeon ; on triture le tout avec du sel, moins on en met, plus le caviar est estimé ; bientôt on obtient une pâte homogène et liquide, qui ne tarde pas à se prendre en grains en s'imbibant de sel. On le transvase alors dans des barils de tilleul. Il va sans dire que ce caviar peu salé ne se prépare guère que pendant la saison froide.

2° Le caviar solide se prépare en versant sur les œufs une dissolution saline plus ou moins concentrée, et, pour que chaque grain soit bien imprégné, on imprime à la saumure un mouvement circulaire en la remuant avec une pelle, puis on verse toute la masse sur un tamis en crin. « Quand le liquide superflu s'est écoulé, on met le caviar dans des sacs de nattes ; on place ces sacs sous presse, pour en supprimer la saumure superflue et pour les comprimer en une masse compacte. Il va sans dire que cette opération écrase beaucoup de grains du caviar, dont le contenu s'écoule avec la saumure ; raison pour laquelle ce caviar n'est jamais aussi délicat que le caviar liquide.... On retire le caviar pressé des sacs, on en remplit des tonneaux ou des barils, et l'on foule fortement. Les barils sont toujours garnis en dedans de toile de serviette ; c'est de là que provient le nom de *caviar à serviette,* sous lequel il est connu dans le commerce. La meilleure sorte de caviar solide, c'est-à-dire la moins salée et la moins pressée, se met aussi dans des sacs cylindriques longs et étroits, qui ont l'aspect de grands boudins ; c'est le *caviar à sac.* On en remplit des boîtes de fer-blanc qu'on ferme hermétiquement. Le caviar peu salé, empaqueté de cette manière, peut se garder assez longtemps, même pendant les chaleurs... Au caviar en boîtes, on ajoute quelquefois de l'huile d'olive. » (Danilewski.)

Avec les vessies natatoires des esturgeons, notamment du bélouga (*acipenses huso*), détachées des poissons lors du dépouillement, on prépare la colle de poisson ou *ichtyocolle.* Ces vessies sont d'abord trempées dans l'eau chaude, on enlève avec soin le sang et les membranes, puis on les met dans des sacs qui sont fortement comprimés ; ensuite on les ramollit entre les mains, et on les étend au soleil sur des ficelles, pour les faire sécher. Quelquefois on se sert, non seulement de la vessie, mais encore de l'estomac et des intestins.

L'ichtyocolle sert au collage, à la fabrication des perles artificielles, etc. En mélange avec de la colle forte, elle jouit d'une force d'adhésion très puissante ; aussi, sous cet état, est-elle souvent employée pour raccommoder les porcelaines brisées.

En ajoutant à ce mélange une matière sucrée, on obtient la *colle à bouche.*

La peau du bélouga, lorsqu'elle provient d'individus jeunes, et qu'elle est bien préparée, est transparente ; aussi est-elle parfois employée en Tartarie pour remplacer les carreaux de vitres.

CHAPITRE VII

DESCRIPTION, MŒURS ET GENRE DE VIE
DES
PRINCIPALES ESPÈCES DE POISSONS

(Suite.)

Gardon (*leuciscus rutilus*). — Le gardon est le type caractéristique du groupe piscicole des *mangés*. En effet, toutes les espèces carnassières sont très avides de la chair de

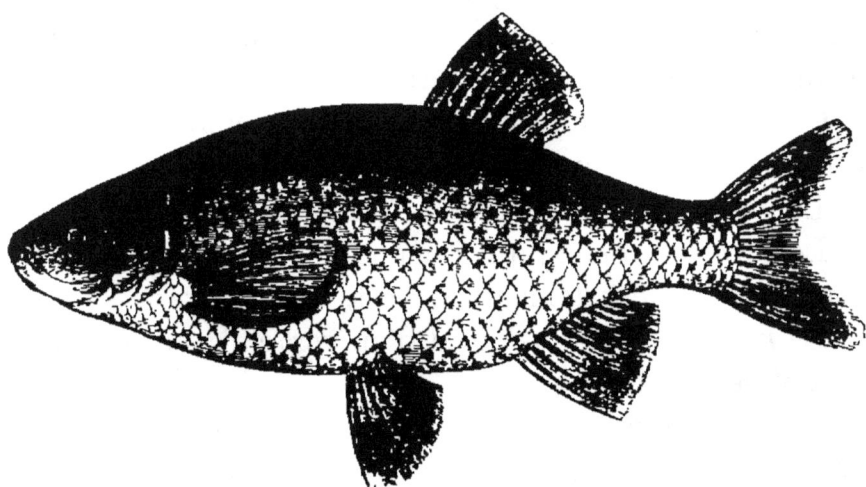

Fig. 18. — Gardon.

ce petit poisson, notamment les brochets et les truites, qui lui font une guerre acharnée.

Ce poisson est très abondant dans tous les lacs, étangs et cours d'eau de l'Europe ; il aime surtout les eaux profondes et tranquilles ; il fréquente de préférence les berges.

Le gardon peut atteindre 25 centimètres ; son corps est élevé, comprimé et couvert de grandes écailles ; sa bouche est petite, dépourvue de barbillons, l'œil est grand. La dorsale est placée au milieu du dos. Le dessus du corps est verdâtre, avec des reflets bleus ; le ventre est argenté, les nageoires pectorale et anale sont d'un rouge vif.

Ce poisson est vif et agile, il se nourrit de petites proies vivantes et surtout de matières végétales.

Il fraye par bandes nombreuses en mai ou juin ; à cette époque les écailles des mâles se couvrent de tubercules caractéristiques.

Le gardon, en raison même de sa rusticité, de la facilité avec laquelle il se reproduit, constitue une ressource précieuse pour le pisciculteur.

La chair du gardon est peu goûtée, aussi y a-t-il tout avantage à le donner en pâture aux espèces carnassières, et transformer ainsi une chair médiocre en une chair délicate, ayant un prix élevé sur le marché.

Comme nous le verrons par la suite, la multiplication de cette espèce est d'une extrême simplicité :

Le gardon commun présente plusieurs variétés :

Le *gardon de Selys*, qui a le dos bleu, et qu'on pêche surtout dans les départements de l'est.

Le *vengeron*, dont le dos est d'un vert clair, et qui abonde en Suisse.

En Angleterre, on pêche une *espèce* (?) particulière appelée *gardon bleu* (*leuciscus cœruleus*). Contrairement à l'espèce commune, ce gardon a la chair très délicate. Sa tête est petite, le dos et les flancs sont d'un bleu clair ; de là le nom d'*azurine*, qu'on lui donne encore quelquefois. La confusion avec le gardon de Selys n'est guère possible, car, tandis que ce dernier a treize rayons à la nageoire dorsale, le gardon bleu n'en a que dix.

Goujon (*cyprinus gobio*). — Encore connu sous le nom

de *goff* dans quelques parties de la France, ce poisson atteint une longueur totale de 10 à 15 centimètres; cependant, en 1884, on en a vu un à la Halle de Paris qui mesurait 20 centimètres, c'est là un cas tout à fait exceptionnel. Le goujon a le corps allongé, épais, couvert de larges écailles cténoïdes; la tête est large, la bouche grande, la mâchoire supérieure dépasse un peu l'inférieure; cette dernière est munie de deux barbillons; le dos est arrondi, la nageoire dorsale se trouve placée sur le milieu, elle est courte et pointillée.

La livrée de ce poisson n'est pas très brillante : la partie

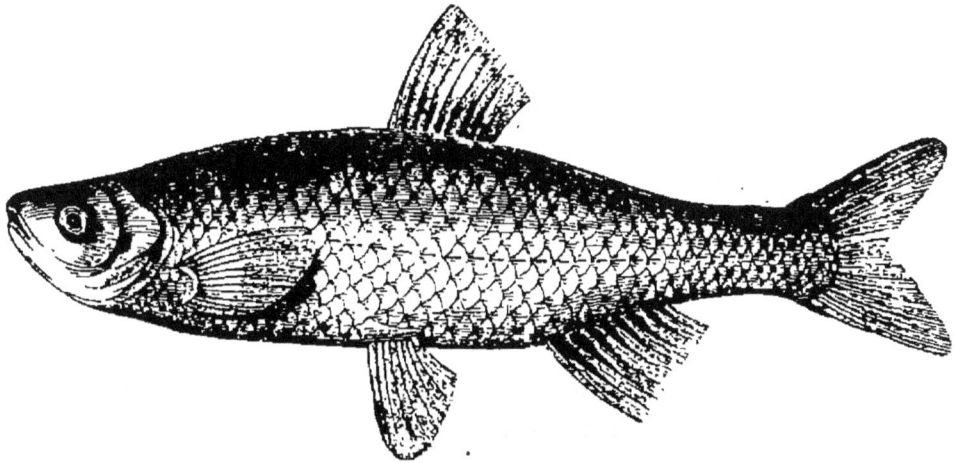

Fig. 19. — Goujon.

supérieure du corps est d'un brun verdâtre, pointillée de six ou sept taches noires, le ventre est blanc rose [1].

Le goujon (fig. 19) aime les eaux courantes, limpides, à fond sablonneux ou de gravier. Il vit en société dans les étangs, les lacs et cours d'eau. Au printemps, il quitte les lacs et étangs pour remonter les eaux courantes, et frayer. Il dépose ses œufs bleuâtres sur le gravier ou contre les pierres,

1. Voy. Alb. Larbalétrier, *Le Goujon.* (*Journal des campagnes* du 16 août 1884.)

sur lesquelles ils adhèrent. Le goujon est très fécond ; ses œufs éclosent huit ou dix jours après la ponte.

La nourriture de cette espèce consiste en insectes, vers, matières végétales, etc., etc.

La chair du goujon est délicate et fort estimée. Voici d'ailleurs sa composition :

Eau	76,889
Matières sèches	23,111
Graisse	2,676
Substances minérales	3,443
Azote	2,777

Souvent le goujon renferme dans son corps des vers intestinaux, surtout des *filaires*.

La facilité avec laquelle ce cyprin se laisse prendre, en fait le désiderata de tous les pêcheurs à la ligne. A ce propos, J. Franklin raconte l'historiette suivante : « J'avais un jour ramené au bout de ma ligne, un goujon qui me sembla légèrement piqué ; je lui rendis la liberté. Ma plume enfonce de nouveau, je tire, et je reconnais mon même goujon, qui, malgré une première leçon, n'avait pu résister aux douceurs de l'amorce. Le ciel était beau, et j'étais en veine de clémence : je laissai une seconde fois le poisson retourner dans l'eau. Environ un quart d'heure après, on mord, et pour la troisième fois je trouve accroché à l'hameçon mon incorrigible convive. Je jugeai cette fois qu'il tenait à être pris, *ipse capi voluit,* et je le mis dans l'aquarium, où il mourut des suites de ses blessures. »

Le goujon a de nombreux ennemis, indépendamment des pêcheurs à la ligne : les poissons carnivores en détruisent énormément ; aussi devient-il de plus en plus rare dans nos cours d'eau.

Contrairement aux opinions énoncées par quelques pisciculteurs, qui conseillent de multiplier les goujons pour les

donner en pâture aux truites et autres carnivores, nous conseillerons de le remplacer par le gardon, qui remplira beaucoup mieux cet office, en réservant le goujon pour la bonne
bouche, c'est-à-dire pour nous. En effet, ce poisson a une
chair délicieuse; d'ailleurs, qui n'a entendu parler, sinon
goûté des délectables fritures de goujons. Nous ne saurions
donc trop conseiller d'en faire l'objet d'une *culture spéciale,*
sur laquelle nous reviendrons en temps et lieu.

Loche franche (*cobitis barbatula*). — Ce poisson appartient à la famille des cyprins; sa longueur varie entre 8 et 21
centimètres. Il a le corps cylindrique, allongé, couvert de
fines écailles presque imperceptibles; sa tête est petite, les
lèvres épaisses, les ouïes peu tendues, et les mâchoires garnies
de six barbillons situés à la mâchoire supérieure; par cette
raison la loche est souvent appelée *poisson aux six barbillons.* Sa couleur est jaunâtre, nuagée et pointillée de brun
noir; le ventre est presque blanc.

La loche ou cobitis, présente quelques particularités
physiologiques curieuses : elle fait entendre un petit siffle-
ment, non encore expliqué. De plus, il paraît que ce poisson
avalerait sans cesse de l'air qu'il rendrait par l'anus, transformé en acide carbonique.

La loche se nourrit de vers et d'insectes aquatiques; elle
aime les eaux courantes et profondes et se tient généralement au fond de l'eau, sur le sable ou le gravier. On la trouve
assez communément dans les ruisseaux et les petites rivières. Elle est la proie de bon nombre de poissons carnassiers.
Sa chair est très délicate, surtout au printemps et vers la
fin de l'automne, époque à laquelle ce poisson est très recherché.

La loche fraye en mars et avril, et dépose ses œufs, toujours en très grand nombre, sur les pierres ou le gravier,
dans l'eau courante.

Ce délicieux petit poisson, dont l'éminent pisciculteur

M. Carbonnier s'est particulièrement occupé, mériterait d'être activement propagé. En Allemagne, on s'en occupe beaucoup; nous aurons l'occasion d'en reparler en traitant des frayères artificielles.

Outre la loche franche, on trouve encore la loche d'étang (*C. fossilis*) et la loche de rivière (*C. tænia*). Cette dernière est de couleur orangée, avec des séries de taches noires. Cette espèce est beaucoup plus rare que la précédente; sa chair est de médiocre qualité.

Lamproie (*pétromyzon*). — On connaît trois espèces distinctes de lamproies :

1° La lamproie de mer ou grande lamproie (*petromyzon marinus*), qui n'a pas à nous occuper.

2° La lamproie fluviatile (*petromyzon fluviatilis*).

3° La lamproie de Planer (*petromyzon Planerii*).

Les lamproies appartiennent à l'ordre des cyclostomes. Elles ont le corps serpentiforme, et les branchies en forme de sac, s'ouvrant par sept paires d'orifices situés sur les côtés de la tête. Leur bouche est circulaire, et forme une énorme ventouse, pourvue sur sa face interne de plusieurs rangées circulaires de dents acérées. C'est à l'aide de ce suçoir que ces poissons s'attachent aux corps solides qu'ils rencontrent dans l'eau.

La grande lamproie habite l'Océan et la Méditerranée, mais elle remonte au printemps nos fleuves et rivières, où les pêcheurs la prennent assez facilement. Elle mesure de 60 centimètres à 1 mètre; son corps est jaunâtre marbré de brun. La chair de la lamproie est très délicate et justement appréciée. A ce sujet, on raconte qu'au XIIe siècle, Henri Ier roi d'Angleterre, mourut d'une indigestion, aux environs d'Elbeuf, pour avoir trop mangé de ce poisson.

La lamproie fluviatile atteint 30 à 40 centimètres. Elle ressemble assez à la précédente comme conformation générale, mais elle est de couleur olivâtre quelquefois argenté.

Ce poisson est très abondant dans la Loire et dans la Tamise.

Ces poissons ont la vie très dure : on en a vu auxquels on avait coupé la moitié du corps, coller encore leur bouche avec force, pendant plusieurs heures, à des substances dures qui leur étaient présentées. En raison de la dureté de la vie des lamproies, on peut, en ne prenant même que peu de précautions, et en se bornant à les entourer de matières qui conservent autour d'elles un peu d'humidité, les transporter au loin. C'est donc une des espèces, dit M. Chenu, qu'il serait facile d'introduire dans certains pays qui ne la possèdent pas. On pourrait le faire aisément ; elles se multiplieraient promptement par suite du grand nombre d'œufs que produisent les femelles, et donneraient à l'homme une bonne nourriture [1].

La lamproie de Planer, encore appelée *sucet*, atteint une longueur de 15 à 25 centimètres. Elle habite les petites rivières et ruisseaux pierreux, dont les eaux sont froides et limpides.

Ce poisson subit des métamorphoses, et c'est là une particularité très remarquable. Pendant les deux ou trois premières années, sa larve constitue le *lamprillon* des pêcheurs, c'est-à-dire l'*ammocète branchiale* (*ammocœtes branchialis*), qui, pendant fort longtemps, a été considérée comme une espèce distincte. L'ammocète, extérieurement, ressemble assez à la lamproie adulte, mais elle est plus ramassée ; dans les premiers jours de son existence, elle a le corps presque transparent, sillonné de cercles noirs lui donnant un aspect annelé. Ces larves sont d'une couleur jaune sale, aveugles, avec un petit œil caché sous la peau ; elles n'ont pas de dents, et la lèvre supérieure est semi-circulaire ; ce sont des êtres à organisation rudimentaire ; ils vivent dans les boues argileuses, et se transforment d'août en janvier.

---

1. Dr Chenu, *Encyclopédie d'histoire naturelle*, reptiles et poissons.

Perche. — Comme nous l'avons vu dans la *monographie des familles* (chapitre IV), celle des *percoïdes* est une des plus importantes de l'ordre des acanthoptérygiens. Aussi M. le Dr Moreau[1], en se basant sur le nombre d'épines des nageoires dorsales et sur la position de la bouche, a-t-il établi quatre genres de ce groupe :

DORSALE { la bouche est { double : { l'opercule a { 1 épine, la dorsale a 8-9 épines.......... *Perche.* { 2 épines, la 1re dorsale 13-15 épines.......... *Bar.* { sous le museau................... *Apron.* { unique : tête nue, creusée de fossettes............ *Acérine.*

Perche commune (*perca fluviatilis*). — C'est un poisson assez répandu dans nos cours d'eau. Longue de 25 à 40 centimètres, la perche a le corps oblong, comprimé, couvert d'écailles nombreuses striées; la tête et le dos sont d'un

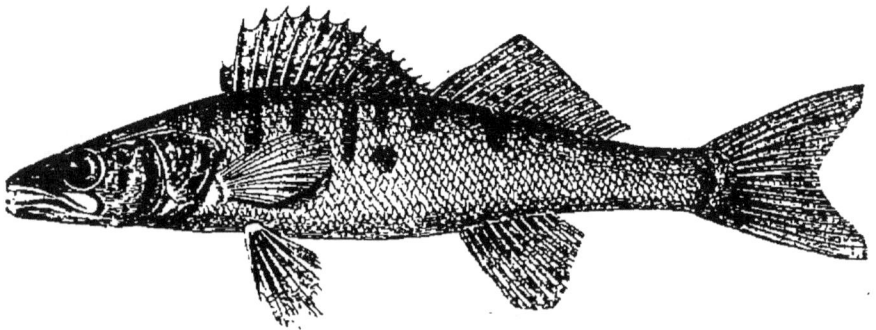

Fig. 20. — Perche.

brun verdâtre, les flancs présentent des reflets dorés, le ventre est blanc nacré; sur les flancs, on remarque cinq à huit bandes foncées. La perche a deux nageoires dorsales, dont une munie de rayons épineux; l'anale et les pectorales sont d'un rouge vif (fig. 20).

La perche, dans nos climats, dit M. Reymond, atteint ra-

1. Dr Émile Moreau, *Histoire naturelle des poissons*, 3 grands vol. in-8.

rement une grande taille : une perche de 1 kilogr. est déjà une fort belle pièce, et on en prend bien peu qui excèdent ce poids. Il paraît que, dans les eaux glacées des fleuves sibériens, ce poisson devient monstrueux...[1].

La perche aime les eaux claires, à fond de gravier ou de sable ; elle fréquente surtout les berges fournies d'herbes abondantes ; les lacs lui conviennent parfaitement. Sa croissance est assez lente, et la reproduction n'a lieu qu'à partir de la troisième année.

La perche peut vivre assez longtemps hors de l'eau ; elle craint le tonnerre et la gelée. C'est un poisson d'une extrême voracité, qui vit d'insectes, de poissons, de jeunes grenouilles, etc. ; elle est d'ailleurs pourvue d'armes puissantes. Toutes les nageoires, à l'exception des pectorales, dit à ce sujet M. E. Blanchard, sont pour la perche de puissants instruments de défense ; si la première dorsale est la plus terrible, les ventrales en s'écartant, l'anale en se dressant peuvent blesser de côté et en dessous, à l'aide de leurs rayons épineux, qui ont une grande résistance et une acuité parfaite[2].

La perche fraye de mars en mai ; elle dépose ses œufs sur les herbes ; ces œufs, au nombre de 60,000 à 200,000, sont durs et jaunâtres ; ils sont réunis en longs chapelets, atteignant parfois deux ou trois mètres de longueur. Ils éclosent sept à dix jours après la ponte.

La chair de la perche est très estimée ; elle est blanche, ferme et savoureuse. « On fait en Suisse, rapporte M. Reymond, une sorte de macédoine de perches, qu'on appelle un *mille cantons*, et dont nous nous pourléchons encore les lèvres, quand nous y pensons. C'est moins loin qu'en Sibérie, et si quelque excursion conduit le lecteur au bord du lac dont nous venons de parler, il pourra à son tour jouir des

---

1. Léon Reymond, *La Pêche pratique en eau douce.*
2. Émile Blanchard, *Les Poissons des eaux douces de la France.* 1880.

délices que nous avons goûtés sur les rives du Léman[1]. »

En somme, lorsqu'on n'a pas en vue la production spéciale de ce poisson, le mieux est de le détruire, car sa voracité est extrême, et il ne ménage aucun habitant des eaux.

Bar (*perca labrax*). — Ce poisson, encore appelé *loup*, ressemble assez à la perche commune. On le trouve rarement dans l'Océan, mais plus souvent dans la Méditerranée et les fleuves qui s'y jettent. A vrai dire, c'est plutôt un poisson de mer.

Apron (*perca asper*). — L'apron se distingue de la perche en ce que ses nageoires dorsales sont séparées. C'est un poisson de petite taille, verdâtre, avec trois ou quatre bandes verticales noirâtres sur les flancs. On le trouve dans le Danube, le Rhin, et surtout dans le Rhône et ses affluents. Nous n'avons pas à nous en occuper.

Rotengle (*scardinus ergythrophtalmus*). — Le rotengle (fig. 21), encore appelé *gardon carpé*, a le corps haut et

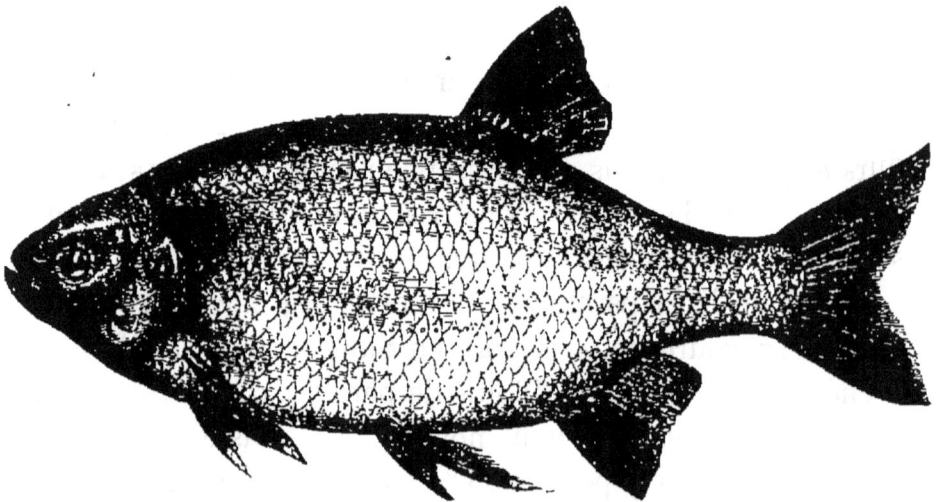

Fig. 21. — Rotengle.

comprimé, couvert de grandes écailles ; il a l'œil grand et d'un beau rouge, la bouche est large et fendue obliquement.

1. Léon Reymond, *loc. cit.*

La taille de ce poisson dépasse rarement 25 centimètres ; sa nourriture consiste en matières végétales, larves, insectes, etc.

Ses couleurs sont très vives : le dos est verdâtre, avec des reflets bleu métallique ; les côtés sont dorés, et le ventre blanc ; la nageoire dorsale, qui naît en arrière du milieu du corps, est d'un vert clair ; les pectorales sont rosées et à bord arrondi ; les ventrales, plus longues que les pectorales, sont d'un rouge vif ; enfin, la caudale est fourchue, verdâtre et lavée de rouge aux extrémités. La chair de ce poisson se rapproche beaucoup de celle du gardon.

Saumon (*salmo-salar*). — Le saumon appartient à la famille des malacoptérygiens abdominaux ; il est le type caractéristique de la famille ichtyologique et du groupe piscicole des *salmonidés*, comprenant en outre la truite, l'ombre, etc., que nous allons décrire successivement.

Le saumon a le corps allongé, aplati sur les côtés, recouvert de petites écailles ; la tête est plutôt petite ; la bouche très fendue et garnie de dents fines, quelque peu recourbées ; le museau est arrondi, un peu plus allongé chez les mâles que chez les femelles ; la mâchoire inférieure est proéminente ; chez les vieux individus, notamment chez les mâles, elle est même relevée au bout ; on nomme *bécards* les poissons présentant cette particularité. Les yeux sont petits ; il y a deux nageoires dorsales et une adipeuse.

Après l'esturgeon, le saumon est le plus grand poisson d'eau douce. Adulte, il a le dos verdâtre tirant sur le noir ; les flancs sont bleuâtres, avec des reflets argentés ; le ventre est blanc à reflets nacrés. Tout le corps est couvert de taches qui ne persistent pas longtemps.

On trouve le saumon (fig. 22) dans toutes les mers boréales situées au-dessus du 42ᵉ degré de latitude, c'est-à-dire dans une partie de l'Océan, la Manche, la mer du Nord, etc. On le pêche en abondance en Scandinavie, au Groënland, au Spitzberg, et dans les grands fleuves de l'Amérique du Nord [1].

Ce poisson naît dans les eaux douces, y passe sa jeunesse, puis va à la mer ; c'est surtout là qu'il augmente de poids ; enfin, il revient frayer dans les cours d'eau.

Ces poissons voyageurs sont, dit M. J. Fisher, ceux dont la valeur propre est la plus considérable, et leur importance, au point de vue de l'alimentation publique, l'emporte de beaucoup sur celle des espèces sédentaires. Rien n'est mieux fait pour exciter notre admiration que le spec-

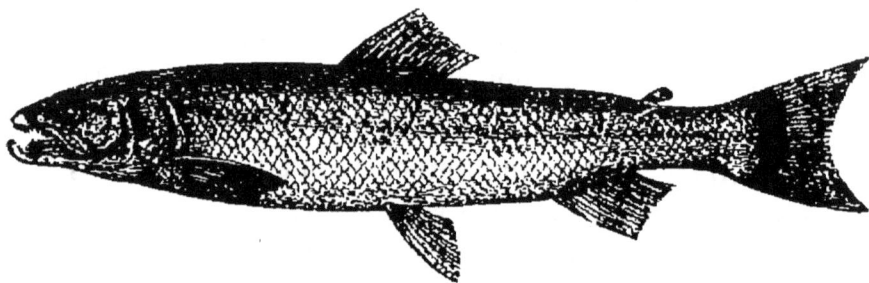

Fig. 22.   Saumon.

tacle des migrations de ces poissons, qui grossissent à la mer, et entrent dans nos rivières comme pour offrir à l'homme une riche proie [2].

Le saumon aime les eaux vives et courantes à fond de gravier. La femelle ne devient féconde qu'après avoir été à la mer ; il n'en est pas de même du mâle. C'est au printemps que les saumons se montrent dans les eaux douces, cependant ils ne frayent qu'en novembre et décembre. Alors, le mâle creuse dans le gravier une fosse peu profonde, de 1 mètre à 1 mètre 50 de longueur. C'est là que les femelles déposent leurs œufs, que les mâles fécondent aussitôt après. Cet acte physiologique accompli, les femelles aussi bien que

1. Alb. Larbalétrier, *Le Saumon. L'Acclimatation illustrée*, tome III, 1884, Bruxelles.

2. J. Fischer, *La Pêche en eau douce*, 1884, Paris.

les mâles sont exténués de fatigue, et se traînent péniblement dans la mer. Dans cet état, les saumons prennent le nom de *kelt*, que leur ont donné les Anglais ; chez ces derniers, la pêche en est alors interdite.

La ponte des saumons se compose d'un nombre variable d'œufs : on en compte environ 1,000 par chaque livre de poids de la femelle ; ils sont d'un beau rouge safran, et à peu près de la grosseur d'un pois ; leur éclosion a lieu de 70 à 120 jours après la ponte.

Le jeune saumon est pourvu, à la naissance, d'une énorme vésicule ombilicale contenant des matières nutritives, qui pourvoiront à ses premiers besoins. Peu après la résorption de cette vésicule, c'est-à-dire cinq ou six semaines après la naissance, les jeunes poissons mesurent 2 centimètres 1/2 de long ; ils portent alors le nom de *parr*, et présentent une teinte d'un brun clair, avec 15 ou 18 larges bandes noires transversales. Ils vivent alors isolés les uns des autres.

Une année après pour les uns, deux années pour les autres, les *parr* deviennent *smolt* ; ils sont alors d'un bleu d'acier, avec 5 ou 6 taches sur les flancs. A cet état, les saumons vivent en troupes, et descendent à la mer. Après un séjour de trois ou quatre mois dans les eaux salées, ils reviennent d'autant plus gros, d'une manière générale, qu'ils y sont restés plus longtemps. Ils ont alors la tête plus effilée, et l'échancrure de la queue beaucoup moins accentuée ; on les désigne sous le nom de *grilse* à cet état. Ils pondent dans les eaux douces, et retournent à la mer, où ils deviennent *saumons* adultes.

Dans ces nombreuses migrations, les saumons, poussés par le besoin de frayer, déploient une grande vigueur pour franchir les obstacles qu'ils rencontrent sur leur route. C'est ainsi qu'en Islande, au *saut du saumon* de Leixlif, ils sont obligés de faire des bonds de 6 mètres pour franchir cet obstacle naturel. Aux petites chutes de Lauxenburg, dit

M. Chabot-Karlen, sur le Rhin, chutes d'environ 1 à 2 mètres, nous les voyions passer en flèche, alors qu'à celle de
Schaffouse, s'arc-boutant sur la queue, ils se détendaient et
s'élevaient jusqu'à 5 et 6 mètres, recommençant jusqu'à ce
que, épuisés, ils regagnaient leur fosse, où nous les faisions
prendre par douzaines[1].

Cette importante question des obstacles naturels ou artificiels que les saumons ont à franchir, a fait l'objet d'études
nombreuses. M. Millet, notamment, a étudié la chose avec
beaucoup de soin ; c'est surtout à ses excellents travaux que
nous avons eu recours dans la rédaction de ce qui va suivre.

Les saumons qui remontent chaque année de la mer dans
la Loire, et de là dans la Vienne, pour frayer vers les sources et dans les affluents de cette rivière aux eaux vives et
pures, se trouvaient brusquement arrêtés, il y a quelques
années encore, par le barrage de la manufacture d'armes
de Châtellerault.

C'était un spectacle curieux que celui des efforts faits par
les saumons pour sauter dans le bief supérieur : on les voyait
s'élever d'un coup à 1 mètre ou 1^m,50, et quelquefois davantage, au-dessus de l'eau, puis retomber à demi brisés, autant
par la dépense de force musculaire que par la hauteur de leur
chute. Il était extrêmement rare, si ce n'est au moment d'une
crue, que le poisson pût franchir la crête du barrage. Aussi,
depuis sa construction, le saumon, très abondant jadis dans
la Vienne, en aval de Châtellerault, avait disparu en amont,
au grand détriment, soit de la reproduction naturelle de
cet excellent poisson, soit de l'industrie de la pêche des populations riveraines.

Cet état de choses existe sur un grand nombre d'autres
cours *naturels* ou *artificiels* qu'ils ne peuvent pas toujours
franchir[2]. Pour obvier à cet inconvénient, on a construit

---

1. Chabot-Karlen, *Conférences piscicoles et constructions pratiques.*
2. Millet, *Les Merveilles des fleuves et des ruisseaux.*

des *échelles* ou plans inclinés qui permettent le passage des saumons.

L'invention de ces appareils remonte à une époque peu ancienne, car c'est en 1834[1] que M. Smith, propriétaire d'usines en Écosse, désirant s'affranchir des pertes d'eau considérables que causait l'ouverture des vannes pour le passage du poisson, imagina d'établir un plan incliné, sur lequel s'étendait une nappe d'eau peu épaisse. Ce plan était muni de cloisons transversales interrompues à l'une de leurs extrémités, de manière à laisser une ouverture alternant avec celle de la cloison qui précède et celle de la cloison qui suit. Par cette disposition, le courant, forcé de faire le lacet, était ralenti et ne causait qu'une faible dépense d'eau. Le plan incliné formait donc une sorte d'escalier ou d'é-chelle mettant deux biefs en communication. L'expérience ne tarda pas à montrer que le poisson n'hésite pas à s'intro-duire dans ces passages, et qu'il les franchit, si les disposi-tions en sont bien calculées[2].

Il existe aujourd'hui bon nombre d'échelles à saumon sur la Dordogne, la Moselle, et sur la Vienne; l'échelle de Châ-tellerault, notamment, est fort remarquable.

La pêche des saumons se fait de bien des manières dif-férentes : tous les procédés employés sont fort curieux; nous regrettons de ne pouvoir entrer ici dans tous les détails que comporte cette pêche; cependant, nous ne pouvons résis-ter au désir de donner quelques détails au sujet de la pêche des saumons dans les montagnes Rocheuses. Nous les em-prunterons en partie à M. Victor Meunier :

« A l'ouest des montagnes Rocheuses, les Indiens Shos-honies se livrent, sur la rivière des serpents, à la pêche des saumons. Il est un endroit nommé *chute du saumon*; c'est

1. D'après M. Raveret-Wattel, cette invention remonterait à 1826 et non pas en 1834.

2. M. C. Millet, *loc. cit.*

une succession de rapides, au-dessus de laquelle est une chute perpendiculaire de plus de 6 mètres ; on y prend une quantité incroyable de saumons. Ils commencent à sauter peu après le coucher du soleil, remontant le cours de la rivière. C'est alors que les Indiens arrivent en nageant au milieu des chutes. Quelques-uns se placent sur les rochers, d'autres restent debout, dans l'eau jusqu'à la ceinture, et tous, armés de lances, harponnent les saumons, lorsque ceux-ci essayent de sauter ou lorsqu'ils retombent en arrière. C'est un massacre continuel.

« La construction de la lance destinée à cet usage est toute particulière : elle est armée d'un morceau de corne d'élan, droit, et long d'environ 7 pouces, sur la pointe duquel une barbe artificielle est fixée avec du fil bien gommé. Ce fer est attaché, par une forte corde de quelques pouces de longueur, à une grande perche de saule. Quand le pêcheur frappe juste, le fer de lance traverse souvent le corps du poisson. Il le détache ensuite facilement, et laisse le saumon se débattre avec la corde dans son corps, tandis que le pêcheur tient la perche. Sans cet arrangement, la baguette de saule serait cassée par le poids et les secousses du poisson. On en prend plusieurs milliers dans une journée. Un voyageur, M. Millin, témoin de cette pêche, assure avoir vu un saumon faire un saut de près de 30 pieds, depuis l'endroit où l'eau commence à écumer jusqu'au sommet de la chute [1]. »

On pêche le saumon en grande abondance en Écosse, en Hollande, en Allemagne, dans l'Elbe, en Norvège, en Bavière, dans l'Iller et le Lech, dans le Danube, dans la Néva, la Dwina du nord, etc., etc.

La Hollande, rapporte le Dr Sauvage, dont les eaux fournissent la majeure partie du saumon consommé à Pa-

---

1. V. Meunier, *Les grandes pêches.*

ris, et qui possède des pêcheries d'une richesse immense, n'en a pas moins demandé aux pratiques de la pisciculture, le moyen de maintenir l'abondance dans celles de ses rivières où les meilleures espèces existaient déjà, et d'introduire ces espèces dans quelques-uns de ses fleuves où elles manquent [1].

Non seulement la Hollande expédie des saumons dans les pays voisins, mais le gouvernement en achète aux piscifactures, pour repeupler les cours d'eau.

Une récente statistique faite en Allemagne, a établi que, sur la quantité annuelle de saumons pris en Allemagne, en Hollande et en Suisse, la Hollande entrait pour 75 p. 100 dans la production totale, l'Allemagne pour 20, et la Suisse pour 5 [2].

C'est surtout le long de la Meuse, qu'on peut voir les pêcheries les plus importantes, à Ylsemonde et à Delfhaven notamment.

On fait, sous diverses formes, surtout en Angleterre, en France et en Allemagne, une grande consommation de saumon. C'est un aliment sain et nutritif, qui présente la composition suivante :

Eau	77
Albumine, etc	16,1
Graisse	5,5
Sels	1,4
Azote p. 100	16,1
Carbone p. 100	5,5

On mange le saumon frais, salé, fumé, ou conservé. Le saumon frais consommé à Paris vient surtout d'Écosse; il est expédié dans de la paille longue, avec de la glace. Le saumon salé vient surtout de Hollande.

1. H. Sauvage : *Rapport sur la pêche en Hollande. (Bulletin du ministère de l'agriculture.)*
2. Dr Sauvage, *loc. cit.*

Le saumon commun (*salmo-salar*) a fourni plusieurs variétés, parmi lesquelles nous mentionnerons :

Le saumon de Californie ou *quinnat* (*salmo-quinnat*), qui atteint des dimensions plus fortes que le saumon ordinaire. Cette variété se rencontre dans bon nombre de cours d'eau qui se jettent dans le Pacifique, notamment en Californie, dans la rivière Mac-Cloud et le Sacramento.

Le salmo-quinnat fraye un peu plus tôt que le saumon commun ; aussi, dès le milieu d'août, la ponte est effectuée. Ce poisson se prête très bien à la reproduction artificielle; de plus, il s'acclimate avec facilité ; aussi, en Amérique, on commence à le répandre à profusion dans les États du Sud et de l'Est.

Le saumon de Californie a été, dans ces dernières années, l'objet d'études minutieuses faites à l'aquarium du Trocadéro, à Paris.

Le 25 octobre 1878, la Société d'acclimatation envoya à l'aquarium un millier d'œufs ; ils ne tardèrent pas à éclore, donnant des alevins très vigoureux et à rapide développement. Ils furent abondamment nourris avec du poisson blanc haché; au bout d'une année, ils pesaient en moyenne 250 grammes, et supportèrent parfaitement leur élevage en stabulation.

Deux ans plus tard, quelques-uns pesaient jusqu'à 2 kilogr., et, en octobre 1881, quelques-uns manifestèrent le désir de frayer ; on fit des essais de fécondations artificielles, mais sans résultat.

En 1882, en octobre, le 24, plusieurs femelles donnèrent des œufs, et on fit des fécondations. On obtint 1,500 alevins très vigoureux.

En 1885, M. Jousset de Bellesme, directeur du Trocadéro était en possession de plusieurs milliers d'alevins, destinés au réempoissonnement de la Seine et de la Marne.

Les faits précédents semblent démontrer la possibilité

d'élever et de faire reproduire cette espèce exotique dans des conditions de captivité exceptionnelle [1].

Le saumon des lacs, ou *land-looked salmon*, encore appelé saumon nain, sebago, etc., est une variété du *salmo-salar*, qui a perdu l'habitude d'aller à la mer, *et qui, par conséquent, peut être élevée dans les eaux fermées*. Ce saumon est plus petit que les autres ; ce qui s'explique aisément, étant donné que les poissons deviennent d'autant plus gros qu'ils restent plus longtemps dans l'eau salée.

« D'après les observations faites, apporte M. Raveret-Wattel, le séjour pendant une partie de l'année dans les eaux profondes d'un lac, serait aussi indispensable au land looked salmon, que le séjour de la mer l'est au saumon ordinaire. De même, pour pouvoir frayer et se reproduire, il lui est absolument nécessaire de se rendre dans un cours d'eau rapide, offrant des fonds de sable. On ne saurait espérer le voir se multiplier dans un lac ou un étang où il ne trouverait pas de frayères convenables. A l'état de nature, on le voit du reste, aller frayer aussi bien dans les cours d'eau qui sortent des lacs que dans ceux qui s'y jettent. A ce point de vue, il n'est donc pas positivement anadrome ; ce qu'il cherche uniquement, c'est un endroit favorable pour déposer ses œufs, une frayère à l'abri de toute chance d'envasement, arrosée par une eau fraîche et largement aérée [2]. »

Cette espèce est surtout répandue dans les lacs de l'État du Maine, surtout dans le Sebec et le Sébago.

Le saumon de New-York, plus connu sous le nom de salmo-fontinalis, ou *brook trout*, a été d'abord propagé aux

1. Toutefois, la particularité que possède cette espèce de ne pas aller à la mer, est loin d'être rigoureusement démontrée. Certes, le saumon de Californie peut vivre en eaux fermées, mais il est peu probable qu'étant mis dans les cours d'eau il n'aille pas à la mer tout comme les autres.

2. Raveret-Wattel, *Rapport sur la situation de la pisciculture à l'étranger*.

États-Unis par M. Ainsworth [1]. Cette espèce a été envoyée en Europe par M. Spencer Baird.

Le saumon argenté (*salmo cambricus*) est propre à l'ouest de l'Angleterre où, d'ailleurs, il est encore assez rare.

Il a la tête un peu plus courte que le saumon ordinaire; ses nageoires pectorales sont un peu plus longues. Le dos est d'un beau blanc argenté, passant à une teinte plus atténuée sur les flancs; le ventre est d'un beau blanc nacré. Au niveau de la ligne latérale, on remarque quelques petites taches rouges.

Le saumon du Danube (*salmo hucho*), encore appelé *huch,* atteint d'aussi fortes dimensions que le saumon commun, mais sa chair est peut-être de qualité un peu inférieure. Il a les flancs semés de petites taches noires en forme de croissant.

Truite (*trutta*). — Les espèces et variétés de truites sont très nombreuses. Les truites et saumons se ressemblent tellement que les zoologistes n'ont pas encore trouvé de caractères vraiment distinctifs; par cela même, il règne au sujet de la détermination des types spécifiques une obscurité que les recherches les plus minutieuses n'ont pu éclaircir. La dénomination générique *trutta* que nous adoptons ici, plutôt dans un but de simplification que comme donnée taxonomique, est loin d'être admise par tous les auteurs, bon nombre préfèrent celle de *salmo*. Les principales espèces ou variétés de truites sont les suivantes :

Le salmo hucho, dit M. Chabet-Karlen, le plus grand producteur de viande parmi les poissons connus à ce jour et spécial au bassin du Danube, seul de la famille des salmonides, fraye dans le mois de mai.

Quand on a élevé ce si intéressant poisson, on ne saurait en être surpris; son insatiable voracité ne saurait être comparée qu'à celle de la grande famille des cades, ces *avale*

1. Ainsworth, *Restoring of streams by fish.*

tout de la mer, avec cette différence cependant que ce haut seigneur ne se nourrit que de ce qui a vie.

Nous n'insisterons pas sur l'importance tant de fois racontée du problème d'acclimatation que ce poisson a résolu.

Les journaux du temps et quelques bulletins de Sociétés sont encore là, datés d'hier. Aux objections qui furent faites aux qualités de sa chair, notamment à une séance de la Société forestière du 3 mai 1853, que nous avons sous les yeux, il y eut le fait suivant qui répondit à tout et à tous.

Un œuf fécondé sur le haut Danube, à Memmingen, par notre pisciculteur Moritz, en avril 1852, fut incubé à Huningue, où son produit fut élevé jusqu'à la grande exposition agricole de 1855.

Ce si curieux exemplaire, mort à la suite d'une maladresse d'un fontainier dans le bassin où il était déposé depuis cinq jours, et conservé aujourd'hui dans les collections du Collège de France, fut très certainement le premier saumon de la pisciculture artificielle, vu *vivant* à Paris.

Il avait trente et un mois et pesait 2,200 grammes. Ceci dit, laissons en paix les renards protester que les raisins sont trop verts, et, passons, comme déjà dans le temps nous leur avions répondu.

Les Allemands le cultivèrent aussitôt et en obtinrent les plus magnifiques résultats [1].

Truite de rivière (*trutta fario*). — Ce poisson a le corps allongé, long de 20 à 60 centimètres. Elle a le dos et la tête verdâtres ; la bouche est grande, le maxillaire inférieur est un peu plus court que le supérieur, elle est munie de dents fines et aiguës ; la langue même, de chaque côté, est munie d'une série de trois à cinq dents. Le corps de la

---

1. Chabot-Karlen, *Les Étangs,* page 61 et suivantes.

truite est couvert d'écailles petites et nombreuses ; les flancs
sont d'un blanc argenté, le ventre est doré ou argenté. Les
flancs sont couverts de petites taches rouges qui deviennent
souvent le centre d'une ocelle gris ou brun. La nageoire
dorsale est peu développée, elle est couverte de taches noires ; l'adipeuse est placée en arrière. La nageoire caudale
présente une échancrure peu prononcée, elle est brunâtre.
L'anale, les pectorales et les ventrales sont d'un jaune pâle
teinté de gris.

La robe de la truite est quelque peu variable, non seulement comme nuances, mais encore comme vivacité de teinte.
D'après Jurine, cette vivacité des couleurs est en rapport

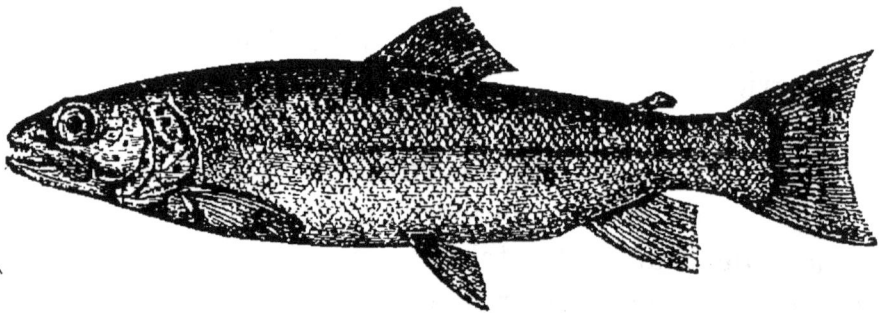

Fig. 23. — Saumon argenté.

avec la quantité de lumière ; aussi, d'après cet auteur, les
truites sont d'autant plus belles qu'elles vivent dans des
eaux moins profondes.

La truite aime les eaux froides, à fond caillouteux ou
graveleux ; elle redoute beaucoup la vase. La température
des eaux a une grande importance, s'il faut en croire quelques auteurs ; elle aurait une influence marquée, non seulement sur la coloration, mais encore sur la qualité de la chair,
sur la taille, et même sur les formes.

« Dans les eaux froides, dit M. Gauckler, dont la température ne dépasse pas 10 degrés centigr., les truites crois-
sent lentement et prennent une teinte foncée, presque noire.

Leur développement est au contraire très rapide lorsque la température s'élève jusqu'à 20 degrés, et alors leur robe devient claire et presque pâle, comme dans certaines rivières du midi de la France. Elles ne peuvent vivre dans les eaux dont la température dépasse 25°. Pour la reproduction et le premier élevage, les basses températures sont indispensables. [1] »

La truite fraye de septembre en février, suivant les contrées. A cette époque, elle remonte les cours d'eau, à la recherche des frayères. Ayant trouvé une couche de gravier favorable, le mâle y creuse une sorte de fosse ou nid, dans laquelle la femelle dépose ses œufs, qui sont d'un beau rouge ambré et de la grosseur d'un pois. Ils sont translucides, et

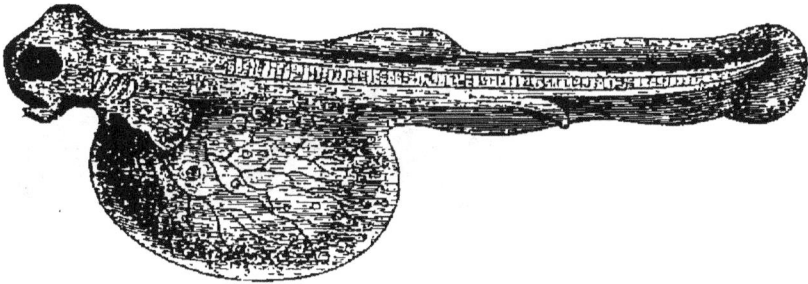

Fig. 24. — Jeune truite à la naissance.

éclosent, selon la température, de 70 à 120 jours après la ponte ; ces œufs sont d'une résistance extraordinaire, il faut une pression de 6 kilogrammes pour en écraser un.

Comme le saumon, la jeune truite vient au monde munie d'une énorme vésicule ombilicale (fig. 24). C'est une admirable prévoyance de la nature, qui, pour protéger cet être encore si chétif, n'a pas voulu l'exposer davantage à ses nombreux ennemis, en l'obligeant à chercher lui-même sa nourriture [2].

1. Gauckler, *Les Poissons d'eau douce et la Pisciculture*; Paris.

2. Alb. Larbalétrier, *La Reproduction de la truite*. (*La Maison de campagne*, 25e vol., 1885.)

Les petites truites qui viennent de naître redoutent beaucoup la lumière, aussi se cachent-elles volontiers sous les graviers et les cailloux de la rivière.

Une truite femelle pond environ 1,000 œufs par livre de son poids; elle commence à se reproduire à l'âge de deux ou trois ans.

La truite est d'une voracité peu commune : elle dévore l'ablette, le gardon, les jeunes carpes, les petits mollusques et insectes aquatiques; souvent même elles s'entre-dévorent. Comme le fait remarquer M. de la Blanchère, on ne peut s'empêcher de *remarquer* la physionomie brutale et sans expression de la truite, l'air féroce, l'œil mauvais[1]. M. Jourdeuil a compté dans l'estomac d'une truite de 250

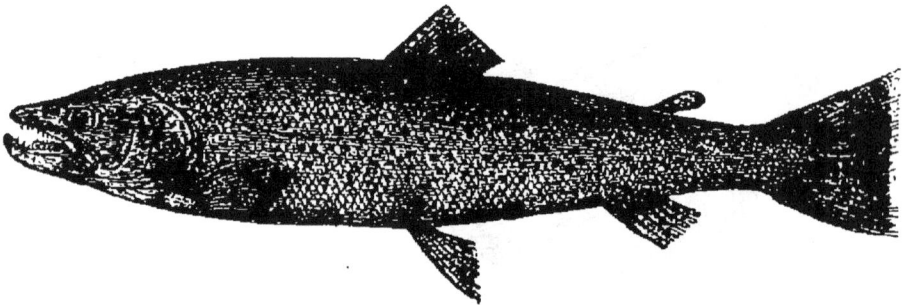

Fig. 25.   Truite commune.

grammes, quarante-sept vairons à différents degrés de digestion.

« Le quarante-huitième, dit-il, placé à mon hameçon, l'interrompit dans le cours de sa gloutonnerie[2].

La chair de la truite est très délicate, elle est blanche ou rosée. Cette couleur rose, qui est très recherchée, dépend de la qualité des eaux qu'elle fréquente. C'est ainsi que, d'après M. Rico, les truites à chair blanche apportées dans le lac de Lalandy (Puy-de-Dôme), ont la chair saumonée au bout de deux ou trois ans.

1. De la Blanchère, *Dictionnaire des pêches*; Paris.
2. M. E. Jourdeuil, *La Truite*; Dijon, 1874.

Quoique la truite puisse être élevée dans des étangs aménagés à cet effet, elle redoute l'eau stagnante ; aussi, dans une mare ou un bassin, dès que l'eau montera vers 16 ou 18°, son corps se couvrira d'une mousse grisâtre qui est constituée par une masse d'helminthes appelés *volvox globator*. Ces parasites ne tardent pas à faire périr la truite au bout de quelques jours.

Nous avons vu que la truite de rivières (fig. 25) pouvait atteindre une longueur de 40 à 60 centimètres, et un poids de 3 à 5 kilogrammes. Cependant, on en a pêché une dans ces dernières années, dans le Loir, qui mesurait 1 mètre 10 et qui pesait près de 12 kilogr. Le squelette de ce poisson extraordinaire est conservé au musée d'histoire naturelle du Mans.

Truite saumonée. — Érigée au rang d'espèce par quelques auteurs, la truite saumonée diffère de la truite commune par la couleur de la robe et par la tête, qui est un peu plus petite ; sa chair est rosée comme celle du saumon.

Quelques personnes s'imaginent que la truite saumonée est un métis de saumon et de truite ; or, il n'en est absolument rien. La truite saumonée est-elle une espèce distincte ? Oui, pour quelques auteurs ; non, pour d'autres. Voici à ce sujet ce que dit M. Chabot-Karlen : « La teinte des muscles est selon nous uniquement due à la composition des eaux. Pourquoi le carpeau de la Saône se saumonne-t-il par exemple à sa 4ᵉ et 5ᵉ année[1] ? » Certes, nous n'avons pas la prétention de trancher le différend ; ce que nous pouvons affirmer, c'est que la truite saumonée, qu'elle soit une *espèce* distincte ou une simple variété de la *trutta fario*, est un poisson fort délicat et très recherché, qu'on ne saurait trop propager dans un cours d'eau.

Voici comment s'exprime M. E. Jourdeuil au sujet de ce

1. Chabot-Karlen, *Conférences piscicoles*.

poisson : Le museau et le sommet de la tête sont noirs, les joues présentent un mélange de jaune et de violet. Le ventre est blanc ainsi que la gorge, et quelques taches noires sont parsemées çà et là sur le corps.

La truite saumonée atteint facilement une longueur de 60 à 70 centimètres, et pèse souvent jusqu'à 4 kilogrammes et plus.

Truite des lacs (*trutta lacustris*). — Cette espèce a le corps moins allongé que la truite de rivière. Elle a le dos d'un gris verdâtre, blanc nacré sur les flancs, avec le ventre argenté. Elle est mouchetée de petites taches noires. Cette truite se rencontre en abondance dans les lacs des Alpes ; sa chair est d'une extrême délicatesse.

La truite des lacs atteint un poids plus considérable que l'espèce précédente. Le lac de Genève, rapporte M. Léon Reymond, en nourrit dont la grosseur est phénoménale, et nous avons vu quelquefois, en nous promenant sur ses bords, de gigantesques poissons qui refoulaient l'eau comme un canot manœuvré par de vigoureux rameurs. Évitant les pièges de l'homme, grâce aux vastes abîmes qu'ils habitent (le lac de Genève a jusqu'à 300 mètres de profondeur), ces vétérans du monde aquatique pouvaient rivaliser avec les plus grands saumons [1].

Truite de mer (*trutta argentea*). — Cette espèce, dont les mœurs sont, à peu de chose près, les mêmes que celles du saumon, a le dos et la tête d'un gris métallique ; les flancs sont d'un beau blanc à reflets d'argent, le ventre est nacré ; le dos et les côtés sont parsemés de taches brunes.

D'après un auteur anglais, cette truite, d'une voracité extrême, s'attaquerait aux petits des saumons. Il a même remarqué qu'en Angleterre, le saumon diminue dans les cours d'eau où la truite de mer se trouve en abondance [2].

1. L. Reymond, *La Pêche pratique en eau douce.*
2. Buckland, *Familiar history of bristish fishet.*

Autres Truites : La truite de *Lochleven* est très probablement une simple variété de la truite des rivières. Son nom lui vient du lac de Lochleven, où on la prend en grande quantité.

La *truite arc-en-ciel* (*T. irideus*), espèce ou variété américaine nouvelle, est fort remarquable à bien des points de vue. Elle vit aussi bien dans les eaux closes que dans les eaux fermées et s'acclimate parfaitement en France. Celles que nous avons pu voir au bel établissement de pisciculture de Gouville (Seine-Inférieure) et bien d'autres, le prouvent suffisamment.

Quoique nous ne soyons nullement partisans de ces tentatives d'acclimatation d'espèces exotiques, cette truite présente de tels avantages que nous ne saurions trop la faire connaître. Comme nous en reparlons avec détails dans la suite de cet ouvrage, à *Truite*, nous nous contentons de donner ici les caractères de la truite arc-en-ciel, d'après une intéressante étude publiée par le Dr Georges Suckley :

Tête large, double rangée de dents au vomer, ligne dorsale très légèrement arquée, queue très fourchue. Dos brun olivâtre avec de brillants reflets argentés. Parties inférieures blanc argenté, nageoires oranges, tête et opercules tachetés de points ronds, nombreux surtout à l'extrémité du museau, au sommet de la tête et au-dessus des yeux. Dos et flancs copieusement mouchetés de points noirs irréguliers. Écailles fortement adhérentes. Les adultes portent, de chaque côté de la ligne latérale, une large bande rouge qui s'étend depuis la tête jusqu'à la nageoire caudale [1].

La Commission des Pêcheries des États-Unis est en train de propager cette espèce, qui présente une foule de qualités précieuses sur lesquelles nous ne saurions trop appeler l'attention [2].

1. D'après M. Livington-Hone.
2. Voy. Albert Larbalétrier, *La Truite arc-en-ciel dans nos cours*

Premier point : Elle a une aptitude toute spéciale à résister aux fortes chaleurs, ce qui est un point essentiel ; de plus, les alevins ont une grande vigueur, qualité non moins précieuse et qui facilite particulièrement l'opération si délicate de l'alevinage ; en troisième lieu, la truite arc-en-ciel présente une rapidité de croissance remarquable. C'est ainsi que dans les eaux closes, ces truites, bien soignées, arrivent à peser 500 à 600 grammes *au bout de 2 ans.* M. Martin Metcal, de Battle Creek (Michigan), en possède, âgées de trois ans, qui donnent déjà des œufs et pèsent 3 livres 1/2.

De plus, la truite arc-en-ciel a une chair particulièrement fine et délicate.

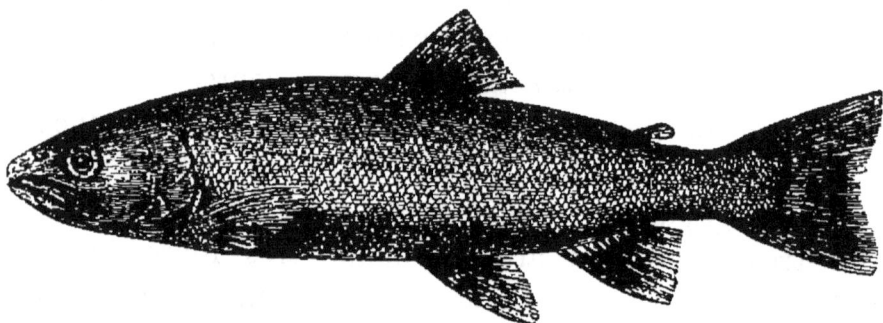

Fig. 26. — Ombre-chevalier.

Ombre-chevalier (*salmo-umbla*). — Nous continuons l'histoire des proches parents du saumon par l'ombre. Ce poisson a l'aspect extérieur du saumon, mais sa taille est beaucoup moindre ; ses écailles sont plus petites ; enfin, il nage avec une rapidité étonnante, et s'enfuit au moindre danger avec une rapidité vertigineuse ; de là le nom d'*ombre* qui lui a été donné.

La tête est courte, le dos gris à reflets bleuâtres, les flancs presque blancs, et le ventre argenté, avec des nuances rou-

d'eau. (*Journal des campagnes et journal d'agriculture progressive*, n° du 6 janvier 1886.)

ges. Le dos et les flancs sont couverts de petites taches blanchâtres.

L'ombre-chevalier habite les lacs profonds de l'Angleterre, de la Bavière, et surtout de la Suisse. Il croît plus rapidement dans les petites pièces d'eau que dans les grandes. Ce poisson fraye en hiver, de décembre à janvier, et pond des œufs ressemblant assez à ceux de la truite. L'ombre craint la lumière, aussi ne le trouve-t-on que dans les eaux profondes; ce n'est que pour frayer qu'il remonte au jour. Il se nourrit de petits poissons, de larves et de mollusques. Ce joli poisson, dit M. Rico, à chair blanche, extrêmement savoureuse, se familiarise bien vite en captivité, au point de venir manger à la main [1].

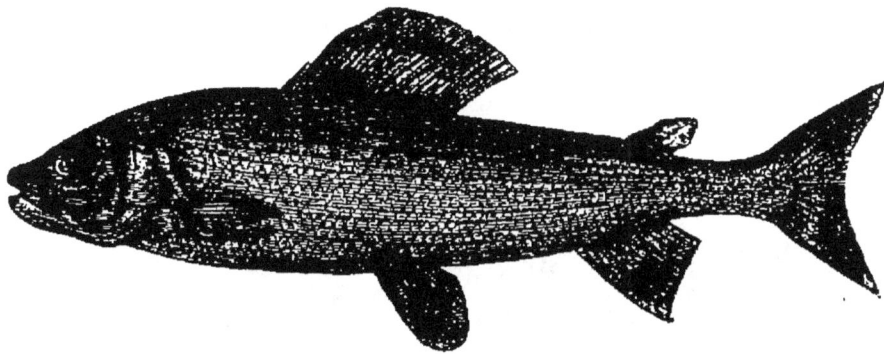

Fig. 27. — Ombre commun.

Ombre commun (*Ihymalus vexilifer*). — Ce poisson mesure de 20 à 25 centimètres de long ; comme aspect général, il ressemble assez à la truite, mais sa bouche est plus petite et dépourvue de dents. Il vit dans les lacs, qu'il ne quitte qu'à l'époque des amours, pour aller frayer dans les ruisseaux à fond de gravier.

Il a la nageoire dorsale très haute ; le dos et la tête sont d'un brun verdâtre pointillé de noir ou de brun rougeâtre ;

1. M. Rico, *Bulletin de la Société d'acclimatation*, 1877.

les flancs sont jaunes, avec des taches noires. On trouve
l'ombre commun en Suisse, en Allemagne, en Amérique;
en France, il est assez répandu en Auvergne et dans les Ar-
dennes. On le trouve aussi en abondance dans un lac situé
près de Nantua, dans le département de l'Ain.

Comme la truite, il est très vorace.

Il répand, lorsqu'on le sort de l'eau, une forte odeur de
thym ; c'est là une particularité curieuse, qui lui a valu son
nom scientifique.

Corégone féra (*coregonus fera*). — La féra est encore
peu connue, quoiqu'on en ait beaucoup parlé dans ces derniers temps. L'aspect général de ce poisson rappelle assez
celui du saumon, mais la taille est plus petite, et rarement
le poids excède 600 grammes. La féra a le corps allongé,
comprimé latéralement ; la tête et le dos sont d'un gris vio-

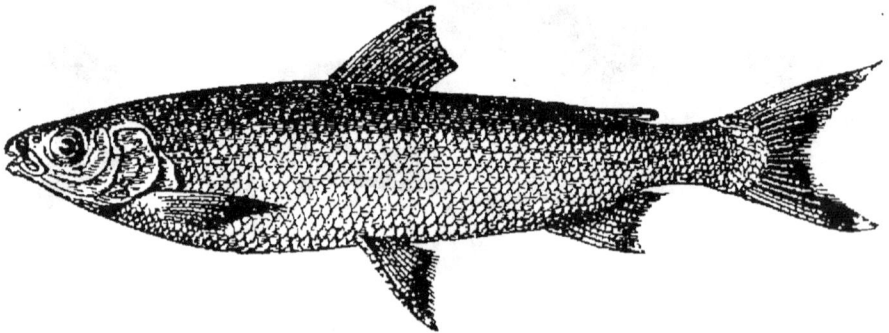

Fig. 28. — Lavaret.

lacé, allant en s'atténuant sur les flancs ; les nageoires sont
jaunâtres, lavées de noir.

Le corps est couvert d'écailles relativement plus grandes
que celles du saumon, mais qui se détachent facilement. La
féra se trouve surtout dans le lac de Genève ; en hiver, elle
vit dans les parties les plus profondes, en été, on la voit souvent sur les bords du lac.

C'est vers le mois de mai qu'elle fraye ; ses œufs ressemblent à ceux de la truite.

Ce poisson se nourrit d'insectes, de mollusques, de crustacés et de vers.

Lavaret (*coregonus lavaretus*). — Le lavaret appartient au genre corégone. Il a beaucoup d'analogie avec la féra, mais sa taille est moindre. Il a le dos et la tête d'un gris verdâtre, avec le ventre blanc et les nageoires grises, un peu tachées de noir sur les bords. Ce poisson habite les lacs de la Suisse, de l'Autriche, de la Suède, etc. Il affectionne surtout les fonds sablonneux. Il fraye de novembre à décembre. Son régime est le même que celui de la féra.

Corégone blanc (*coregonus albus*). — Cette espèce, originaire du lac Ontario, constitue une des merveilles de la pisciculture américaine. Elle ressemble assez au saumon, et affectionne les eaux claires et froides. En Amérique, le corégone blanc porte le nom de *whitefisch*, ou poisson blanc.

Toutes les personnes qui ont visité les régions septentrionales de l'Amérique, dit M. Raveret Wattel, vantent les qualités nutritives de ce poisson, l'*attihawmeg* des Indiens, qui, dans certaines localités, en font leur principale nourriture pendant une grande partie de l'année.

La grosseur de ce poisson est assez variable : dans certaines localités, on en pêche de 1 kilogr., tandis que dans d'autres, 15 kilogr. est une moyenne.

Cette espèce grossit très rapidement ; de plus, sa fécondité est très grande, chaque femelle donnant au moins 10,000 œufs pour chaque livre de son propre poids.

Les œufs du corégone blanc sont très petits; ils demandent soixante-cinq jours environ d'incubation ; mais, contrairement aux autres salmonides, les alevins résorbent leur vésicule douze ou quinze jours seulement après la naissance [1].

1. En raison de l'extrême ressemblance qui existe entre les truites, ombres, corégones, féras et lavarets, nous avons cru utile de réunir ces animaux pour les décrire à la suite les uns des autres, rompant ainsi avec

Tanche (*tinca vulgaris*). — La tanche constitue un genre spécial dans la famille des cyprins. Elle est longue de 30 à 40 centimètres. Son corps est élevé et comprimé latéralement, couvert d'écailles très petites et enfoncées profondément; elles sont enduites d'une matière huileuse qui rend le poisson glissant comme l'anguille. Sa tête est grosse, et la bouche munie de deux petits barbillons.

La couleur de la tanche est d'un brun verdâtre, avec les nageoires d'un violet terne.

Elle affectionne les eaux vaseuses et tourbeuses, lacs, marais, étangs, etc. ; elle réussit fort bien là où la carpe ne peut vivre, par suite de la nature trop vaseuse des eaux. Elle se nourrit d'insectes et de matières végétales. Sa croissance est assez rapide. Elle fraye de mai en juin, et dépose ses œufs adhérents, au nombre de 300,000 environ, sur les herbes aquatiques.

Beaucoup de poissons, notamment l'anguille, sont très friands de la tanche.

Les œufs de tanche ne peuvent éclore que s'ils subissent pendant cinq ou six jours consécutifs une température minima de 23°; c'est ce qui explique pourquoi, malgré sa prodigieuse fécondité, la tanche n'est pas plus répandue.

La chair de la tanche a une légère odeur de vase ; cependant elle est assez estimée.

Vandoise (*squalius leuciscus*). — La vandoise, qui reçoit encore les noms de rottel, sophie, suifre, dard, etc., est très commune dans toutes les eaux vives de l'Europe centrale. Elle est de petite taille, et dépasse rarement 16 centimètres.

M. Millet a fort bien caractérisé ce poisson : dos et ventre arrondis, flancs un peu aplatis; tête petite, triangulaire, à museau terminé en pointe mousse ; œil assez grand, écail-

l'ordre alphabétique suivi jusqu'ici, mais qui, forcément, nous aurait contraint à des redites.

A. L.

les petites. Dos gris verdâtre, à reflets de bleu d'acier ; flancs verdâtres, à reflets de bleu d'acier ; flancs verdâtres, avec très beaux reflets d'argent ; ventre argenté brillant.

La vandoise est herbivore. Elle fraye par troupes nombreuses, vers le mois de mars ; chaque femelle pond de 15,000 à 20, 000 œufs, que le courant emporte, et qui vont se fixer aux herbes du rivage. Au moment de la ponte, il est facile de prendre sur les frayères un grand nombre de ces poissons, pour les multiplier, car le fretin de vandoise constitue, pour les jeunes salmonides, une excellente nourriture.

La chair de vandoise est de médiocre qualité, et remplie d'arêtes.

Vairon (*phoxinus lœvis*). — Le vairon (fig. 29) dépasse

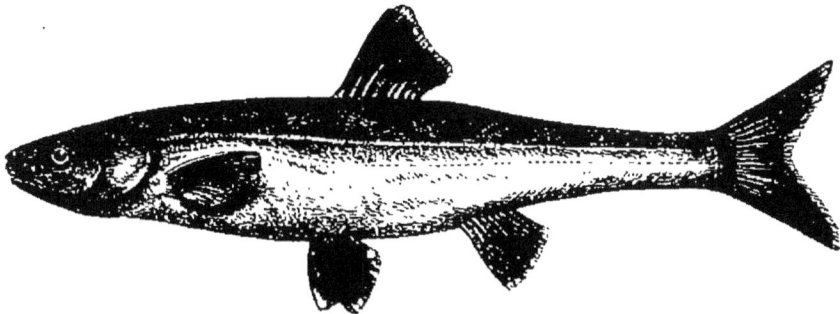

Fig. 29. — Vairon.

très rarement la taille de 10 centimètres. Il a le corps allongé, arrondi et couvert de petites écailles.

Comme le goujon, avec lequel on le rencontre très souvent, il choisit de préférence les fonds de sable et de gravier ; il est d'une vivacité remarquable.

La livrée de ce petit poisson est la suivante : parties supérieures du corps vertes ; flancs de même teinte, mais un peu atténuée, et parsemés de taches plus ou moins foncées ; ventre argenté.

Le vairon se nourrit de matières végétales et d'animalcules ; il fraye de mai à juin.

8.

Les mâles et les femelles, rassemblés en assez grand nombre dans un petit espace, vont, viennent, se croisent en tous sens, et se livrent sans grande agitation aux phénomènes de la reproduction.

Comme la truite et la perche sont très friandes de ce poisson, il importe grandement de protéger sa ponte et d'abriter ses œufs. (J. Lamy.)

Telle est l'histoire, très résumée il est vrai, des principales espèces de poissons d'eau douce, ayant un intérêt quelconque au point de vue de la pisciculture.

DEUXIÈME PARTIE

PROCÉDÉS DE MULTIPLICATION ET D'ÉLEVAGE

LA PISCICULTURE NATURELLE

CHAPITRE VIII

LES ÉTANGS

La pisciculture *naturelle* a pour but la production du poisson par les procédés qu'emploie la nature, c'est-à-dire par des moyens autres que les fécondations artificielles et l'acclimatation.

Dans la pisciculture naturelle, dit M. Fraîche, les forces agissantes de la nature et les instincts des diverses espèces sont seuls mis en jeu ; et le rôle du pisciculteur est simplement prévoyant et protecteur : il se réduit à faire naître les circonstances favorables au développement et à la reproduction des divers habitants de nos eaux, et à écarter les circonstances défavorables et les causes de maladie ou d'émigration [1].

1. Fraîche, *Traité des procédés de multiplication des poissons.*

La pisciculture naturelle peut être divisée en deux études distinctes :

1° L'exploitation des étangs ;

2° L'aménagement des cours d'eau.

On donne le nom d'*étangs* à des pièces d'eau qui peuvent être remplies ou vidées à volonté. En France, par suite des nombreux dessèchements effectués il y a quelques années, l'étendue des étangs a considérablement diminuée. C'est en Autriche et en Bohême qu'ils sont abondants; c'est là aussi qu'on les exploite pour la production du poisson.

En Chine, on exploite les étangs depuis la plus haute antiquité.

Les Romains n'ignoraient pas ce mode de mise en valeur des eaux, puisque Caton l'Ancien cultivait des étangs pour approvisionner les marchés de Rome.

Dans les premiers temps de notre ère, il n'y avait pas d'étangs artificiels dans les Gaules; les cours d'eau et les lacs suffisaient pour l'approvisionnement du poisson. D'ailleurs, les anciens Gaulois aimaient passionnément la viande, et on peut affirmer qu'ils ne vivaient de poisson que par nécessité [1].

Les prêtres chrétiens ont apporté en partie l'abstinence de viande pendant une période de l'année, dont la durée a été d'ailleurs assez variable dans la suite des siècles. De là, la création de nombreux étangs sur notre territoire. Les premiers furent établis dans les forêts.

« Le poisson étant aliment réputé maigre, il devait donc exister partout une grande émulation pour élever et propager toutes sortes de poissons dans les étangs; aussi tous les moutiers, monastères, chapitres, évêchés, avaient de nombreux étangs pour la provision du carême et des jours maigres. » (R. de la Bergerie.)

---

1. Rougier de la Bergerie, *Manuel des étangs,* 1819.

Les jours maigres étaient nombreux; il y avait par année :

40 jours pour le carême ; 52 jours pour les quatre-temps; 104 jours pour les vendredis et samedis; enfin, 10 ou 12 jours pour les veilles de grandes fêtes ; soit, avec les jours de jeûne, pénitence, etc., environ 206 jours maigres par année.

Aujourd'hui, l'étendue des étangs est très réduite ; de plus, ceux qui existent sont beaucoup moins bien exploités qu'autrefois. Cependant, par suite des récents progrès de la pisciculture, il y aurait tout avantage à en créer de nouveaux, car, à l'heure actuelle, par suite de la rareté relative du poisson d'eau douce, un hectare d'eau rend plus qu'un hectare de blé.

« Nos vastes étangs, dit M. Puvis, ressemblent aux pampas d'Amérique..... Imitons les Danois : que nos espèces de poissons deviennent de véritables animaux domestiques; dirigés avec intelligence, nous pourrons alors remplacer nos immenses étangs insalubres par de petits réservoirs, qui rempliront beaucoup mieux le même objet. »

La plupart de nos étangs, comme le laisse entrevoir M. Puvis, étaient des foyers permanents de maladies graves ; c'est la principale cause qui fut invoquée en faveur des desséchements qui furent commencés vers 1789. Aujourd'hui, il nous reste environ 110,000 hectares d'étangs, qui donnent un revenu net de quatre millions de francs. Par un aménagement intelligent, ils pourraient donner plus de cinq fois autant.

C'est dans les endroits où la population est rare que devraient surtout être exploités les étangs, car l'étang est le meilleur moyen de tirer parti du sol auquel on ne donne ni travail ni engrais.

Établissement d'un étang. — Pour créer un étang, il faut choisir un terrain dont le sous-sol soit imperméable; le

fond sera argileux, pierreux ou vaseux, selon l'espèce qu'on
voudra *cultiver*. Il serait, la plupart du temps, beaucoup
trop coûteux de creuser un étang ; il est préférable d'utiliser une dépression naturelle du terrain, ou le fond d'une
vallée, qui sera barrée au point le plus bas. La digue sera
solidementétabl ie et s'élèvera à 0^m,60^c au moins au-
dessus du niveau des eaux ; elle sera engazonné e et même
plantée d'arbres ou d'arbustes, pour éviter les érosions. La
largeur de la digue, à la base, sera calculée de manière
qu'elle soit le triple de sa hauteur ; et sa largeur, à la partie supérieure, sera égale à sa hauteur. En désignant la
hauteur par *h,* la largeur de la digue à la partie supérieure
par L, on aura :

$$l = 3\,h.$$
$$L = h.$$

On appelle *queue* de l'étang le point par où arrive l'eau ;
et *tête,* le point où l'eau s'arrête. Autant que possible, l'eau
qui alimentera l'étang sera prise dans une rivière ou un
ruisseau. Le fossé qui amène l'eau est appelé *bief.* A 2 ou
3 mètres de la digue, on ménagera une partie plus profonde, à laquelle on réserve le nom de *poêle* ou *pêcherie,* et
qui est destinée à servir de refuge aux poissons lorsque
l'étang est mis à sec. Pour que le niveau soit constant dans
l'étang, on percera dans la partie supérieure de la digue
une ouverture large de un ou deux mètres, dans laquelle on
établira un grillage permettant l'écoulement des eaux, en
empêchant toutefois la fuite du poisson. Indépendamment
de cette ouverture, on établira un canal à l'extrémité inférieure de la pêcherie ; ce conduit aboutira au dehors, et sera
muni d'une ouverture ou *œil,* qu'on pourra ouvrir ou fermer
au moyen d'une bonde manœuvrée par une vis, une crémail-
lère, ou un treuil placé sur la chaussée de la digue. On
compte qu'un étang coûte à établir, en moyenne, de 3 à 400 fr.

par hectare, ce qui dépend des lieux. En Suisse, nous en avons vu faire un de 6 hectares avec une dépense de fr. 116. (Chabot-Karlen.)

Entretien d'un étang. — On visitera soigneusement la digue, le plus souvent sera le meilleur, de manière à s'assurer qu'il n'y a ni érosions ni ouvertures pouvant donner accès aux animaux nuisibles. On débarrassera l'étang des jonchères ou amas d'herbes qui s'y trouveraient en trop grande quantité, et qui seraient pour les rats d'eau et les loutres des refuges assurés.

Enfin, on évitera les oiseaux de basse-cour, notamment les canards, qui, lorsqu'ils pénètrent dans un étang, y font toujours d'énormes ravages.

M. Victor Tixier a publié dans la *Chasse illustrée* une longue étude sur les étangs. Nous ne saurions mieux faire que d'en reproduire ici les principales conclusions.

« Le poisson d'étang est la propriété indiscutable du maître, qui peut régir à volonté ses viviers, et les mettre en coupes réglées. La culture en est simple et à la portée de tous les hommes doués de bon sens et d'esprit d'observation ; mais ces deux qualités sont de nos jours si rares, qu'elles devraient être classées parmi les vertus maîtresses.

« On ne régit pas toujours avec tout le soin, toute l'intelligence désirables ; c'est pourquoi le produit est faible et parfois nul. Il y a donc intérêt à étudier cette question des étangs, car, outre le gibier d'eau qu'ils attirent et qui disparaît avec eux, le poisson commun est d'une importance capitale pour l'alimentation publique. Il est nécessaire, et, je le dis à l'avance, très avantageux de conserver nos viviers, dont la pêche est plus sûre que celle des cours d'eau.

« Les étangs ont dans la nature trois ennemis, redoutables à des degrés différents : la sécheresse prolongée, les fortes gelées et l'envasement.

« Les sécheresses ordinaires n'intéressent que les étangs

alimentés par des eaux torrentueuses. Si la baisse du niveau est considérable, si la chaleur est très forte, les brochets périssent; mais la carpe, plus rustique, se creuse un petit bassin, où elle peut attendre assez longtemps l'arrivée de la pluie.

« Les glaces, dont on a exagéré le danger, détruisent quelquefois le poisson dans les étangs peu profonds, et pendant les hivers d'une rigueur exceptionnelle. Pour prévenir l'asphyxie, on plante des bottes de paille dans la glace. Les étangs formés par retenue des eaux d'un ou de plusieurs ruisseaux, ne gèlent point au confluent où le poisson élit son domicile provisoire pour respirer l'indispensable oxygène.

« D'ailleurs, la glace amène une énorme évaporation, d'où il résulte bientôt un vide entre la couche de glace et l'eau. C'est là la cause de ces longs et sourds gargouillements qu'on entend courir sous la glace : c'est l'introduction de l'air entre les deux surfaces où le vide se faisait ; puis, quand la croûte solide ne trouve plus de point d'appui, elle se fend d'un bout à l'autre de l'étang, donnant ainsi un large accès à l'air extérieur ; des crevasses secondaires se forment, et la glace se brise en éclat.

« Plus grave, plus irrémédiable est l'envasement par le dépôt de matières végétales charriées par les eaux ; c'est la ruine fatale des grands étangs qui reçoivent les gouttes des forêts, lorsque les frais de déblai, de remblai et de transport sont trop considérables, et souvent ils sont impraticables l'un et l'autre, à cause de la masse à élever. Cependant la boue est un riche engrais, un modificateur radical des terres maigres, pourvu qu'on neutralise son acidité par une longue exposition à l'air ou l'addition de chaux [1]. »

Empoissonnement d'un étang. — L'empoissonnement peut se faire :

[1]. V. Tixier, *La Chasse illustrée,* année 1882; Paris.

1° En déposant dans l'étang des touffes d'herbes chargées d'œufs, qui ne tarderont pas à éclore ;

2° A l'aide d'alevins provenant d'une fécondation artificielle.

3° Avec des reproducteurs adultes.

Ces trois méthodes sont également bonnes; mais il importe de prendre pour l'empoissonnement, des adultes, des jeunes ou même du frai sortant d'une eau ayant la plus rande *analogie* avec celle de l'étang qu'on veut peupler [1].

Quatre espèces surtout sont exploitées dans les étangs : la carpe, la truite, la perche, et l'anguille.

Pêche d'un étang. — On trouvera cette partie traitée tout au long dans la troisième partie de cet ouvrage : *Pêche en eau douce et législation.*

Étang à carpes. — La carpe demande un fond vaseux, des eaux s'échauffant facilement, et dont la température en été ne descende pas au-dessous de 18 à 22°.

Pour chaque hectare d'étendue, on placera dans les premiers jours de mars quinze carpes femelles et dix carpes mâles. On distinguera aisément les sexes en se basant sur cette particularité, que les femelles ont l'anus convexe, tandis qu'il est concave chez les mâles.

Il sera utile de réserver dans la pièce d'eau, d'endroit en endroit, surtout près des bords, des touffes d'herbes, où les carpes viendront frayer.

Une fois les reproducteurs placés dans la pièce d'eau, il est inutile de s'occuper de leur nourriture ; mais il faudra éviter avec soin la dépaissance des bords par le bétail, et empêcher l'accès des oiseaux de basse-cour, afin de ne pas contrarier les carpes au moment de la fraye. Quelques jours après, si toutes ces précautions ont été bien observées, une foule de petites carpes peuplent l'étang, car ce poisson pond,

---

1. Analogie de composition de température, de fond, etc., etc.

en moyenne, 100,000 œufs par livre de son poids. Quelques semaines après leur naissance, on pourra donner aux jeunes carpes ou *feuilles*, quelques pommes de terre avariées, cuites et réduites en très petits fragments, ou bien du gros son, même des miettes de pain. Mais cette alimentation ne devra pas être continuée longtemps, car dès que les carpes auront 10 ou 12 centimètres de long, elles devront trouver leur nourriture elles-mêmes, si l'étang est bien aménagé. De tous les poissons, c'est sans contredit la carpe qui est le plus généralement élevé dans les étangs : c'est un véritable poisson *domestique*.

La carpe croît très rapidement, et demande fort peu de nourriture. Voici quelques chiffres relatifs à la croissance de la carpe; nous les empruntons à M. Koltz :

A un an......................	8 grammes.
A deux ans.	32 —
A trois ans...................	500 —
A quatre ans.	1 kilogr.
A cinq ans.	2 —
A huit ans...................	9 —

En hiver, il faut quelque peu surveiller l'étang, car ce poisson craint les froids rigoureux.

S'il faut en croire le baron Rougier de la Bergerie, la neige est réputée une perte ou un fléau pour le poisson, et surtout pour la carpe; il est de fait que le moindre flocon de neige qui tombe et se fond sur une carpe, y laisse une empreinte qu'elle conserve. Souvent, dans les étangs, on associe à la carpe quelques individus de sa proche parenté, la tanche par exemple; cependant, en raison même de l'infériorité de la chair de ce dernier poisson, nous ne conseillons pas cette manière de faire.

Plus souvent, on ajoute quelques brochets, aussi petits que possible, qui dévorent les grenouilles, têtards, etc., et même les carpes trop petites, malingres et chétives, qui, d'ailleurs, utiliseraient mal la nourriture. Mais il faut bien se garder de mettre une trop grande quantité de brochets, car la voracité de ces poissons est excessive. Généralement, on met 10 aiguillettes de brochets par hectare de super-ficie.

Dans les étangs du département de l'Ain, on entretient par hectare 160 carpes, 100 tanches, et 10 brochets.

Voici d'ailleurs quelques exemples d'empoissonnement, que nous empruntons à un auteur digne de foi, M. L. Gossin.

EMPOISSONNEMENT. — AIN.

1° Hectare d'étang de bon fond, pêché tous les ans.

EMPOISSONNEMENT.		
CARPES	TANCHES	BROCHETS
du poids de 120 gr., et du prix de 0 fr. 12	du poids de 100 gr., et du prix de 0 fr. 10	du poids de 100 gr., et du prix de 0 fr. 19
160	100	10
PRODUIT.		
CARPES	TANCHES	BROCHETS
du poids de 500 gr., à 0 fr. 90 le kg.	du poids de 480 gr., à 0 fr. 90 le kg.	de 1 kg., à 1 fr. 50 le kg.
141	90	9

2° *Hectare d'étang de bon fond, pêché tous les 2 ans.*

EMPOISSONNEMENT		
CARPES	TANCHES	BROCHETS
de 50 gr., de 0 fr. 06 ——— 240	de 50 gr., de 0 fr. 06 ——— 150	de 50 gr., de 0 fr. 036 ——— 12
PRODUIT		
CARPES	TANCHES	BROCHETS
de 750 gr., de 1 fr. le kg. ——— 216	de 725 gr., de 0 fr. 90 le kg. ——— 135	de 1,500 gr., de 2 fr. le kg. ——— 11

Dans le premier cas, la dépense totale pour un an est de 30 fr. 20; le produit net est de 111 fr. 50.

Dans le deuxième cas, la dépense totale pour deux ans est de 27 fr. 60, et le produit net 278 fr. 50 [1].

Généralement, on pêche les étangs à carpes vers la fin de l'été ou en automne.

Les poissons sortis de la poêle doivent être mis dans une eau fraîche et facilement renouvelable, pour les préserver de leurs excrétions, qui sont pour eux un poison très actif. La pêche, fin automne, dit M. Chabot Karlen, nous paraît la meilleure. Les poissons, une fois tirés *à la poêle* et placés dans des compartiments séparés, en attendant la vente, doi-

1. L. Gossin, *L'Agriculture française.*

vent toujours avoir de l'eau fraîche ; sans cette précaution, on s'exposerait à voir périr toute la pêche. (*Les Étangs.*)

Les eaux trop riches en fer rendent les carpes difformes et maladives.

La carpe aime le soleil ; dans les milieux ombreux, tout son corps est bientôt envahi par des polypes dartreux.

Il faut manier les carpes avec précaution : les blessures qu'elles reçoivent au printemps guérissent en général assez facilement, mais une carpe blessée en automne est ordinairement perdue.

En Bohême, on cultive les carpes dans deux sortes d'étangs ; c'est une excellente méthode qui, d'ailleurs, commence à se répandre chez nous.

Dans l'un, appelé *étang à feuilles*, dont la profondeur ne dépasse pas un mètre, on place les reproducteurs, qui y déposent leurs œufs. Les jeunes qui éclosent y sont laissés jusqu'à ce qu'ils atteignent la longueur d'une feuille de saule (de là le nom d'*étang à feuilles*). A ce moment, on les retire pour les déposer dans un deuxième bassin, appelé *étang à nourrains* ou à *empoissonnage*, où les poissons grandissent et s'engraissent. La profondeur de ce bassin devra être d'au moins 2 mètres. On y met de 400 à 600 feuilles par hectare.

Étang à truites. — Les étangs à truites[1], contrairement aux précédents, doivent être alimentés par des eaux très froides et courantes, dont la température ne dépasse pas 16° centigr. à l'époque des plus fortes chaleurs. Les pièces

---

1. Quoique la truite soit considérée comme un poisson essentiellement caractéristique des eaux vives et courantes, on peut cependant l'élever dans les étangs, surtout quelques variétés, notamment la *truite des lacs*, la *truite arc-en-ciel*, le *saumon de Californie*, etc.

La *truite des lacs* est surtout élevée en Angleterre. C'est ainsi qu'en 1869 le professeur Buckland, sur la demande de Sa Majesté la reine Victoria, a peuplé de cette espèce le lac de Windsor, qui aujourd'hui regorge de ces beaux et délicieux poissons.

d'eau alimentées par des eaux de source conviennent généralement. La nature du fond à une grande importance. La vase doit être évitée avec le plus grand soin, car elle prédispose les truites à des maladies graves. Le fond devra être à la fois sablonneux, graveleux et pierreux, ou graveleux tout simplement.

Les bords de la pièce d'eau doivent être plantés d'arbres et d'arbustes touffus, destinés à fournir de l'ombre, car l'insolation directe, qui convient si bien aux carpes, est notoirement nuisible aux truites. Autant que possible, on choisira des essences touffues et fréquentées par de nombreux insectes ; les larves de ceux-ci tombant à l'eau, constitueront pour les truites une excellente nourriture, tout à fait gratuite [1].

On aura soin de purger l'étang des brochets qui s'y pourraient trouver ; puis, au printemps, on jettera dans la pièce d'eau une centaine de gardons et autres poissons blancs [2], auxquels on ménagera quelques frayères : ils ne tarderont pas à se reproduire, constituant ainsi une réserve alimentaire assurée pour les truites, avides, comme on le sait, de proies vivantes. Le gardon frayant de mai en juin, on construira ces frayères en plaçant çà et là sur les bords de l'étang, des fagots de menues brindilles, espacés les uns des autres de 1 à 2 mètres, et dont la partie la plus touffue plongera dans l'eau. Comme les gardons recherchent les endroits peu profonds, il sera utile d'établir sur les bords quelques petites baies de 1 à 2 mètres d'étendue, baignées par 3 ou 4 centimètres d'eau seulement. Quelques poignées de petit son jetées de temps à autre, suffiront pour nourrir les jeunes gardons.

Ceci fait, aux premiers jours d'automne, on peuplera l'étang de truites adultes, sept ou huit mâles et autant de fe-

1. Voy. Albert Larbalétrier, *Culture d'un étang à truites.* (*La Maison de campagne*, 16 février 1886.)

2. Tels que vairons, goujons, ablettes, etc.

melles par hectare. Celles-ci seront prêtes à frayer vers le mois de décembre ou de janvier. Alors deux cas peuvent se présenter :

1° Ou bien, il y a des frayères naturelles, *pour les truites ;*
2° Ou bien, il n'y en a pas.

Dans ce dernier cas, on creusera un ou deux petits ruisseaux à fond de gravier, en s'arrangeant de manière que le courant y soit assez rapide ; c'est là que les truites viendront déposer leurs œufs, car, ainsi que nous l'avons déjà fait observer, les truites frayent sur le gravier et non sur les herbes.

Que les frayères soient naturelles ou artificielles, il faudra surveiller la ponte, et éviter avec soin les oiseaux et les rats d'eau : pour cela, il sera bon d'abriter l'œuvée avec des vieux filets ou des claies d'osier.

Les alevins naîtront deux ou trois mois après la ponte, et cinq ou six semaines après leur naissance, c'est-à-dire après la résorption de la vésicule ombilicale, il faudra pourvoir à leur nourriture. Celle-ci se composera de matières animales : autrefois on leur donnait de la viande hachée menue, des jaunes d'œufs, de la cervelle, etc. ; mais une telle nourriture est trop coûteuse, d'ailleurs elle est notoirement malsaine et entraîne une forte mortalité. On lui préférera les vers de terre hachés très fin, les larves de mouches, et surtout les petits crustacés d'eau douce connus sous le nom de *daphnies, cypris, cyclops,* etc., dont nous aurons à parler plus loin. Dans tous les cas, il faut choisir cette nourriture aussi légère que possible, pour qu'elle ne tombe pas au fond, car les yeux de la truite étant placés à la partie supérieure de la tête, elle n'aperçoit qu'avec peine ce qui est au-dessous. Ce n'est que lorsque les jeunes truites auront de 8 à 10 mois qu'on pourra joindre à la nourriture précédemment recommandée, de la viande finement hachée, par exemple de la viande de cheval, qu'on pourra saler pour la conserver plus

longtemps, étant établi que la viande salée convient tout
particulièrement aux salmonidés, qui s'en montrent d'ailleurs
très friands. On pourra y joindre aussi du poisson .blanc
haché menu. Enfin, on pourra donner aux truites des os et
des cartilages réduits en grains très fin ; cette nourriture,
riche en phosphates, est des plus recommandables.

En Amérique, on a imaginé un moyen très ingénieux
pour procurer aux jeunes truites une nourriture substantielle et économique. Voici comment le décrit M. Gauckler :
« Au-dessus de la surface de l'eau, on fixe sur un piquet solidement planté dans le fond, une corbeille en treillis de fil
de fer galvanisé. Dans cette corbeille, on place des déchets
de viande, des intestins, etc., sur lesquels les mouches viennent déposer leurs œufs. Bientôt les asticots, ou larves de
mouches, éclosent et vont tomber dans l'eau, où les attendent les truites. Pour empêcher que la chair ne se dessèche
au soleil, qu'elle devienne la proie des oiseaux carnivores,
ou répande au loin une odeur désagréable, on recouvre la
corbeille avec un tonneau defoncé par le bas, qui forme
cloche et plonge dans l'eau. Ce tonneau est percé d'un grand
nombre de trous de vrille, de $0^m,006$ à $0^m,010$ de diamètre,
qui permet l'accès des mouches. A côté du tonneau est
planté un poteau muni d'une console qui porte une poulie.
Une corde passe sur la poulie et vient se fixer au centre du
plafond du tonneau, muni pour cela d'un crochet. Elle permet de le soulever ou de l'abaisser, quand on vient visiter
les provisions et les renouveler. Deux anneaux, placés sur
une même ligne verticale, glissent sur une barre de fer
fixée le long du poteau, et servent à maintenir le tonneau
dans sa position, malgré les efforts du vent et le choc des
vagues. Quelquefois on supprime le support de la corbeille,
et on la suspend au-dessus de l'eau, dans l'intérieur du tonneau. Tout en empêchant l'infection de l'air, ce dernier
procure aux truites un abri ombragé, où elles viennent

quêter la proie vivante, qui leur pleut dans la bouche [1]. »

Un excellent moyen pour procurer de la nourriture vivante aux truites des étangs, que nous avons vu appliquer très souvent, consiste à faire communiquer la pièce d'eau avec une autre plus petite, au moyen d'un canal muni de deux vannes, *a* et *a'* (fig. 30). Dans le petit étang *e* on élève des poissons blancs, des gardons par exemple, ou plutôt des vairons, qui vivent dans les mêmes eaux que la truite;

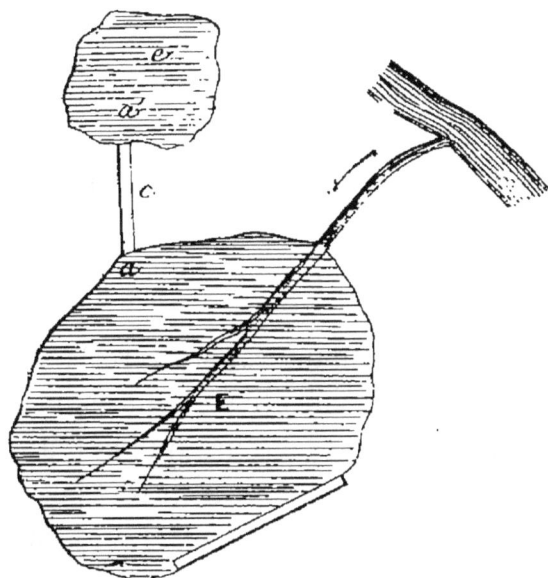

Fig. 30. — Étang à truites.

lorsqu'on veut donner de la nourriture aux truites on ouvre d'abord la vanne *a'* pour que le poisson blanc se répande dans le canal *c*; puis, après quelques heures, on ferme *a'* et on ouvre *a*; les vairons se répandent alors dans l'étang E, sans que les truites puissent pénétrer en *e*.

Ce mode d'alimenter les truites par le vivant est certainement un des meilleurs; de plus, il est très économique, ce qui est à considérer dans l'élevage d'un poisson aussi vorace

1. Ganckler, *Les Poissons d'eau douce et la Pisciculture.*

que celui qui nous occupe. Toutefois, ce dernier mode d'alimentation n'exclut pas les précédents, car ce n'est qu'à partir d'un certain âge, un an ou dix mois environ, que la truite peut se nourrir de poissons blancs vivants d'une certaine taille.

Il faut environ trois ans pour que la truite devienne marchande, c'est-à-dire pèse de 500 à 600 grammes. Il est certaines variétés plus précoces qui arrivent à l'âge adulte vers deux ans ou 2 ans 1/2, par exemple la *truite arc-en-ciel* et le *salmo fontinalis*.

Le saumon du Danube ou salmo-hucho, peut aussi être cultivé dans les étangs. D'après le régisseur actuel de la pisciculture d'Huningue, il vient très bien dans les étangs à eaux vives, et s'y reproduit si on lui arrange ses fosses [1].

Comme il dédaigne la nourriture morte, de Molis dit qu'il en a élevé, qui en dix-huit mois ont atteint $0^m,60$ ou 2 livres en poids.

On peut, de la même manière, se livrer à l'élevage en eaux fermées, de l'ombre chevalier et du saumon des lacs, qui ont à peu près les mêmes mœurs que la truite.

Étang à perches. — Ces étangs sont fort peu nombreux ; ils ont surtout été prônés par M. J. Lamy, auquel nous laisserons la parole :

« Pour reproduire abondamment et facilement ce poisson (la perche), on laisse tout le soin à la nature elle-même. Si l'on veut opérer sur une grande échelle, on cantonne dans un petit bras de rivière, dans un étang ou dans un vivier, un certain nombre de perches mâles et femelles. Si la rivière ou l'étang ne contiennent pas d'herbes ou de racines, on place de distance en distance des frayères artificielles sur lesquelles les femelles déposent leur frai. On fait des frayères avec des fascines peu serrées de menu bois, qu'on maintient

1. M. Meyer, *Pisciculture rationnelle*, pages 87 et suivantes.

fixées sur le rivage : un balai de bouleau peut donner une idée de ces frayères. Si vous ne craignez rien pour leur destruction, vous les laissez en place ; autrement, vous les ramassez, et vous les mettez dans de petits paniers à éclosion, où rien ne peut les atteindre.

« L'incubation des œufs de ce poisson demande peu de soins. La seule précaution à prendre est de ne mettre qu'un chapelet ou deux au plus, suivant leur longueur, par panier, qu'on attache dans un endroit peu tourmenté de la rivière. Ces petits paniers, faits d'osier ou en toile métallique (cuivre), ont 30 centimètres de longueur, 10 de largeur, et 8 de profondeur. Ils sont à claire-voie, afin que l'eau qui baigne les œufs se renouvelle aisément ; couverts, afin que les rats d'eau, les canards, les oiseaux aquatiques, ne les mangent pas. On attache du liège aux deux bouts du panier pour qu'il flotte à eau rase. Au bout de quatre ou cinq jours, on voit l'embryon s'agiter dans son œuf, et vers le septième ou huitième jour, il éclot [1]. »

Étang à anguilles. — Autant que possible, les étangs destinés à la production de l'anguille doivent être établis sur des fonds argileux. Les bords seront plantés d'arbres et d'arbustes à racines fortes et abondantes, où les anguilles pourront se cacher. Toutes les eaux conviennent à ce poisson, mais sa chair est d'autant plus délicate qu'elles sont plus fraîches et plus limpides. Les ouvertures des bondes devront être munies de treillages fins, et les digues seront solidement tassées, car l'anguille peut fuir par les moindres ouvertures. Il sera bon d'avoir près de l'étang une prairie touffue, car les anguilles sortent souvent de l'eau pendant la nuit, et vont dans les prairies à la recherche d'une nourriture végétale.

Il faudra favoriser, dans la pièce d'eau, la production des

---

1. J. Lamy, *Nouveaux éléments de Pisciculture*, 1866.

gardons, des ablettes, des vairons, des écrevisses et des grenouilles, dont les anguilles sont très friandes.

Pour empoissonner, on mettra par hectare soit 1,500 à 2,000 anguilles de l'âge d'un an, soit un sceau plein de *montée*, qu'on peut se procurer si facilement en s'adressant aux ingénieurs des ponts et chaussées qui en expédient tous les ans d'énormes quantités. On leur jettera, dans les premiers temps, des vers de terre hachés, des larves d'insectes, des tripailles et des viandes putréfiées. Au bout de trois ou quatre ans, lorsqu'elles sont bien nourries, les anguilles sont *marchandes*, et pèsent de 900 à 1,200 grammes pièce.

C'est un élevage des plus lucratifs, lorsqu'il est pratiqué intelligemment.

Viviers. — Lorsque les poissons, parvenus à toute leur grosseur, ont été pêchés, ils ne sont pas toujours immédiatement consommés ou vendus, aussi les dépose-t-on, en attendant, dans des pièces d'eau dépassant rarement 40 mètres de long sur 20 de large, qu'on nomme des *viviers*.

Dans la construction d'un vivier, il est essentiel de réserver une bonde permettant de vider la pièce d'eau, et d'éviter ainsi l'envasement et l'eau croupissante, où les poissons, s'ils ne périssent pas, acquièrent un goût fort désagréable.

La profondeur d'un vivier doit être suffisante pour que les fortes gelées de l'hiver ne fassent pas périr le poisson.

Les anciens mettaient dans la construction des viviers un soin et un luxe particuliers. On sait que les Romains avaient un goût spécial, même une véritable passion, pour les *murènes*, pour lesquelles on construisait de magnifiques pièces d'eau.

Les viviers étant d'une contenance limitée, et recevant la plupart du temps beaucoup de poissons, ceux-ci n'y restant généralement qu'un temps limité, il importe de les nourrir. Aux cyprins on donnera des grains avariés cuits, et aux salmonides des débris de viande et de petits poissons·

Autant que possible, il faut établir des viviers doubles, c'est-à-dire séparés en deux compartiments, l'un à fond de gravier, planté d'arbres sur les bords, destiné aux truites ; l'autre à fond plutôt vaseux, exposé au soleil, et réservé aux cyprins. En effet, il serait peu prudent, à bien des points de vue, de mêler dans un même vivier les espèces carnivores et les espèces herbivores.

CHAPITRE IX

AMÉNAGEMENT DES COURS D'EAU

Le dépeuplement. — Nos cours d'eau, cela est incontestable, se dépeuplent de plus en plus ; or, un des principaux buts de la pisciculture est précisément le repeuplement des eaux courantes.

Mais ici se pose une question d'une extrême importance. Quelles sont les causes du dépeuplement ?

Elles sont fort nombreuses, et nous ne pouvons songer même à les énumérer toutes. Cependant les principales sont :

1° Les exigences de la navigation ;

2° Les envahissements de l'industrie manufacturière ;

3° La législation insuffisante ;

4° Les irrigations, moulins à eau, etc., etc.

A. *Exigence de la navigation.*

Cours d'eau navigables. — La navigation, et surtout la navigation à vapeur, est nuisible à bien des points de vue.

On sait que bon nombre de poissons déposent leurs œufs sur des herbes aquatiques ; or, chaque fois qu'un bateau à vapeur vient à passer, il se produit une agitation brusque et des remous profonds, qui agitent les plantes et les dispersent avec les œufs qui y adhèrent.

De plus, pour faciliter le passage des bateaux dans les

cours d'eau navigables, on coupe la plupart du temps ces plantes aquatiques, empêchant ainsi le poisson de frayer ; et, ce qu'il y a de plus regrettable, c'est que, la plupart du temps, ces herbes sont enlevées durant la saison où la majorité des poissons se livrent à la reproduction. Enfin, pour faciliter encore la navigation, on fait des curages. Or, comme le fait si bien remarquer M. Fraîche, les curages, nécessaires dans certains cas, sont toujours nuisibles, même pratiqués hors de l'époque du frai, s'ils sont trop complets ou trop étendus. Un curage à fond suffit pour dépeupler une rivière, en enlevant d'un seul coup les frayères et tous les germes qu'elles renferment. Il en est de même des dragages : le bouleversement des fonds, et la plus grande activité du courant qui en est le résultat, détruisent les lits de sable et de galets affectionnés par certaines espèces, enlèvent les plantes aquatiques, et entraînent au loin les quelques germes épargnés [1].

Canalisation des cours d'eau. — Lorsqu'on canalise un cours d'eau, on l'enferme nécessairement dans un espace plus ou moins restreint ; or, au moment des pluies, la vitesse du courant s'accélère, les fonds sont ravagés, et la conséquence est toujours la destruction des habitants des eaux.

L'endiguement des bords des cours d'eau est encore très nuisible, en ce sens qu'il supprime les frayères naturelles, empêchant ainsi la ponte.

Barrages. — Les poissons migrateurs constituent une des principales richesses de nos cours d'eau ; le saumon, notamment, est une espèce fort recherchée. Ainsi que nous avons déjà eu l'occasion de le dire en parlant des espèces, ce poisson tire presque toute sa nourriture de la mer, aussi est-il essentiel qu'il puisse s'y rendre. Or, les barrages établis sur bon nombre de nos cours d'eau s'opposent à la multi-

1. Fraîche, *Traité des procédés de multiplication des poissons.*

plication du saumon, de l'alose, etc. Il serait pourtant bien
simple d'établir des *échelles à poissons* partout où des barrages, construits pour favoriser la navigation ou pour procurer de la force motrice aux usines, interceptent le passage
des espèces migratrices.

Échelles à poissons. — Tous les systèmes d'échelles, et
ils sont nombreux, peuvent rentrer dans l'une ou l'autre de
ces deux classes :

1° Échelles simples ;

2° Échelles à gradins.

Dans les premières, l'inclinaison est telle, que la vitesse
ne dépassant pas une certaine limite, le poisson puisse remonter aisément.

Dans les échelles à gradins, l'appareil est formé d'une
série de bassins disposés en marches d'escalier, sur lesquels
l'eau tombe en cascade. La largeur du passage varie entre
0^m,70 et 2 mètres, avec 50 ou 60 centimètres de profondeur
d'eau ; la différence de niveau entre les bassins ne doit pas
dépasser 25 ou 30 centimètres.

L'entrée de l'échelle doit être aussi près que possible du
barrage où la nappe d'eau est la plus vive et la plus abondante, le poisson y vient toujours.

On comprend toute l'importance d'un pareil système,
mettant en communication par une pente douce, deux niveaux différents du même cours d'eau. Ces escaliers sont en
bois ou en pierre ; la pierre est préférable, car elle dure plus
longtemps, mais elle est aussi d'un prix plus élevé.

Les échelles à poissons constituent donc un premier remède. Y en a-t-il d'autres à opposer aux exigences de la
navigation précédemment énumérées ? Pour notre part, nous
croyons que si les ingénieurs connaissaient quelque peu les
mœurs et les habitudes du poisson, il leur serait facile de
concilier les exigences de la navigation avec celles de la
pisciculture : ils pourraient, par exemple, laisser de distance

en distance quelques diverticulum, ou, pour mieux dire, quelques frayères, tant pour les salmonidés que pour les cyprins, qui, tout en assurant la reproduction des poissons, ne nuiraient nullement à la navigation fluviale.

B. *Altérations des eaux.*

L'altération des cours d'eau est due, non seulement aux résidus insalubres que les usines y déversent, mais encore aux masses énormes d'eaux d'égout que les villes y jettent journellement. Tous ces détritus, toujours plus ou moins nuisibles, avant d'arriver à la mer, infestent les eaux courantes et font périr leurs habitants.

Résidus des usines. — Ces résidus sont de nature très diverses :

Les uns sont solides, encombrants ; ils envasent les poissons, dont les fonctions respiratoires sont entravées. Les autres, détritus solides ou liquides vénéneux, empoisonnent littéralement les habitants des eaux.

Enfin, d'autres sont chargés de matières organiques fermentescibles ; or, cette fermentation se faisant aux dépens de l'oxygène dissous dans les eaux, les poissons meurent par asphyxie.

Lorsqu'on songe que, souvent, les usines déversent dans les cours d'eau des résidus qui réunissent à des degrés différents ces trois manières d'agir, il est facile, dès lors, d'expliquer le dépeuplement ; on peut même s'étonner, à bon droit, de voir encore des poissons dans nos rivières. Il est vrai qu'il y a plus d'usines dans certaines régions que dans d'autres ; aussi toutes les rivières ne sont-elles pas également contaminées : dans beaucoup de parties, les poissons échappent à la mort, mais leur chair acquiert souvent un goût détestable qui en diminue beaucoup la valeur.

Les matériaux rejetés par les usines sont de natures différentes ; aussi, pour être désinfectés, nécessitent-ils, la plupart du temps, des procédés spéciaux : il est donc pour ainsi dire impossible de faire une étude d'ensemble des procédés à employer pour faire disparaître les inconvénients dus à la présence des résidus de fabrique. D'après M. le D^r Rœser, les détritus solides sont plus faciles que les liquides à séparer et à utiliser. On peut s'en débarrasser en filtrant à travers des claies. Les détritus organiques séparés par le filtrage peuvent immédiatement servir d'engrais.

Les liquides ou les solides vénéneux se neutralisent par des agents chimiques.

Enfin, les matières organiques azotées, en solution dans l'eau, ne peuvent être mieux traités que par la filtration naturelle à travers le sol.

M. le D^r Rœser a choisi ses exemples parmi les industries agricoles, sucrerie, féculerie, amidonnerie ; etc. Nous continuons à faire de larges emprunts à son intéressant travail [1].

Les eaux sales qui sortent d'une sucrerie comprennent :

1° Les eaux de lavages de la betterave ;

2° Les eaux de lavage des sacs ;

3° Les eaux de fermentation et de lavage des noirs ;

4° Les eaux de lavage du gaz acide carbonique ;

5° Les eaux de lavage de tous les ateliers ;

6° Les eaux de condensation des appareils d'évaporation.

Les eaux de condensation ne sont pas malsaines ; les eaux provenant du lavage de l'acide carbonique contiennent une faible proportion d'acides sulfurique et chlorhydrique, qui, combinés à la chaux de l'eau, donnent du sulfate de chaux et du chlorure de calcium, corps inoffensifs, surtout en tenant compte de leur petite proportion. Les eaux de lavage des betteraves, celles des sacs, sont chargées de terre et de

---

1. Altérations des cours d'eau, *Revue des industries chimiques et agricoles*, tome I.

débris de betteraves. Elles ne sont pas insalubres au moment où elles viennent d'être produites, et ne le deviendraient pas, si on séparait immédiatement toutes les matières qui y sont en suspension. Abandonnées, elles laissent fermenter ces débris, et se chargent de matières visqueuses et putrescibles.

Les eaux de lavage du noir comprennent les eaux qui s'écoulent des citernes à fermenter, et les eaux provenant du lavage des noirs ou du lavage des filtres. Les premières sont visqueuses, blanchâtres, puantes ; les secondes, presque limpides, retiennent des matières organiques qui entrent vite en décomposition, en fournissant des hydrogènes sulfurés et carbonés.

On a imaginé bien des procédés d'épuration, surtout des moyens chimiques. L'un, inventé en Angleterre, consiste à précipiter les plus petites parcelles solides au moyen de mélanges agglutinants : on colle l'eau, soit avec du chlorure de manganèse, de la chaux et du goudron, ou avec des cendres pyriteuses, dont on complète l'action par l'addition d'un lait de chaux, soit du sulfate de fer, etc. Mais tous ces procédés sont coûteux, et la proportion de matières enlevées est assez faible.

Le procédé par irrigation est certainement préférable.

Les féculeries ont à désinfecter :

1º Les eaux de lavage des tubercules ;

2º Les eaux de lavage et de tamisage des pulpes ;

3º Les eaux de décantation et de tamisage de la fécule.

Les premières ne sont pas insalubres par elles-mêmes, et ne le deviendraient pas, si elles étaient débarrassées immédiatement des matériaux susceptibles de fermenter qu'elles renferment.

Les amidonneries, suivant le système qu'elles emploient, donnent encore des eaux plus ou moins infectes.

Le procédé par fermentation donne :

1° Les eaux de fermentation, qui renferment le gluten soluble, des acides carboniques, sulfhydriques, acétiques et lactiques; de l'acétate d'ammoniaque, du phosphate de chaux, de la dextrine, et diverses matières azotées.

2° Les eaux de tamisage, qui renferment des débris de tissu végétal.

Le procédé par malaxation donne les eaux de malaxation et les eaux de décantation, renfermant des matières azotées éminemment susceptibles de fermentation. A tout cela il faut ajouter les eaux de lavage des ateliers, aussi chargées que les autres de débris organiques.

Il n'est pas besoin de faire remarquer que le procédé par fermentation est plus malsain et moins avantageux que l'autre, et que, dans un temps donné, il arrivera à disparaître. En effet, il ne permet pas de recueillir le gluten, qui sert à préparer divers produits alimentaires, et il donne naissance à des eaux absolument infectes et putrides [1].

Suivant la remarque de Gaultier de Claubry, en se mêlant à des substances déjà en décomposition et avec des eaux stagnantes et marécageuses, les eaux des féculeries forment un levain qui accélère la décomposition des vases, et la rend plus énergique. De plus, ces eaux ont la propriété de décomposer le sulfate de chaux des rivières en sulfure de calcium, et de dégager ensuite de l'hydrogène sulfuré. Ces inconvénients se manifestent surtout au moment des grandes chaleurs de l'été, alors que les eaux des ruisseaux sont peu abondantes, que leur cours est ralenti, et enfin, qu'une température plus élevée vient accélérer les réactions chimiques. Le limon noir et infect ainsi produit, persiste même après la cessation des travaux. Les puits, les fontaines sont infectés par infiltration, et l'odeur de l'acide sulfhydrique s'attache même au linge qu'on vient y laver.

1. D^r Rœser, *loc. cit.*

En Belgique, cette pollution des eaux a été, de la part de plusieurs auteurs, l'objet de travaux fort intéressants. M. Cluq, notamment, après avoir étudié la question sous toutes ses faces, conclut de la manière suivante :

« Il ne peut être question d'interdire les industries dont le sort est lié à l'intérêt général ; mais il importe de n'autoriser le déversement des matières dans les cours d'eau, qu'après qu'elles ont été traitées par les moyens les plus efficaces pour les débarrasser de leurs principes malfaisants pour les poissons, et qui le sont, dans une proportion au moins aussi grande, pour les autres animaux qui boivent ces eaux corrompues. On ne peut donc considérer la pollution comme suffisamment atténuée, tant qu'on ne pourra pas y faire vivre les poissons. »

Rouissage. — Parmi les industries nuisibles à la salubrité des cours d'eau, il faut encore signaler le rouissage du chanvre et du lin.

On sait que les tiges de ces plantes sont humectées d'une substance résineuse qui colle les fibres de l'écorce aux parties internes des tiges ; or, le rouissage a pour but de dissoudre cette gomme. Il se pratique en eau dormante et en eau courante. On laisse les plantes dans l'eau pendant quelque temps ; dès que les feuilles tombent et que les fibres se détachent, on les retire, soit après six ou dix jours. Au sortir de l'eau, le chanvre est mis en faisceaux pour le faire sécher, puis on l'étend sur un pré, où il blanchit.

Ce rouissage provoque dans les eaux où il s'opère une fermentation très nuisible à la vie des poissons, et même à la salubrité publique ; aussi les maires ont-ils le droit d'interdire cette opération dans les rivières, mares, étangs, etc., qui avoisinent les habitations.

En raison même de ces inconvénients, on a cherché des substances chimiques capables d'altérer la matière gommeuse sans altérer la fibre.

Mais, il paraît, le lin et le chanvre, rouis par des procédés chimiques, quoique ayant une blancheur parfaite, ont perdu une grande partie de leur solidité.

Altération par les eaux d'égout. — Les eaux d'égout agissent d'une manière mieux définie, et qui se prête quelque peu à la généralisation.

Ces eaux infestées recouvrent le lit de la rivière d'une couche noirâtre plus ou moins nauséabonde, qui fermente toujours quelque peu, et enlève ainsi l'oxygène, en dégageant des gaz carbonés et sulfurés. Les végétaux et les poissons ne tardent pas alors à disparaître. En ce qui concerne cette disparition, elle se fait, suivant M. Vivien de Saint-Quentin, dans l'ordre qui suit :

Quand l'oxygène diminue, on ne rencontre plus que des chabots, anguilles, sangsues.

M. Gérardin, dans un travail fort remarquable, rapporte que, le 14 août 1869, à la suite d'un orage, un égout industriel coula accidentellement dans le canal Saint-Denis ; aussitôt les poissons remontèrent à la surface, à demi pâmés : pendant vingt-quatre heures, on put les prendre à la main.

Le 25 juillet 1869, l'altération de la Seine ayant augmenté, un nombre considérable de poissons moururent à Saint-Denis, à Chatou, etc. Vers Argenteuil, sur les deux rives, les poissons morts formèrent un banc de 2 mètres de large sur 5 kilomètres de long ; les municipalités durent faire enlever et enterrer les cadavres.

Mais c'est surtout par la disparition successive des espèces de mollusques aquatiques, qu'on peut se faire une idée du degré d'infection des cours d'eau. C'est ainsi que le *physa fontinalis* ne peut vivre que dans les eaux très pures. Ce petit gastéropode a la coquille ovale, oblongue, globuleuse, et très fragile ; il nage avec facilité le pied en haut et la coquille en bas ; il est assez rare dans les cours d'eau, mais plus commun dans les fontaines.

Le *valvata piscinalis* ne vit que dans les eaux saines. Les eaux ordinaires abondent généralement en *planorbes*, en *limnées*, etc. Tout le monde connaît les limnées, dont les coquilles, minces et diaphanes, sont tournées en spirales à tours allongés. Les planorbes ont la coquille mince et légère, en forme de disque à ouverture oblongue et sans opercule.

Dans les eaux médiocres, on trouve les *cyclos cornea* et les *bitinia impura*.

On ne rencontre plus de mollusques dans les eaux infestées, mais seulement quelques végétaux inférieurs, parmi lesquels on distingue l'*arundo phragmite*, et deux algues, la *spirogira* et la *beggioloa alba*; cette dernière vit dans les eaux les plus infectes, et forme dans le fond des cours d'eau une vase tourbeuse très fine et très légère.

On reconnaît à première vue une eau infectée, à la présence de ces flocons blanchâtres qui surnagent, et auxquels les naturalistes ont donné le nom de *leptomitus lusleus*.

D'une manière générale, on peut dire, que là où le *cresson* ne peut venir, l'eau n'est pas d'excellente nature. A ce sujet, M. Gérardin, auquel nous empruntons une partie de ces renseignements, raconte qu'il y a quelques années, une féculerie étant établie à Louviers (Seine-et-Oise), laissa écouler ses eaux industrielles dans le Crouet, en amont des cressonnières de Gonesse ; or, en quelques heures le cresson fut détruit.

Quelle que soit la nature des déjections, eaux d'égout et résidus d'usine, leur présence dans un cours d'eau a toujours pour résultat la disparition de certains organismes, causée par le manque d'oxygène.

Trois méthodes peuvent être appliquées pour apprécier le degré d'infection :

1° L'observation des mollusques et des plantes aquatiques ;

2° L'examen microscopique des eaux, qui fournit des

données par la présence ou l'absence de quelques infusoires et algues minuscules;

3° Le dosage direct de l'oxygène dissous.

Les deux premières méthodes ont été exposées plus haut : reste le dosage de l'oxygène, question tout à fait chimique, il est vrai, mais qui n'en a pas moins, au point de vue spécial qui nous occupe, une importance toute particulière.

Nous ne pouvons donner ici tous les procédés de dosage ; ceux qui nous semblent réunir le plus de chances d'exactitude sont : le procédé appliqué à l'observatoire de Montsouris, et celui de MM. Schutzenberger et Gérardin, que nous allons exposer brièvement, renvoyant pour plus de détails, aux traités de Chimie appliquée.

A l'observatoire de Montsouris, on opère de la manière suivante : On verse dans de l'eau rendue alcaline avec de la potasse, un volume déterminé de sulfate de protoxyde de fer ammoniacal ; il se forme du sulfate de potasse, l'oxyde de fer se précipite, et, en présence de l'oxygène dissous, se transforme partiellement en sesquioxyde. La quantité de sesquioxyde formé indique le poids d'oxygène dissous dans l'eau. Pour évaluer le poids de sesquioxyde formé, on sature la potasse par un excès d'acide sulfurique ; les deux oxydes de fer, le sesquioxyde et le protoxyde noir transformé repassent à l'état de sulfate, et on dose à l'aide du permanganate de potasse, l'oxyde de fer resté à l'état de protoxyde.

Le procédé de MM. Schutzenberger et Gérardin consiste à employer l'hydrosulfite de soude, sel obtenu par l'action d'une solution de bisulfite de soude sur le zinc en poudre ; il a la propriété de décolorer immédiatement, par réduction, les solutions de bleu Coupier (bleu d'aniline) et de sulfindigotate de soude (carmin d'indigo).

Si, à de l'eau contenant de l'oxygène en dissolution et colorée par le bleu Coupier, on ajoute peu à peu une solution étendue d'hydrosulfite, la réduction porte d'abord son action sur l'oxygène dissous, et n'agit comme décolorant que lorsqu'il a absorbé cet oxygène.

En possession de méthodes aussi rigoureuses, on a cherché à déterminer les variations que présente l'eau de la Seine, au point de vue de l'oxygène dissous dans l'étendue de son parcours ; on sait que l'eau de ce fleuve est surtout infectée par les eaux d'égout qui s'y déversent :

Voici quelques chiffres à ce sujet :

Altération progressive de la Seine [1] :

LOCALITÉS :	OXYGÈNE par litre d'eau.			OXYGÈNE pris par la matière organique.
	Rive gauche.	Milieu.	Rive droite.	
	mgr.	mgr.	mgr.	
Choisy-le-Roi (en face la pompe).......	11,0	10,8	10,5	3,0
Alfortville (80 mètres avant la jonction de la Marne).....................	7,5	9,6	»	6,3
Pont national.........................	»	11,2	»	»
Pont d'Austerlitz.....................	10,1	»	»	2,5
Neuilly (en face la pompe)...........	7,5	7,5	7,4	2,0
Gennevilliers (débouché de l'eau d'égout).	10,0 10,2	9,9 10,0	8,9 8,8	4,6 (moy.)
Saint-Denis (350 mètres en amont du collecteur)......................	6,5	6,3	4,7	3,3
Saint-Denis (150 mètres en aval du collecteur).......................	5,9	6,0	4,8	4,5
Poissy (100 mètres en amont des 4 égouts).	7,3	7,9	9,4	5,6
Poissy (100 mètres en aval des 4 égouts).	7,5	6,9	6,5	5,9

Pour ces analyses, les prises d'eau ont été faites à une même profondeur (0m,50 au-dessous de la surface), en un même lieu. Les prises sont au nombre de trois à 3 mètres environ de chaque rive et au milieu du fleuve.

1. *Annuaire de l'observatoire de Montsouris.*

Pour les eaux d'égout, une autre question doit être considérée. Ces eaux sont nuisibles lorsqu'on les déverse à la rivière, mais elles constituent, en raison même de l'ammoniaque qu'elles renferment, un engrais très puissant. Or, lorsqu'on envoie ces eaux d'égout sur les terres, celles-ci constituant un filtre parfait, les matières polluantes sont éliminées au bénéfice du sol et de la végétation.

Dans ce procédé d'utilisation des eaux d'égout, qui, d'ailleurs, l'emporte sur tous les procédés chimiques essayés jusqu'ici, la nature du sol n'est pas indifférente. Il faut moins de capitaux pour cultiver de la sorte des terres sablonneuses que des terres argileuses, parce que les premières n'ont pas besoin d'être drainées, et qu'il en faut moins pour utiliser une même quantité d'eau d'égout. Mais, comme le fait remarquer M. Babut de Marès, par la raison qu'il faut moins d'engrais sur l'argile et moins d'eau, une même quantité suffira à fertiliser une superficie beaucoup plus grande en argile qu'en sable; il s'ensuit que si l'on a de forts capitaux à mettre en avant, l'argile sera peut-être préférable au sable pur. On a réussi à Dantzig, à Aldershot, sur le sable des dunes, mais on a non moins bien réussi sur l'argile à Cheltenham, Crediton, Charley, Leamington et ailleurs, en mêlant au sol du fumier de ferme et d'autres humates, et par de fréquents et profonds labours. Le sable sera préférable les années pluvieuses, et l'argile pendant les sécheresses [1].

Les irrigations aux eaux d'égout, bien conduites, n'ont aucun inconvénient, ni pour la santé, ni pour le confort des voisins. Les cas de maisons d'aliénés, d'orphelinat, de maisons de fous, et d'autres établissements, fait remarquer à ce sujet M. le Dr Carpenter, qui utilisent cet engrais à leur porte et consomment les produits de cette utilisation chez

---

1. Babut de Marès, *Le Sewage, son utilisation*; Bruxelles, 1883.

eux, sont aujourd'hui tellement nombreux en Angleterre,
qu'il serait trop long de les citer. Bien que les irrigations y
aient été faites à la légère et sans consulter les règles dont
l'exécution amènerait les meilleurs résultats, elles n'eurent
que des suites satisfaisantes, tant pour l'état sanitaire que
pour l'économie desdits établissements, qui ont ainsi reproduit toute la quantité de légumes qu'ils consomment ;
beaucoup d'entre eux ajoutent dans leurs rapports, que la
consommation de ces légumes a eu une bonne influence sur
la santé de leurs pensionnaires. Les herbes produites par
ces irrigations n'ont jamais causé le moindre inconvénient
ni aux bêtes qui en vivent, ni aux personnes qui consomment la viande desdits animaux; et il a même été remarqué qu'en temps d'épidémie, les ouvriers employés dans les
sewage-farms en furent spécialement exempts [1].

Les irrigations au sewage sont pratiquées aux portes de
Paris, à Gennevilliers, où le sol est graveleux et originaire-
ment très aride. Ces irrigations donnent d'excellents résultats, surtout depuis qu'on en a diminué le volume, qui, autrefois, était trop fort relativement à la surface.

Les résultats obtenus sont tels, que le produit annuel
d'un hectare atteint 5,000 francs ; avant les irrigations, le
sol se louait 50 fr., aujourd'hui, le prix de location est de
800 fr. et au delà.

Si on avait, aux environs de Paris, des terrains d'une
grande superficie, tout le sewage de la capitale pourrait être
utilisé ; ce qui profiterait non seulement à l'agriculture, mais
encore aux eaux de la Seine, dans lesquelles le poisson devient de plus en plus rare.

M. le Dr Miquel a prouvé que, malgré les irrigations co-
pieuses effectuées à Asnières et à Gennevilliers, les eaux du
drain d'Asnières qui s'étend sous ces terres cultivées par les

1. *Sewage* est un mot anglais qui se prononce *souedge*, et qui désigne
les eaux d'égout mêlées aux matières polluantes.

maraîchers, renferment moins de microgermes que les eaux
de la Vanne à leur arrivée à Paris. Sous ce rapport, ces
eaux ont la pureté des eaux de source ; elles sont seulement
un peu dures, en raison des sels minéraux qu'elles prennent
au sol parisien ou qu'elles doivent à leur origine.

En ce qui concerne le sewage parisien, on peut déduire
de tout ce qui précède :

1° Que les eaux d'égout de Paris peuvent être parfaitement épurées par le sol des caps de la Seine.

2° Que, dans ces conditions, la culture fourragère donne
d'excellents produits.

3° Que le sol irrigué ne s'enrichit pas des microgermes
apportés par les eaux. Les micrococus, d'origine humaine, y
meurent très vite.

En ce qui concerce spécialement le bacille du charbon,
dit à ce sujet M. le D\(^r\) Marié-Davy, nous le croyons incon-
nu à Gennevilliers. Quant au *bacillus malariæ,* sa spécificité
est encore sujette à contestation. En tout cas, on ne peut
citer à Gennevilliers un seul exemple de fièvre intermittente
qui soit dû aux eaux d'égouts.

Comme on le voit, les conclusions du D\(^r\) Marié-Davy con-
cordent parfaitement avec celles du D\(^r\) Carpenter, précé-
demment cité.

C. *Insuffisance de la législation.*

Ainsi que nous le verrons en traitant de la législation de
la pêche, les lois sur la matière, telles qu'elles sont actuellement, quoi qu'on en ait dit, ne prêtent guère à la critique,
sauf quelques rares exceptions. Ce qui est surtout regrettable,
c'est que ces lois sont inscrites dans le Code, mais qu'elles ne
sont nullement respectées : le braconnage s'exerce sur une
grande échelle, et avec une désinvolture dont on se fait difficilement une idée ; d'ailleurs, la police des eaux est tout à

fait insuffisante. Mais toutes ces questions se rattachent trop intimement à la législation, pour que nous puissions les en séparer; nous nous contentons, pour le moment, de les signaler comme cause évidente de dépeuplement.

D). *Autres causes de dépeuplement.*

Indépendamment de la législation, des exigences de la navigation et de la pollution des eaux, il y a d'autres causes, moins importantes il est vrai, mais qui ne contribuent pas moins au dépeuplement. Nous ne nous étendrons ici que sur les deux principales : les irrigations et les moulins à eau.

Les irrigations, au point de vue de la conservation du poisson. — L'eau employée en irrigations, constitue pour l'agriculture un amendement précieux, surtout dans le Midi. Cette eau provient, soit de puits artésiens, de sources, des pluies ; soit encore, ce qui est plus fréquent, des rivières et des ruisseaux.

Or, il est à remarquer que toutes les eaux ne conviennent pas aux irrigations : les eaux ne contenant que des carex et des algues sont de mauvaise nature pour les irrigations, mais on peut regarder, en général, comme très bonnes pour cet usage, les eaux où végète en abondance, soit le cresson, soit la renoncule aquatique ; ces eaux sont justement celles où les poissons trouvent les meilleures conditions d'existence ; ce sont, d'une manière générale, les eaux les plus peuplées. Le plus souvent, la prise d'eau se fait par dérivation, c'est-à-dire qu'on creuse un nouveau bras, qui se soude au tronc principal du ruisseau ou de la rivière ; on comprendra facilement que, par cela même, les poissons, et surtout les jeunes individus, puissent s'y engager. La question est donc beaucoup plus grave qu'on ne le suppose au premier abord, car les irrigations ont lieu au printemps, avant la fenaison, ou en été, après. Elles sont arrêtées en juin et septembre, pour permettre la rentrée des récoltes; et c'est précisément là le danger, comme le fait si judicieusement observer M. Raveret-Wattel. En effet, les alevins affluent toujours dans les fossés des prés, au moment des irrigations; ils y sont attirés par les proies faciles qu'ils y trouvent en abondance; or, à l'époque du fanage, les vannes étant fermées, les rigoles sont mises à sec, et les alevins meurent. C'est ainsi que, d'après une observation de M. Gauckler [1], sur un hectare de prairie irriguée, il est mort d'une seule fois 20,000 petits poissons, dont beaucoup de truites.

L'enquête ouverte par la commission sénatoriale du repeuplement des eaux, dit M. Raveret-Wattel [2], a fait ressortir, du reste, les inconvénients graves que présentent les irrigations au point de vue de la conservation du poisson. Parmi les dépositions recueillies, plusieurs ont signalé différentes mesures qui permettraient, sans doute, d'atténuer jusqu'à un certain point les conséquences désastreuses des mises à sec.

Ces mesures sont les suivantes :

1º Rendre obligatoire un aménagement des vannes et canaux tel, que la fermeture des vannes de tête ne puisse être étanche, et qu'il reste toujours dans les canaux principaux une lame d'eau d'une épaisseur déterminée, en communication constante avec la rivière [3].

---

1. *La Pisciculture et le repeuplement des cours d'eau*; Épinal, 1878.

2. *Bulletin de la Société nationale d'acclimatation*; 1883.

3. M. Gauckler, ingénieur en chef des ponts et chaussées, considère ce moyen comme très efficace, et il s'exprime ainsi sur la question : « Les vannes de prise d'eau des rigoles d'irrigation pourraient toutes être munies d'une échancrure à leur partie inférieure. Elle maintiendrait la communication avec le cours d'eau, et permettrait aux alevins répandus dans la prairie de le regagner. Un filet d'eau évacué par le canal de colatine, devrait continuellement être maintenu dans la rigole d'irrigation. Cette disposition ne nuirait en rien aux travaux de la récolte, et empêcherait des émanations insalubres, en conservant la fraî-

2° Prescrire que le fond des canaux soit dressé en pente régulière, de façon à ce que le poisson se trouve forcé de suivre la nappe d'eau, et ne soit pas tenté de rester dans les flaques et les petites dépressions où on le prend.

3° Exiger qu'aucune manœuvre de vannes, de nature à produire un abaissement considérable du plan d'eau, ne puisse avoir lieu sans que l'administration en ait été informée au moins deux ou trois jours à l'avance, de manière à ce qu'on puisse envoyer sur place un agent chargé d'empêcher les faits de pêche, et faire procéder à la mise en rivière de tout le poisson resté dans les canaux ; imposer, en tout cas, qu'aucune manœuvre ayant pour résultat, soit une mise à sec, soit simplement un abaissement notable du plan d'eau, ne puisse avoir lieu que lentement et par graduation, de façon à permettre au poisson de s'échapper [1].

Cette question des irrigations est plus importante qu'elle ne paraît au premier abord, car elle semble indiquer un certain antagonisme entre l'aquiculture et l'agriculture, antagonisme plus apparent que réel, comme nous venons de le

cheur du sol. Prescrite dans les Vosges depuis deux ans, elle n'a pas suscité plus d'une seule réclamation. » (*La Pisciculture et le repeuplement des cours d'eau.*)

Nous ferons remarquer à ce sujet, que dans les Vosges les irrigations jouent un très grand rôle, et que, par conséquent, ces prescriptions, nullement gênantes dans cette contrée, ne sauraient l'être autre part.

A. L.

1. Une disposition assez simple paraîtrait fournir la possibilité de supprimer, au moins en grande partie, les inconvénients qui résultent des irrigations pour la conservation du poisson. Ce serait d'empêcher, au moyen d'une cloison étanche, toute communication directe entre la rivière et les rigoles. La prise d'eau se ferait à l'aide d'une conduite en forme de siphon, partant presque du fond de la rivière et passant sous la cloison étanche, pour venir aboutir dans la rigole. Les poissons ne s'engageraient pas volontiers dans ces conduites, où l'eau obéirait aux variations de niveau de la rivière, et dont une clef permettrait de régler le fonctionnement à volonté.

voir. Toutefois, nous tenions à attirer l'attention sur ce point, car, comme le dit M. Bouchon Brandely : « Il faut que l'aquiculture soit confiée aux soins de ceux qui pratiquent l'agriculture; que partout où celui qui vit à la campagne et a de l'eau à sa disposition, s'occupe de la faire produire, comme il s'occupe de rendre ses terres productives. »

Moulins à eau. — Cette question a été surtout soulevée par M. de Selys-Longchamps; à notre avis, elle est loin d'avoir l'importance que cet auteur semble devoir lui attribuer. Les moulins apporteraient quelques obstacles au repeuplement des petites rivières : l'auteur fait surtout allusion aux moulins placés sur les petits cours d'eau des plaines, n'ayant qu'une faible pente. Le moulin n'étant pas établi sur un bief dérivé et barrant entièrement la rivière, il interrompt la circulation du poisson; alors le niveau de l'eau subit des variations assez brusques : le moulin étant en repos, le niveau est très élevé; d'autres fois il est très bas, au point de mettre le cours d'eau presque à sec lorsque toute l'eau a été utilisée ; changement très préjudiciable à l'existence du poisson.

Si l'on tient compte, à un autre point de vue, fait remarquer M. Selys-Longchamps, du tort énorme que cause aux propriétés riveraines le niveau presque toujours trop élevé de la retenue d'eau dans les cours d'eau de cette espèce, en les rendant marécageuses ; les inondations temporaires, que les moulins aggravent singulièrement; les dommages causés à la culture ; enfin, l'atteinte grave que porte cet état de choses à la salubrité et à la santé publiques, on doit désirer que les usines à eau dont je viens de parler soient, autant que possible, remplacées par des moulins à vent, ou, mieux, qu'elles se procurent la force motrice au moyen d'une petite machine à vapeur [1].

1. *Repeuplement des cours d'eau en Belgique.* (Bulletin de la Société nationale d'acclimatation de France ; 1883).

Nous ne partageons pas entièrement cette manière de voir, surtout en ce qui concerne la proposition de remplacer les moulins à eau par des moulins à vent. Si les moulins à eau sont préjudiciables à la vie des poissons, ce ne peut être qu'un facteur bien minime du dépeuplement, car ces usines étaient autrefois beaucoup plus nombreuses sur les cours d'eau, et pourtant il y avait des poissons.

A toutes ces causes de dépeuplement, ajoutons les déprédations sans nombre qui se commettent dans les cours d'eau en vue de capturer le poisson par des moyens barbares ; déprédations qui seraient beaucoup plus rares si elles étaient sévèrement punies. C'est ainsi que l'empoisonnement des eaux par la chaux, le bouillon blanc, la noix vomique, et surtout la dynamite, etc., devraient être l'objet d'une législation sévère.

Comme le fait si judicieusement remarquer M. G. de Cherville, l'emploi de la dynamite cesse d'être un acte de braconnage ; le méfait doit être assimilé à une destruction de récoltes. L'article 452 du Code pénal, en statuant un emprisonnement d'un an à cinq ans, une amende de 16 à 300 francs pour l'empoisonnement du poisson, a spécifié que le délit aurait été commis dans les étangs, viviers ou réservoirs. L'emploi de la dynamite, plus stupide est dix fois plus meurtrier que celui de la coque du Levant, de la chaux, du chlore, etc., en ce qu'il tue dans une certaine zone tout ce qui a vie.

Repeuplement. — Nous venons d'examiner avec quelques détails les causes du dépeuplement ; par cela même, il est de toute évidence que pour réempoissonner, il faut tout d'abord faire disparaître ces causes.

Cependant, bon nombre de départements votent tous les ans des sommes assez fortes pour repeupler les cours d'eau. Depuis quelques années, on a ainsi jeté bien des millions à l'eau. A notre avis, c'est là de l'argent mal placé. Commençons par faire disparaître, ou tout au moins par atténuer les causes de *dépeuplement,* et nous *repeuplerons* ensuite [1].

Par quels moyens arrivera-t-on à repeupler ?

Ces moyens sont nombreux ; ceux qui nous paraissent les plus dignes d'être pris en considération sont :

1º Empêcher la pollution des eaux ;

2º Établir des échelles à poissons et des frayères partout où il en est besoin ;

3º Reviser les lois sur la pêche, et surtout les faire respecter ;

4º Empêcher autant que possible les variations des eaux, en réglementant les industries établies le long des rivières ;

5º Création de stations piscicoles spécialement chargées du réempoissonnement des fleuves et rivières, et par cela même entretenues, aux frais du gouvernement.

---

1. Alb. Larbalétrier, *Le Dépeuplement des cours d'eau.* (*La Maison de Campagne,* nº du 16 février 1885.)

LA PISCICULTURE ARTIFICIELLE

CHAPITRE X

ACCLIMATATION DES POISSONS

Ce qui caractérise essentiellement la pisciculture naturelle que nous venons d'étudier, c'est que la reproduction des poissons se fait sans le concours *direct* de l'homme. Dans la pisciculture artificielle, au contraire, le pisciculteur préside non seulement à la ponte, mais encore à l'incubation et à l'éclosion des œufs.

Mais il ne faut pas perdre de vue que ces deux *systèmes* se complètent l'un l'autre.

La pisciculture artificielle comporte plusieurs sujets qui doivent être étudiés séparément.

1° L'acclimatation ;
2° Les fécondations artificielles ;
3° L'incubation et l'éclosion ;
4° L'alevinage et l'élevage ;
5° Le transport des œufs et des jeunes poissons ;
6° Les frayères artificielles ;
7° Les ennemis des poissons.

Poissons d'eau douce exotiques. — Bon nombre de poissons exotiques, soit par les bizarreries de leur organisation, soit par la délicatesse de leur chair, ont attiré l'attention des pisciculteurs et des naturalistes.

Les poissons *étranges* n'ont, au point de vue piscicole,

qu'un intérêt bien médiocre; c'est là une fantaisie qui convient plutôt à l'aquarium.

Un mot seulement sur les poissons dont la chair a quelque valeur au point de vue alimentaire.

A propos du gourami, acanthoptérygien de l'Asie orientale, Lacépède s'exprime ainsi :

« La pensée d'importer le gourami en Europe a été émise à plusieurs reprises. Il serait bien à désirer que quelque ami des sciences naturelles, jaloux de favoriser l'accroissement des objets véritablement utiles, se donnât le peu de soins nécessaires pour le faire arriver en vie en France, l'y acclimater dans nos viviers, et procurer ainsi à notre patrie une nourriture peu chère, exquise, salubre, et très abondante. »

Or, bien des tentatives ont été faites, et aucune n'a abouti.

D'un autre côté, M. Isidore Geoffroy Saint Hilaire, qui s'est beaucoup occupé d'acclimatation, a bien des fois insisté sur l'introduction en France du *barbeau du Nil*.

« Mon père, dit-il, a retrouvé, soit dans le bas, soit dans le haut Nil, ce poisson, désigné par les Arabes sous le nom de *binny* ou *benny*, et qui est célèbre par l'excellence de sa chair. Pour en exprimer l'exquise délicatesse, on se sert en Égypte de cette phrase, devenue proverbiale : *Si tu connais meilleur que moi, ne me mange pas*. Ce qui prouve peut-être encore mieux que ce proverbe combien le binny est estimé en Égypte, c'est qu'il y a principalement à Syout et à Kené, des hommes qui n'ont point d'autre état que celui de pêcheurs de binnys..... Le binny est, d'après les déterminations faites par mon père, le fameux *lepoditus* des anciens, le seul poisson qui, suivant Strabon, partageât avec l'*oryrrhynchus* les honneurs d'un culte étendu à toute l'Égypte [1]. »

1. I. G. Saint-Hilaire, *Acclimatation et domestication des animaux utiles.*

Nous avons dans nos eaux bon nombre de poissons d'origine exotique, et qui ont été introduits à des époques plus ou moins reculées ; or, nous ne pouvons les conserver, par suite des causes multiples de destruction qui agissent sur eux aussi vite que sur les espèces indigènes ; il ne faut donc pas songer à en introduire d'autres. D'ailleurs, nos eaux renferment des poissons dont la chair est au moins aussi délicate que celle de ces deux espèces ; occupons-nous d'abord de les multiplier, on verra ensuite.

Acclimatement et acclimatation. — *L'acclimatement*, dans le sens exact du mot, dit M. André Sanson, est le résultat de l'accommodation à un nouveau climat, et *l'acclimatation* est cette accommodation même, ou l'action de se plier aux nouvelles conditions climatériques [1].

Pour les poissons, les eaux jouent le même rôle que le climat pour les animaux à respiration aérienne ; cependant le climat lui-même, au point de vue spécial qui nous occupe, a aussi une influence, mais secondaire, car le régime des eaux n'est qu'un des nombreux facteurs d'un *climat* proprement dit.

Pour les poissons, un changement brusque d'habitat peut-il se faire impunément ? « Lorsqu'un être se développe dans un milieu favorable, dit à ce sujet M. Ch. d'Orbigny, c'est-à-dire dans celui qui a vu ses plus antiques générations, il parcourt sans efforts ses diverses périodes. Que ce milieu vienne à changer, aussitôt il souffre, et une lutte s'engage entre lui et les circonstances nouvelles. » Or, quelle que soit l'issue de cette lutte, elle n'est que rarement favorable au pisciculteur : si l'animal transporté ne succombe pas, la victoire lui est acquise, au prix d'une guerre dans laquelle il s'épuise, et ce n'est qu'après un temps plus ou moins long, mais qui l'est toujours trop, que les générations parviennent à se remettre en état ; heureux encore quand il ne

1. A. Sanson, *Traité de Zootechnie*, tome II ; 1877.

perd pas de ses qualités. Cela est si vrai, que, sans aller bien loin, en mettant seulement un poisson d'eau courante dans un étang, ce poisson souffre, et cela aux dépens de sa propre substance ; souvent même il périt, ou bien ne peut se reproduire : dans l'un et l'autre cas, le but est manqué.

Cependant, comme la similitude des eaux est plus commune que celle des climats, l'acclimatation des poissons présente moins de difficultés que celle des mammifères, des oiseaux, des plantes, etc. C'est ainsi qu'on est parvenu à acclimater en France le cyprin doré, ou *poisson rouge* de la Chine ; l'ombre-chevalier, dont l'habitat était borné au lac de Genève ; et, plus récemment encore, le saumon de Californie, dont M. Jousset de Belesme, le directeur de l'aquarium du Trocadéro, s'occupe d'une façon toute particulière.

Mais il est à remarquer qu'il faut pour que l'acclimatation soit complète, *que le poisson se reproduise et ne perde pas de ses qualités dans le pays où il a été introduit.*

Ajoutons cependant, qu'en thèse générale, nous ne sommes pas très partisan de ces tentatives. Si les climats de la France sont très variés et font, à ce point de vue, de notre pays un pays privilégié, il en est de même au point de vue de la nature des eaux ; par cela même, notre faune ichtyologique est très riche, surtout en espèces précieuses; aussi ne voyons-nous pas la nécessité d'aller chercher au loin des espèces qui, la plupart du temps, ne valent pas les nôtres, et ne possèdent que ce faible avantage d'être étrangères.

D'ailleurs, nous le répétons, nous avons toutes les peines du monde à faire vivre les espèces indigènes dans nos cours d'eau ; à plus forte raison, aurions-nous encore plus de difficultés pour y faire prospérer des espèces étrangères.

Cependant, en ce qui concerne la pisciculture privée, on peut tenter des essais, surtout lorsqu'on peut assurer à l'espèce qu'on veut introduire des conditions d'existence identiques à celles de son pays d'origine.

CHAPITRE XI

FÉCONDATIONS ARTIFICIELLES

Historique. — Ce n'est réellement qu'à partir du jour où la fécondation artificielle fut mise en pratique, que la pisciculture a été véritablement fondée. C'est pour cela, et en raison même de l'importance de cette découverte, que nous devons nous arrêter quelque peu sur son histoire, qui est d'ailleurs fort curieuse.

On raconte qu'un moine de l'abbaye de Réome[1], dom Pinchon, imagina de féconder artificiellement les œufs de truites ; ceci se passait vers 1419. Il semblerait donc, d'après cela, que dom Pinchon fût le premier inventeur des fécondations artificielles, mais le fait a été contesté par bon nombre d'auteurs. Quoi qu'il en soit, pour notre part, nous sommes parfaitement convaincu que les essais du moine de Réome n'ont eu aucune influence en ce qui concerne l'avancement ou plutôt la fondation de la science piscicole.

Vers 1750, un conseiller suédois, Lund, fit une remarque très importante concernant les mœurs des poissons, et dont la haute portée n'échappera à personne. Il vit que certains poissons pondaient des œufs *libres*, qu'ils déposaient sur le sable ou le gravier, tandis que d'autres fixaient leurs œufs sur des herbes aquatiques. Il remarqua aussi que les œufs des poissons, qu'ils fussent libres ou adhérents, étaient ex-

---

1. Réome, aujourd'hui Moutiers-Saint-Jean, près Montbard (Côte-d'Or).

posés à des dangers sans nombre; aussi, pour empêcher toutes les causes de destruction, il fit faire de grandes caisses sans couvercles, percées de petits trous. Dans ces boîtes il mit des herbes et des branchages, puis des poissons mâles et femelles sur le point de frayer, ayant eu soin de séparer les espèces; les poissons ne tardèrent pas à frayer, et il obtint ainsi une multitude de petites brèmes, de perches, de gardons, etc., qui furent dispersés dans les lacs et cours d'eau du pays.

Lund avait découvert en principe la fécondation artificielle des cyprins.

Spallanzani, le célèbre anatomiste, s'occupa aussi de la reproduction des poissons.

A peu près à la même époque, J. L. Jacobi, lieutenant des milices de Westphalie, opérait la fécondation artificielle des truites et des saumons, se basant, selon toute probabilité, sur les travaux de Spallanzani. Le détail des opérations fut décrit par Duhamel en 1772, dans son *Traité général des Pêches*. Or, Duhamel s'était procuré la méthode de Jacobi d'une façon assez curieuse : en 1758, au moment de la guerre de Sept ans, bon nombre d'officiers français retenus à Dusseldorf, avaient des relations assez cordiales avec le comte de Golstein, qui, d'ailleurs, cherchait par tous les moyens à rendre leur séjour agréable. Un jour, il eut occasion d'entretenir un de ces officiers, Fourcroy, d'un mémoire fort curieux sur les poissons, mémoire qui sembla intéresser l'officier français au plus haut point : il était écrit en allemand, mais Fourcroy se le fit traduire en latin, puis il le traduisit lui-même en français. L'officier garda précieusement cet écrit, et, quelques années plus tard, alors qu'il était directeur des fortifications en Corse, il en adressa une copie à Duhamel. Ce dernier avait déjà entendu parler, mais fort vaguement, des expériences de Jacobi; mais, nous le répétons, les renseignements qu'il s'était procurés étaient très surperficiels;

aussi le mémoire de Jacobi traduit en français fut-il inséré tout au long dans le livre de Duhamel, publié en 1772.

La découverte de Jacobi, publiée par Duhamel, fit peu de bruit, en France tout au moins. En 1820, quelques essais furent tentés dans la Haute-Marne et dans la Côte-d'Or, par MM. Hivert et Pilachou; ils ne donnèrent pas de ré-sultats. En 1837, un Écossais, John Shaw, appliqua les fé-condations artificielles pour repeupler la Neith, d'où les sau-mons avaient disparu; enfin, en 1841, un ingénieur anglais, Boccius, essaya de multiplier les truites de la même façon. Une année auparavant, M. de Rivière appliquait le mot *pis-ciculture* à ces essais, mot qui a été généralisé depuis. Une science nouvelle venait d'être fondée et dénommée.

Ces essais ne furent pas continués; aussi cette belle ques-tion des fécondations artificielles, dédaignée par les uns, délaissée par les autres, tomba complètement dans l'oubli. Il est fort probable qu'au point où elle était tombée, et étant donné l'opinion des savants de cette époque en ce qui la concernait, jamais elle n'aurait été remise au jour, sans la découverte d'un pauvre pêcheur des Vosges, nommé Joseph Rémy.

C'était en 1848, dans ses montagnes, le pauvre Remy vivait du fruit de ses captures; mais depuis quelques années déjà, il remarquait que les truites devenaient de plus en plus rares dans le pays, aussi cherchait-il le moyen de remédier à cet état de choses. Certes, il n'avait aucune connaissance des expériences de Jacobi, dont il ignorait même l'exis-tence, mais c'était un homme intelligent et surtout observa-teur. Les truites désertaient les ruisseaux, aussi était-ce avec un profond chragin que le pauvre pêcheur voyait disparaî-tre son gagne-pain. Couché des heures entières au bord du ruisseau, par tous les temps et en toute saison, il observait les truites avec cette idée fixe de trouver un moyen de les ramener : c'est ainsi qu'il surprit le secret de leur reproduction. Fort de sa découverte, Remy s'associa un autre pêcheur, Géhin, et à eux deux ils passèrent tout de suite à l'application, en opérant des fécondations artificielles copiées sur les procédés de la nature, que Remy avait surpris sur le vif. « Nous eûmes l'idée, dit M. Géhin, de frotter le ventre des poissons, et de verser la laitance sur des œufs, mais on nous croyait fous : on faisait dire des messes. » Cette dernière particularité se passe de commentaires, car elle n'est pas exclusive à la découverte des pêcheurs des Vosges, elle est applicable à l'histoire de presque toutes les sciences : la plupart des inventeurs ont vu le monde rire de leurs travaux, heureux encore lorsqu'on s'en tenait là, beaucoup ayant payé de leur vie les services qu'ils rendaient à l'humanité.

Quoi qu'il en soit, on peut dire hautement que Rémy et Géhin avaient découvert le procédé vraiment pratique pour multiplier les poissons, car ils ne s'étaient pas bornés à féconder des œufs, ils avaient obtenu de jeunes poissons, qu'ils avaient élevés, nourris *économiquement*, puis bel et bien vendus avec bénéfice.

La découverte de MM. Géhin et Rémy, fait observer M. C. E. P. Godenier, est un fait humain immense, qui peut être mis en parallèle avec les avantages que nous tirons de l'importation en France de la pomme de terre. Sans aller aussi loin que M. Godenier, nous devons convenir que cette découverte est tout à l'avantage de la France, et que nous avons le droit de nous en enorgueillir.

Cependant, le monde savant doutait encore; aussi le Ministre, grâce aux instances du Dr Haxo, envoya quelques naturalistes sur les lieux, avec mission de s'assurer de la véracité des faits énoncés. En 1850, M. Milne-Edwards, dans le rapport qu'il adressait au ministre, concluait à une grande expérience d'empoissonnement des eaux de la France, dont il regardait le succès comme très probable. M. Coste [1], le sa-

1. M. Coste (Jean-Jacque-Marie-Cyprien), né à Castries (Hérault),

vant professeur d'embryologie du collège de France, s'empara de cette intéressante question, et adressa à l'Institut un long rapport sur la découverte de Rémy et Géhin. Son travail fut inséré dans le *Moniteur universel;* les inventeurs furent récompensés, et on fonda l'Établissement piscicole d'Huningue, qui devait pourvoir au réempoissonnement. La fatale guerre de 1870-71, en nous enlevant nos deux belles provinces de l'Alsace et de la Lorraine, nous a ravi Huningue, qui constitue maintenant une des gloires de la pisciculture allemande.

But des fécondations artificielles. — Ainsi que nous le verrons par la suite, les poissons, et surtout leur frai, sont exposés à de nombreuses causes de destruction. D'abord, les fécondations naturelles sont toujours plus ou moins incomplètes : le mâle, en répandant sa laitance sur les œufs, la répartit toujours irrégulièrement, de sorte qu'une grande partie de la ponte est sacrifiée. De plus, les oiseaux aquatiques, les rats d'eau, les loutres, les poissons carnassiers, etc., font une grande consommation d'œufs et de poissons; ajoutons à cela la baisse des eaux, qui survient parfois au moment du frai, et laisse les œufs à découvert; enfin, mille autres causes, qui rendent les éclosions incertaines; de sorte que sur 100 œufs, 30 à peine parviennent à l'éclosion. Or, ce n'est pas tout, les jeunes poissons sont eux aussi la proie d'ennemis nombreux, et d'ailleurs, les causes si multiples de dépeuplement précédemment étudiées, agissent surtout sur les nouveau-nés; aussi, malgré la prodigieuse fécondité des poissons, bien peu arrivent à l'âge adulte.

Les fécondations *artificielles* ont pour objet d'assurer la parfaite fécondation de tous les œufs qui peuvent être entourés, par les soins de l'homme, de toutes les conditions né-

le 10 mai 1807, c'est un des plus ardents propagateurs de la pisciculture : c'est grâce à lui qu'elle est devenue une véritable *science.*

cessaires à leur éclosion ; ils sont aussi soustraits à toutes les causes de destruction qui les menacent.

A vrai dire, le mot *artificiel* ne convient pas très bien dans ce cas, car l'opération dont il s'agit est exactement copiée sur la nature ; ce qui la caractérise essentiellement, c'est l'écartement des causes d'insuccès.

Principe des fécondations artificielles. — D'une manière générale, la fécondation artificielle consiste à prendre des poissons sur le point de frayer, à faire pondre la femelle en lui pressant légèrement l'abdomen, et à arroser les œufs ainsi obtenus avec la laitance du mâle. Tel est le principe général. Dans quelques cas, on procède différemment : on laisse aux poissons captifs le soin de se reproduire eux-mêmes, et on recueille sur les frayères les œufs, dont on surveille alors l'éclosion dans des appareils spéciaux. La première manière d'opérer, comme on le comprend sans peine, est bien préférable, car elle assure la fécondation de la presque totalité des œufs pondus ; avantage que ne présente pas le second système, qui est d'ailleurs beaucoup moins usité.

Choix des reproducteurs. — Il n'est pas indifférent d'opérer les fécondations sur des individus quelconques. L'hérédité, chez les poissons, a la même importance que chez les animaux supérieurs ; elle doit donc être prise en considération. En effet, on comprend sans peine que des poissons sains, robustes et bien constitués, provenant eux-mêmes de parents jouissant des mêmes qualités, donneront naissance à des jeunes, sains, robustes et bien constitués.

Les reproducteurs doivent être sains, de belle forme, spécifiquement bien caractérisés, ni trop gras ni trop maigres ; tous les sujets présentant le moindre défaut seront impitoyablement rejetés. Ceci est très important, car le succès dans la suite des opérations piscicoles, dépend en grande partie du choix des reproducteurs.

Signes extérieurs de la reproduction. — Lorsque la fécondation est faite trop tôt ou trop tard, les résultats sont toujours très médiocres; il est donc essentiel d'opérer juste au moment voulu, c'est-à-dire lorsque les œufs et la laitance sont à l'état de maturité parfaite. Le moyen le plus sûr pour arriver à ce résultat, serait de prendre les reproducteurs sur les frayères mêmes où ils vont déposer leurs œufs; mais ce moyen n'est guère pratique. Généralement, on parque les reproducteurs dans des bassins particuliers, où on les surveille attentivement.

Chez beaucoup d'espèces, les signes extérieurs de la reproduction se manifestent par des couleurs plus vives, qu'on observe surtout à la base des nageoires; chez le barbeau et quelques autres poissons, une sécrétion blanchâtre se montre à la surface des écailles.

Il est à remarquer que quelques jours avant la ponte, les poissons cessent de prendre aucune nourriture; il est donc inutile de s'occuper de leur alimentation à cette époque. Autre recommandation : dans les viviers, il importe de séparer les mâles des femelles; il faut aussi se garder de déposer dans le fond, du gravier pour les salmonidés, et des herbes pour les cyprins, pour éviter la ponte naturelle.

Il faudra examiner fréquemment les poissons. On reconnaîtra que les œufs sont mûrs lorsqu'une *très légère* pression les fera sortir de l'oviducte; la laitance doit également sortir avec facilité; elle doit avoir une consistance crémeuse caractéristique.

Nous avons déjà vu, qu'au point de vue purement piscicole, les poissons peuvent être divisés en deux grands groupes :

1° Les poissons à œufs libres, dont les salmonidés constituent les types les mieux caractérisés.

2° Les poissons à œufs adhérents, tels que les cyprins, percoïdes, etc.

Les fécondations artificielles, suivant qu'elles s'appliquent

11.

à des poissons de l'un ou l'autre de ces groupes, s'exécutent différemment.

Fécondation artificielle des œufs libres. — Les saumons et les truites sont les types les mieux caractérisés de poissons à œufs libres ; c'est à eux surtout que s'applique la dénomination de *poissons à œufs libres*.

Procédé ordinaire. — Lorsque le moment de frayer est venu, c'est-à-dire lorsque le poisson a le ventre mou, le pourtour de l'anus gonflé, et que les œufs ont une tendance à s'échapper, on sort les reproducteurs des viviers, et on les place dans des cuves larges et basses remplies d'eau fraîche ; dans l'une on met les mâles, dans l'autre les femelles.

On prend un vase peu profond, en terre ou en porcelaine, une cuvette, par exemple, bien propre ; on y met 3 ou 4 centimètres de hauteur d'eau, qui doit marquer entre 4 et 9° centigrades ; on saisit alors une femelle, qu'on maintient derrière les ouïes entre le pouce et l'index de la main gauche, puis, avec le pouce de la main droite, et en tenant le poisson le plus possible rapproché de la surface de l'eau, pour éviter aux œufs le contact de l'air, on exerce le long du ventre, en allant de l'estomac vers la queue, une très légère pression, qui fait sortir les œufs ; ceux-ci tombent au fond du vase (fig. 31). On prend ensuite un mâle, et, en opérant de la même manière, on fait sortir quelques gouttes de laitance ; on agite avec un pinceau ou avec les barbes d'une plume, de façon que la laitance imprègne bien tous les œufs, et on laisse reposer environ cinq minutes, après quoi on lave les œufs à grande eau.

Dans toutes ces opérations, il faut éviter de toucher avec les mains, soit aux œufs, soit à la laitance.

Souvent les gros individus se défendent avec vigueur et glissent entre les mains ; il importe alors de ne pas recourir à la force, crainte de blesser le poisson. Pour éviter cet accident, ce qui nous a toujours parfaitement réussi, c'est une serviette de toile servant à maintenir le poisson dans la main gauche, la main droite restant libre ; *de cette façon*, l'animal ne glisse pas, et on le contient sans peine. Ainsi, il est rarement nécessaire de s'adjoindre un aide.

Autre recommandation : Il importe d'avoir les mains mouillées, tout au moins la main droite, pour ne pas enlever la mucosité qui recouvre les écailles.

Ces manipulations doivent être faites rapidement, mais sans violence ni précipitation.

Dans quelques établissements de pisciculture on opère à deux, de manière à répandre la laitance du mâle en même

Fig. 31. — Fécondation artificielle des œufs libres.

temps que les œufs de la femelle ; cette pratique est basée sur ce fait, que les spermatozoïdes ne conservent leur propriété fécondante que très peu de temps après leur contact avec l'eau.

Les fécondations artificielles, quelle que soit la manière dont on les pratique, doivent être exécutées à l'abri d'une trop vive lumière, et dans une pièce où les variations brusques de température ne sont pas à craindre.

Procédé Wrassky. — Plusieurs observateurs ont remarqué que la proportion d'œufs non laitancés, dans les fécondations artificielles, était d'autant plus considérable qu'on employait plus d'eau ; partant de cette observation, on a mis de moins en moins d'eau, et on ne tarda pas à constater que les œufs non fécondés devenaient de plus en plus rares. Un pisciculteur russe, M. Wrassky, alla même jusqu'à supprimer complètement ce liquide.

Cette manière d'opérer a été critiquée par bon nombre d'auteurs ; pour notre part, elle nous a toujours donné d'excellents résultats, et, pour bien des motifs, nous ne saurions trop la recommander.

On sait que les œufs non fécondés peuvent rester plusieurs heures dans l'eau sans s'altérer ; mais il n'en est pas de même de la laitance : au contact de l'eau, les spermatozoïdes des poissons meurent au bout de quelques minutes. Or, ces spermatozoïdes sont les agents réels de la fécondation, et, chose curieuse, la laitance conservée à sec reste vivante pendant plusieurs jours. Ceci explique le succès de la méthode Wrassky, encore appelée *fécondation russe.* Mais ces explications théoriques ne suffiraient pas pour nous faire conseiller cette méthode, si les résultats pratiques n'étaient venus les confirmer ; d'ailleurs, elle tend à se répandre de plus en plus. Autre avantage : le procédé Wrassky procrée un plus grand nombre de femelles que l'autre procédé. Or, on a tout avantage à produire des femelles, puisque la provision de laitance d'un mâle suffit pour féconder les œufs de plusieurs femelles.

La fécondation russe se fait de la manière suivante : on reçoit les œufs à sec dans une assiette assez grande pour qu'il n'y en ait qu'une seule couche ; on répand la laitance, et on remue doucement avec un pinceau, pour que le mélange soit complet. On laisse ainsi les œufs pendant quatre ou cinq minutes, puis on recouvre les œufs d'une couche d'eau de 2 centimètres environ. On laisse les choses en cet état pendant un quart d'heure ou une demi-heure, en ayant soin que l'eau reste toujours à la même température. Les œufs ne tardent pas à gonfler ; ils sont alors lavés à grande eau, et déposés sur des appareils à incubation.

Nous avons quelque peu modifié ce mode opératoire ; voici comment nous procédons : nous commençons par répandre quelques gouttes de laitance dans le vase, et nous versons ensuite les œufs, qu'on achève de laitancer. En définitive, la quantité de laitance est la même que dans le système précédent, mais nous la versons en deux fois.

On peut être sûr qu'un œuf est fécondé lorsqu'il présente dans son intérieur, dix minutes ou un quart d'heure après l'opération, une légère granulation facile à distinguer par transparence.

Il n'y a aucun inconvénient à opérer les fécondations artificielles sur des œufs provenant de poissons morts depuis peu. L'essentiel est que ces œufs n'aient pas été exposés à l'air.

Ce n'est que vers l'âge de trois ans que les truites se reproduisent. Elles pondent de 1,500 à 2,000 œufs par kilogramme de leur poids ; il en est de même pour les saumons.

La fécondation artificielle des œufs libres est la plus communément pratiquée ; elle est d'une simplicité extrême, et ne demande qu'un peu de dextérité et d'habitude.

Fécondation artificielle des œufs adhérents. — Les œufs de carpes, de tanches, de gardons, etc., sont recouverts d'un mucus visqueux, au moyen duquel ils restent collés aux herbes aquatiques sur lesquelles ces poissons frayent à l'état naturel.

Voici comment on procède à la fécondation artificielle de ces œufs collants (fig. 32) : on se munit d'herbes aquatiques, des joncs, renoncules d'eau, ou bien des bruyères ou des branchages de sapin, et on en fait des petits paquets peu volumineux, mais à large surface. On dispose un ou plusieurs de ces paquets, préalablement bien lavés,

dans le fond d'un vase, et on les recouvre de quelques centimètres d'eau, à une température de 18 à 22° centigrades.
Saisissant alors un mâle, on arrose ces herbes avec de la laitance; puis, immédiatement après, on fait tomber les œufs
sur les herbes ainsi laitancées, en ayant soin toutefois de
bien les répartir à la surface, car l'agglomération serait nuisible au développement des embryons; puis, sans perdre une
seconde, on répand de nouveau quelques gouttes de laitance.

Fig. 32. — Fécondation artificielle des œufs adhérents.

Ce qui caractérise essentiellement ces fécondations des
œufs adhérents, c'est que la plus grande partie de l'élément
fécondant mâle doit être répandue au commencement; cette
pratique est motivée par un fait physiologique important.
En effet, les œufs collants, lorsqu'ils arrivent au contact de
l'eau, se gonflent et ne tardent pas à se recouvrir d'une enveloppe mucilagineuse qui se durcit très vite, et empêche
ainsi la laitance de pénétrer dans l'œuf. C'est pourquoi on

ne saurait trop recommander d'agir avec la plus grande célérité.

Les poissons qui pondent des œufs adhérents sont en général très féconds, aussi, très souvent, se contente-t-on de
recueillir, à l'époque de la ponte, les herbes aquatiques sur
lesquelles ces poissons ont frayé ; on n'a plus alors qu'à les
mettre en incubation. Il convient toutefois de faire remarquer que, souvent, une bonne partie de ces œufs n'est pas
fécondée : la méthode artificielle est donc préférable.

Le procédé opératoire que nous venons d'examiner s'applique surtout aux carpes et aux tanches ; pour les autres
poissons à œufs adhérents, il y a quelques précautions particulières à prendre ; nous allons les mentionner rapidement.

Fécondation des œufs de perche. — La perche pond
des œufs assez petits, réunis entre eux au moyen d'une matière albumineuse, simulant ainsi un réseau, un véritable
chapelet qui atteint souvent 1ᵐ,50 de longueur. Chacun
de ces chapelets contient de 20,000 à 85,000 œufs ; leur
couleur est jaunâtre. A l'état naturel, la perche dépose ces
chapelets sur les herbes de fond, et les enroule autour de
leurs branches ; artificiellement, comme le conseille M. Millet [1], on se borne à recevoir dans l'eau le ruban que chaque
femelle donne, et à l'arroser avec quelques gouttes de laitance.

Fécondation des œufs de brochet. — On procède à
cette opération de la manière suivante : on prend une cuvette, que l'on remplit d'eau et d'herbes aquatiques, d'é-
toiles d'eau, par exemple ; on laitance d'abord l'eau légèrement, puis on fait couler les œufs, qui, sous l'influence de
la plus légère pression, sortent sous la forme d'un jet couleur d'ambre ; quand les herbes sont suffisamment chargées
d'œufs, on laitance de nouveau. Cette opération faite, on

_____

1. Millet, _La Culture de l'eau._

retire les herbes, on en met de nouvelles, et on recommence l'opération. Tous les œufs ne s'attachent pas aux herbes ; quelques-uns, souvent même un grand nombre, tombent au fond du vase quoique bien fécondés [1].

Remarques. — Comme on le voit, la pratique même des fécondations artificielles ne varie que pour des questions de détail ; elle peut donc être facilement généralisée en deux systèmes : celui des œufs libres, et celui des œufs collants. Mais si les procédés opératoires varient peu, ce qui varie essentiellement c'est la température de l'eau dans laquelle on opère. Le pisciculteur doit donc toujours être muni d'un thermomètre lorsqu'il procède à ces opérations ; un thermomètre de bain permettant de faire la lecture tout en laissant l'instrument dans l'eau, est ce qu'il y a de plus recommandable. Pour fixer la température à laquelle il faut opérer, on s'est basé sur l'époque de la ponte considérée dans les différentes espèces ; on a ainsi partagé les poissons en quatre groupes assez distincts.

Le tableau suivant montre cette division :

GROUPES.	POISSONS.	ÉPOQUE de la ponte.	TEMPÉRATURE nécessaire à la fécondation.
I. Poissons d'hiver.	Truite, saumon, ombre-chevalier.	Sept. à janvier.	4 à 8°
II. id. de 1er printemps.	Brochet, ombre commun.	Février à mars.	8 à 12°
III. id. de 2e printemps.	Perche, barbeau.	Avril à mai.	14 à 16°
IV. id. d'été.	Tanche, carpe, etc.	Juin à juillet.	20 à 25°

Dans la pratique, fait remarquer M. Chabot-Karlen, ces chiffres scientifiques n'ont pas une grande signification, et

1. J. Lamy, *Nouveaux éléments de Pisciculture.*

cela se comprend, parce qu'on opère purement et simplement avec les eaux d'où sont sortis les poissons ; et dans nos nombreuses manipulations, c'est toujours ce qui nous a le mieux réussi.

A cela nous ajouterons, que ces chiffres n'en sont pas moins très utiles à connaître, surtout à l'heure actuelle, où la plupart des poissons de nos cours d'eau, chassés et contrariés par les causes multiples de destruction se trouvent souvent dans des conditions défavorables à leur bonne venue.

CHAPITRE XII

INCUBATION ET ÉCLOSION

Incubation. — Les œufs étant fécondés, il faut les placer dans des conditions favorables au développement de l'embryon, afin d'obtenir des poissons robustes et bien conformés.

Durée de l'incubation. — La durée de l'incubation est très variable, non seulement avec les espèces de poissons, mais encore avec la température à laquelle on soumet les œufs. Sous ce rapport, la distinction précédemment établie des poissons en deux groupes, ceux à œufs libres et ceux à œufs adhérents, est encore parfaitement naturelle. En effet, les premiers ont une durée d'incubation relativement longue, tandis que, pour les seconds, quelques jours suffisent le plus souvent. De plus, tandis que les œufs libres demandent des eaux froides, les œufs adhérents nécessitent une eau presque tiède.

Dans les conditions naturelles, la durée de l'incubation peut être fixée approximativement aux chiffres suivants, pour les principales espèces.

Truites et saumons...............	de 1 à 8 semaines.
Ombres-chevaliers et corégones.....	
Ombre commun..................	de 5 à 6 semaines.
Brochet	de 2 à 3 —
Tanches.......................	de 3 à 5 —
Carpes et perches...............	2 semaines.
Barbeaux, gardons...............	2 semaines.

Les œufs libres demandent généralement une eau courante.

Température. — Pour les œufs libres, la température de l'eau ne doit pas dépasser 12° centigrades. Pour les œufs collants, au contraire, il faut monter bien au delà. Cependant, les œufs libres peuvent éclore à une température plus élevée, mais c'est toujours aux dépens de la vitalité des alevins.

Ce qui importe surtout, c'est la constance de la température. Pour obtenir ce résultat, il est bon de faire arriver l'eau devant alimenter les appareils à incubation dans un vaste bassin où s'équilibre la température ; on évite ainsi les brusques variations qui peuvent se produire d'un jour à l'autre.

L'égalité de la température de l'eau, dit à ce sujet M. Bouchon Brandely, secrétaire du Collège de France, est une des conditions précieuses pour la bonne direction des éclosions et de l'alevinage. La température qui convient le mieux aux truites, aux saumons, aux ombres-chevaliers, varie entre 5 et 8° au-dessus de zéro ; plus élevée, elle activerait considérablement l'éclosion des œufs, ce que l'on doit éviter avec soin. L'éclosion normale dure de 45 à 65 jours, suivant le degré de température de l'eau. Voici un tableau d'observations faites au Collège de France :

TEMPÉRATURE de l'eau :	DURÉE de l'incubation :
7°	45 jours.
6°	55 »
5°	65 »
4°	75 »
3°	85 »
2°	95 »

On a obtenu à 15° des alevins après 25 et 30 jours, mais les jeunes poissons sont morts avant la résorption entière de l'énorme vésicule ombilicale qu'ils portaient en naissant [1].

Lorsque la température descend à 1°, la durée de l'incubation est de 120 jours. Il y a donc ici une petite anomalie, car de 7 à 2° on a environ 10 jours de plus pour chaque degré, tandis que de 2 à 1° on passe brusquement de 95 à 120 jours, soit 25 jours de différence. A 0° (glace fondante) l'incubation dure de 5 à 6 mois ; cette propriété a été appliquée, ainsi que nous le verrons plus loin, pour conserver les œufs et les transporter à de grandes distances.

Ce qui précède s'applique aux œufs libres ; pour les œufs collants, l'incubation doit s'effectuer à une température de 16 à 22° centigrades.

Au point de vue pratique, on a tout intérêt à mettre les œufs en incubation dans une eau dont la température est la même que celle dans laquelle devront vivre les poissons adultes, en supposant, bien entendu, que cette eau soit convenablement choisie suivant les règles scientifiques précédemment posées, ayant trait aux exigences de la vie des poissons.

Lumière. — La lumière influe d'une façon non moins manifeste que la chaleur sur l'incubation des œufs. Ici encore, il y a deux cas à considérer.

Le besoin de lumière, dit M. Koltz, répond à peu près à celui de la chaleur. Les œufs de poissons de printemps et d'été sont plus exigeants sous ce rapport que ceux d'hiver, et aiment en général une insolation directe et peu d'ombre ; ces derniers, au contraire, prospèrent dans l'obscurité [2].

D'ailleurs, la lumière a encore une grande influence en ce qui concerne les maladies des œufs ; nous aurons occasion d'en parler un peu plus loin. Toutefois, nous devons

1. M. Bouchon Brandely, *Traité de Pisciculture pratique et d'Aquiculture.*

2. Koltz, *Traité de Pisciculture pratique.*

faire remarquer ici, que l'influence pernicieuse de la lumière
a été quelque peu exagérée; bien des fois, dans nos opérations, nous avons dû laisser les œufs à la lumière, et les
éclosions ne s'en sont pas moins produites dans les meilleures conditions.

Nature de l'eau. Filtration. — Voyons maintenant
la nature de l'eau. Bien entendu, on choisira des eaux aussi
pures que possible; il est essentiel de les aérer le plus possible; le meilleur moyen d'y arriver est de les faire tomber
en chutes d'une certaine hauteur. Il est non moins essentiel de débarrasser l'eau des germes innombrables qu'elle

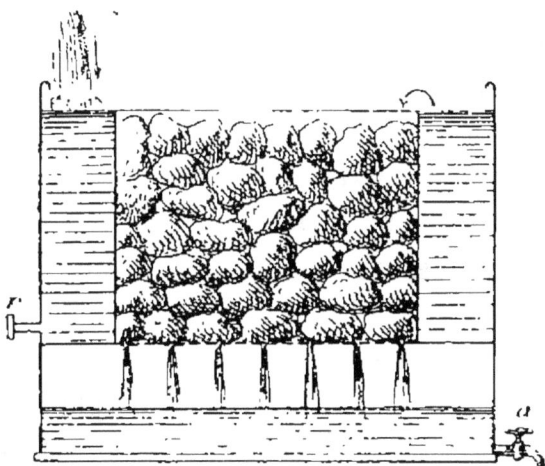

Fig. 33. — Filtre à éponges.

renferme, et qui, en se développant sur les œufs, ne man-
queraient pas d'anéantir toute la récolte. A cet effet, on fait
usage de filtres divers. Un des plus recommandables est le
filtre à éponges (fig 33). C'est une caisse en zinc munie d'un
double fond; celui-ci est à claire-voie dans sa partie médiane; cette partie sert de plancher à une autre boîte, dans
laquelle on met des éponges en nombre variable, fortement
pressées les unes contre les autres; l'eau destinée à alimenter les appareils tombe dans la caisse extérieure, et dégorge
peu à peu dans le récipient interne, où elle filtre au travers

des éponges ; elle sort en *a,* pour tomber directement sur les œufs ; le robinet *r* permet de vider *de temps en temps* l'eau du bassin extérieur, et de débarrasser celui-ci du dépôt d'impuretés qui s'accumule sur le double fond. Les éponges doivent être lavées et fortement exprimées tous les deux ou trois jours. Cet appareil, qui est d'une extrême simplicité, est bien préférable à tous les filtres à charbon ; il nous a toujours donné les résultats les plus satisfaisants, même en employant les eaux les plus troubles.

En somme, trois choses surtout sont à considérer pour l'incubation.

1° La température ;

2° La lumière ;

3° La nature des eaux.

Appareils à incubation. — Ces appareils sont excessivement nombreux, mais il importe de faire un choix judicieux lorsqu'on veut en adopter un.

Ils peuvent être rangés en deux groupes : les appareils simples, et les appareils à courant continu.

Appareils simples. — Ce qui caractérise essentiellement ces appareils, c'est qu'ils doivent être plongés dans l'eau, soit dans l'eau courante ou dans l'eau dormante.

Le plus ancien est la *boîte de Jacobi.* Elle consiste en une caisse rectangulaire de 2 à 3 mètres de long sur 50 à 60 centimètres de large et 35 de profondeur ; elle est fermée par un couvercle permettant d'examiner les œufs ; aux deux extrémités placées dans le sens du courant, des ouvertures garnies de toiles métalliques dont le tissu serré permet la circulation de l'eau, tout en empêchant l'accès des insectes et de la vase. Pour les œufs libres, on dépose dans le fond de la caisse une légère couche de gravier, sur laquelle on dispose les œufs, qui ne doivent pas se recouvrir les uns les autres. Il importe de laver préalablement ce gravier à plusieurs reprises, et même de le faire bouillir dans l'eau, pour le débarrasser des germes nuisibles. La caisse est placée dans un endroit où le courant est rapide. L'appareil de Jacobi peut être employé pour les œufs collants; dans ce cas, on supprime le gravier, et on dispose les branchages couverts d'œufs, dans le fond de la boîte, qui alors doit être placée dans un courant moins rapide.

Cette boîte a l'inconvénient de rendre difficile le triage des œufs gâtés; d'ailleurs, en raison même de ses dimensions, elle est d'un maniement peu facile.

Les *tamis doubles* en toile métallique galvanisée de M. Millet, sont assez employés. Ils consistent en trois dis-

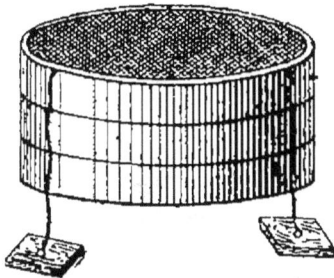

Fig. 34. — Tamis doubles
de M. Millet.

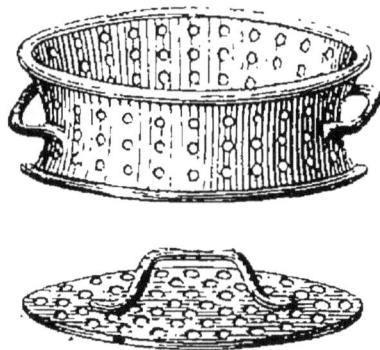

Fig. 35. — Appareil
de M. Koltz.

ques réunis, sur les toiles métalliques desquels on place les œufs. Le tout est maintenu dans l'eau à une hauteur convenable, à l'aide de flotteurs (fig. 34).

M. Koltz a préconisé les vases en terre cuite vernie; ces vases (fig. 35) sont criblés de petits trous, et munis d'un couvercle également troué. Ces appareils coûtent moins cher que les précédents; c'est peut-être leur seul avantage. Comme les tamis, des flotteurs en bois y sont adaptés.

M. Lamy a préconisé des petits paniers incubateurs à couvercle; ils sont en osier ou en toile métallique; ils mesurent environ 30 centimètres de longueur sur 10 de large et 8 de profondeur.

Comme on le voit, tous les appareils ont entre eux la plus grande analogie.

Pour les œufs d'aloses, qui demandent à être agités pendant l'incubation, et qui, par conséquent, doivent être dans un courant rapide, un pisciculteur américain, M. Seth Green, a imaginé un appareil simple, fort ingénieux, c'est la *boîte flottante*. Ces boîtes ont 60 centimètres de long sur 40 de large, et autant pour la profondeur; le fond et les

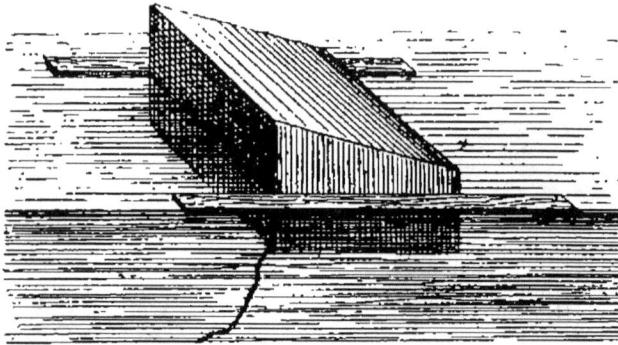

Fig. 36. — Boîte flottante de M. Seth Green.

extrémités sont garnis de toile métallique goudronnée. Elles sont immergées dans un courant rapide, *et les œufs flottent suspendus dans l'eau*, ce qui est indispensable. Pour provoquer des remous favorables à l'incubation, les caisses sont inclinées vers l'amont au moyen d'un flotteur (fig. 36).

A l'exposition internationale de pisciculture de Londres de 1883, figurait un appareil tendant au même but, mais autrement disposé. C'est une caisse hexagonale de laquelle l'eau peut se déverser par le haut au moyen de tubes fixés sur quatre côtés; cette caisse renferme un cylindre de toile métallique, dans lequel sont les œufs; l'eau arrive entre les deux réserves.

L'appareil à incubation simple de M. Coste consiste en

une boîte ayant 1 mètre de long sur 0ᵐ,50 de large et
autant de profondeur ; le fond et les parois sont en bois
plein ; à la partie supérieure est un couvercle divisé transversalement en deux pièces mobiles, au centre desquelles
se trouve une ouverture d'environ 20 centimètres, recouverte d'une toile métallique. Les deux extrémités de la
boîte sont à claire-voie et forment porte à charnière s'ouvrant en dehors (fig. 37). « A l'intérieur, dit M. Coste, cette
caisse n'est point divisée, elle porte seulement à ses deux
extrémités et au centre, à 15 centimètres environ du fond,

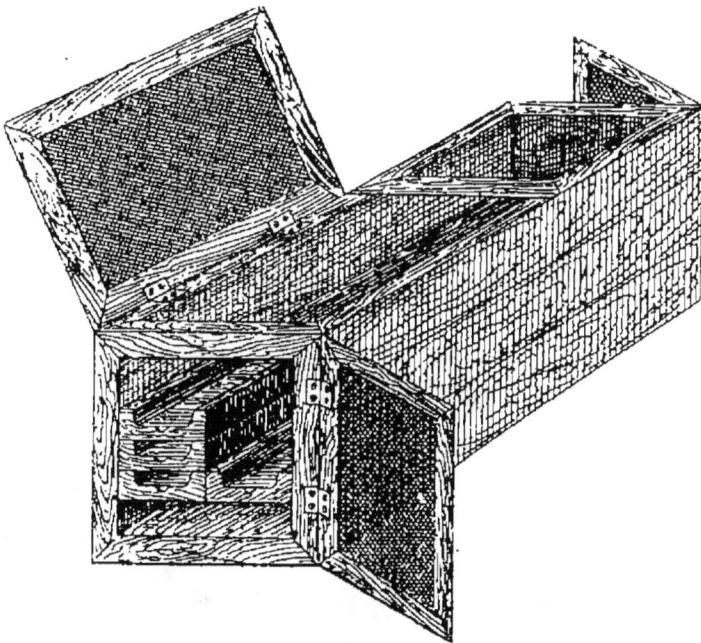

Fig. 37. — Appareil à incubation simple de M. Coste.

des tasseaux ou traverses destinés à soutenir les claies qui
forment le complément de l'appareil. Celles-ci consistent en
baguettes de verre enchâssées dans un cadre de bois. » Ces
claies sont superposées au nombre de trois ou quatre ; elles
présentent à leurs extrémités des échancrures permettant la
circulation de l'eau ; les œufs sont disposés sur les baguettes
de verre ; on évite ainsi le contact direct des toiles métalli-

ques ; de plus, l'appareil est très facile à nettoyer en ouvrant les portes ou le couvercle, et en tirant les claies. Au fond, on dispose un lit de gravier fin, sur lequel tombent les jeunes poissons qui viennent d'éclore; ils trouvent là un abri à leur convenance, en attendant qu'on leur donne la liberté en ouvrant les portes. Ce système s'applique aux œufs libres ; il permet de réempoissonner une rivière en truites, par exemple, en faisant naître les poissons dans l'eau même où ils devront vivre plus tard ; ce qui est un avantage incontestable. Il n'a qu'un inconvénient bien sérieux, c'est d'être d'un prix beaucoup plus élevé que les appareils précédents.

Appareils à courant continu. — Dans ces instruments, les œufs sont arrosés d'une façon régulière et au gré du pis-

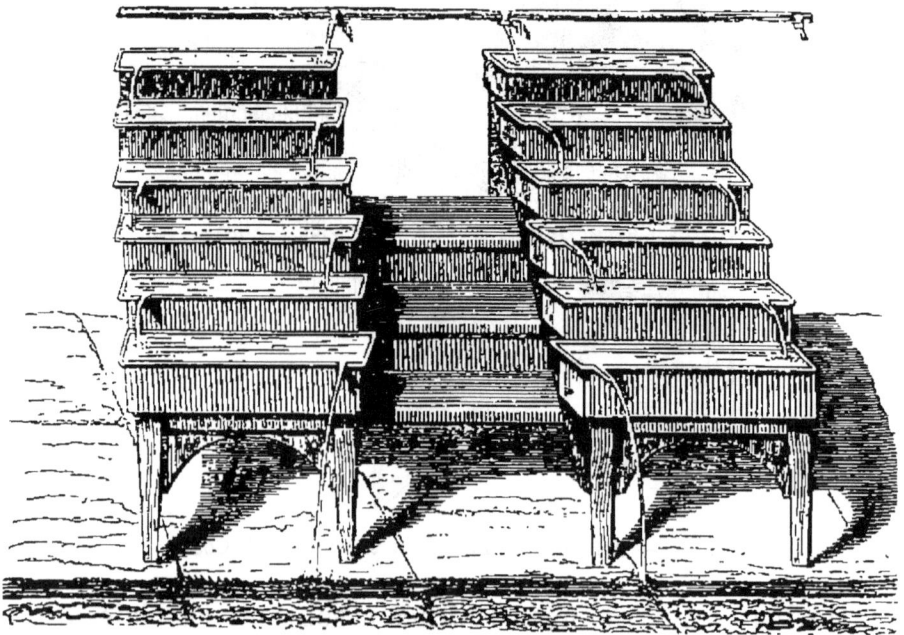

Fig. 38. — Auges de M. Coste disposées en gradin.

ciculteur, qui n'a plus à craindre les irrégularités du débit d'un cours d'eau.

L'incubateur à courant continu de M. Coste est le plus généralement employé (fig. 38).

Cet appareil est formé d'une ou de plusieurs séries d'auges superposées en forme de gradins, de manière que le trop plein de l'une se déverse dans l'autre, qui lui est inférieure, et ainsi de suite. L'eau arrive par le côté opposé à celui par lequel elle s'en va; de cette manière, le courant s'établit dans toute la nappe d'eau, qui, peu à peu, est entièrement renouvelée. L'alimentation des auges se fait avec de l'eau filtrée. Les auges ont une disposition spéciale : elles mesurent environ 50 centimètres de long sur 15 de large et 10 de profondeur. Elles portent sur le côté, dit M. Coste, à 6 ou 7 centimètres d'une de leurs extrémités, une gouttière de décharge; sur la face de l'extrémité opposée et au niveau du fond, un trou qui permet de les vider entièrement, et à l'intérieur, à peu près vers le milieu de leur profondeur et de chaque côté, deux petits supports saillants.

Chaque auge est garnie d'une claie, sur laquelle on étale les œufs fécondés que l'on veut faire éclore. Les barreaux de cette claie, formés par des baguettes de verre placées parallèlement, soit en long, soit en large, et écartées les unes des autres de 2 à 3 millimètres, sont maintenus, à l'aide d'une très mince lame de plomb, dans les entailles pratiquées sur le bord inférieur des pièces qui forment les extrémités d'un encadrement de bois. Une traverse également munie de petites entailles proportionnées au volume des baguettes, occupe le milieu du cadre, qu'elle contribue à consolider, en même temps qu'elle soutient le clayonnage de verre. Les dimensions de cette claie doivent être en rapport avec l'intérieur de l'auge, de telle sorte que l'on puisse, sans efforts, la mettre en place ou la retirer; manœuvre à laquelle on est quelquefois obligé de se livrer durant l'incubation, et que facilite la présence d'une anse de fil de fer étamé à chaque extrémité du cadre. C'est sur les supports saillants dont la rigole factice est pourvue, ou sur de petites cales mobiles, que repose cette claie. Elle est donc à 2 ou 3 centimètres au-dessous du niveau de l'eau, et se trouve par conséquent beaucoup plus rapprochée de la surface que du fond [1].

La simplicité de ce dispositif est un avantage précieux : une baguette de verre venant à se briser, il sera toujours facile de la remplacer par une autre ; d'ailleurs, l'appareil est loin d'être aussi fragile qu'on serait tenté de le supposer.

On peut disposer ces claies en un gradin unique, ou sur un double rang.

L'eau ayant arrosé les œufs arrive au bas des deux gradins ; on peut adapter des tubes et l'écouler ainsi à l'extérieur, ou bien on la reçoit dans un réservoir, une grande cuvette de bois qui la laisse échapper par un tube de décharge.

La cuvette sur laquelle est dressé l'appareil n'est pas absolument nécessaire ; cependant, elle est une condition de propreté. A ce titre, on fera bien de l'adopter partout où l'on voudra éviter l'humidité produite par l'eau qui suinte, quelque soin que l'on apporte dans l'ajustement des rigoles, et surtout par celle qui déborde, soit lorsqu'on active les courants, soit pendant les manœuvres auxquelles on est obligé de se livrer pour retirer les jeunes œufs entassés au fond des auges, pour enlever et nettoyer les claies, etc. La longueur de cette cuvette varie nécessairement selon le nombre d'auges qu'elle doit recevoir.

Que l'on adopte ou non cette cuvette, il faut, pour la facilité du service, que la table ou tout autre support sur lequel on établit l'appareil ait, en élévation, de 80 à 90 centimètres environ, de telle sorte que l'auge la plus basse ne se trouve pas tout à fait à hauteur d'appui, et la plus élevée à $1^m,30$ à $1^m,40$ du sol. Dans cette position, rien n'échappe à la vigilance d'un surveillant : il a constamment les œufs sous l'œil, et son action peut s'exercer aisément sur tous les points [2].

1. M. Coste, *Instructions pratiques sur la pisciculture.*
2. Coste, *loc. cit.*

Les auges de cet appareil sont en terre cuite vernissée, en porcelaine, ou en zinc émaillé ; d'ailleurs, la substance employée n'a pas d'importance, à condition toutefois qu'elle ne soit pas soluble dans l'eau, et n'y engendre pas de fermentations. Dans quelques établissements on fait ces bacs en ciment ou en béton ; ils sont alors établis à demeure. En tout cas, il faut éviter de leur donner de trop grandes [dimensions, autrement le triage des œufs gâtés serait assez difficile.

L'appareil, tel qu'il a été imaginé par M. Coste, présente un léger inconvénient, c'est qu'au moment de l'éclosion, les jeunes poissons, pour peu que le débit soit un peu fort, passent aisément d'une auge dans une autre, et bientôt la plus grande partie des alevins se trouve accumulée dans la dernière, d'où ils ne peuvent plus remonter ; de plus, si les pontes ont été séparées, elles se trouvent mêlées au moment de l'éclosion, ce qui doit être évité. On obvie à cet inconvénient en adaptant aux orifices d'écoulement des tubes munis de toile métallique à l'un des bouts ; de cette manière, l'eau seule peut passer.

Il est bon encore d'adapter au bout opposé à la toile métallique de ce tube, qui d'ailleurs doit s'emmancher *très exactement* dans l'orifice, une plaque de métal assez large ; elle a pour but de briser le courant liquide : l'eau alors s'étale, tombe en nappe, et se trouve par cela même mieux aérée. C'est là un dispositif que nous ne saurions trop recommander.

L'incubateur à courant continu de Coste, plus ou moins modifié, est le plus communément employé, en France tout au moins. En Suisse et en Allemagne on commence à employer, depuis quelque temps, l'*auge californienne* perfectionnée de M. Max von dem Borne, dont les principaux avantages sont : 1° de prendre beaucoup moins de place ; 2° d'éviter l'emploi de l'eau filtrée. Cet appareil consiste en

une caisse en zinc (*z*, fig. 39) d'environ 25 centimètres de
longueur sur 30 de large et 15 de profondeur; en *g* est un
goulot, le fond est en fine toile métallique, sur lequel on
dispose les œufs. Cette boîte est placée dans une autre, C,
un peu plus haute et d'environ 10 centimètres plus longue;
elle est munie d'un goulot *g'*, dans lequel s'adapte le précé-

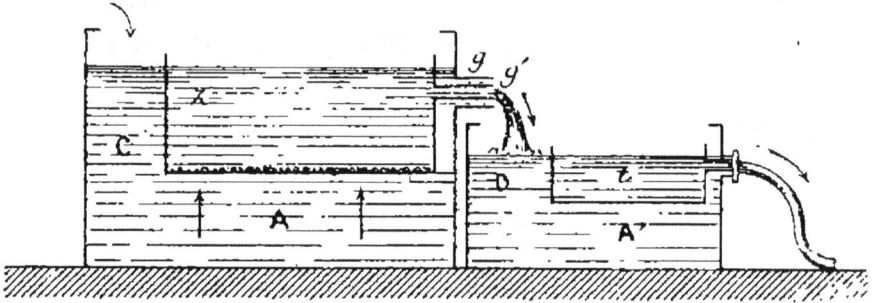

Fig. 39. — Auge californienne.

dent; cette dernière caisse est garnie à sa partie supérieure
d'un rebord horizontal. L'eau est amenée dans cette boîte
C, elle traverse *z*, et arrose les œufs placés sur le fond de
cette caisse; elle sort par le goulot *g*. Au moment de l'é-
closion, on ajoute un appareil analogue, mais un peu plus
petit, A', qu'on place au-dessous; les alevins qui s'échappent
tombent alors en D, et, grâce au tamis *t*, ils restent captifs
dans ce dernier appareil.

Nouvelle auge nationale. — Un élève de M. Coste, M. Berthéol, a construit dans ces dernières années un nouvel appareil auquel il a donné lnom de *nouvelle auge nationale de
Coste*, disposée et perfectionnée par Berthéol. Cet appareil
présente tous les avantages de l'appareil Coste et de l'auge
californienne, sans en avoir les inconvénients.

En raison des avantages sérieux qu'il présente, ce nouveau
système tend de plus en plus à se répandre, d'autant plus
qu'il est d'un prix très abordable.

C'est une boîte métallique A (fig. 40), dont le fond et les

deux parties latérales sont percées de trous ; celle-ci est introduite dans une autre caisse un peu plus allongée divisée en trois compartiments. L'eau arrive en *e*, et pénètre dans le compartiment du milieu en traversant les ouvertures pratiquées dans la cloison *d* ; de là elle pénètre dans la boîte A par la partie inférieure et s'échappe par l'ouverture *a* pour se répandre dans le troisième compartiment de A' ; elle s'écoule par une ouverture *a* représentée sur la figure A'.

Ici pas besoin de filtrer l'eau, de plus, suivant les besoins,

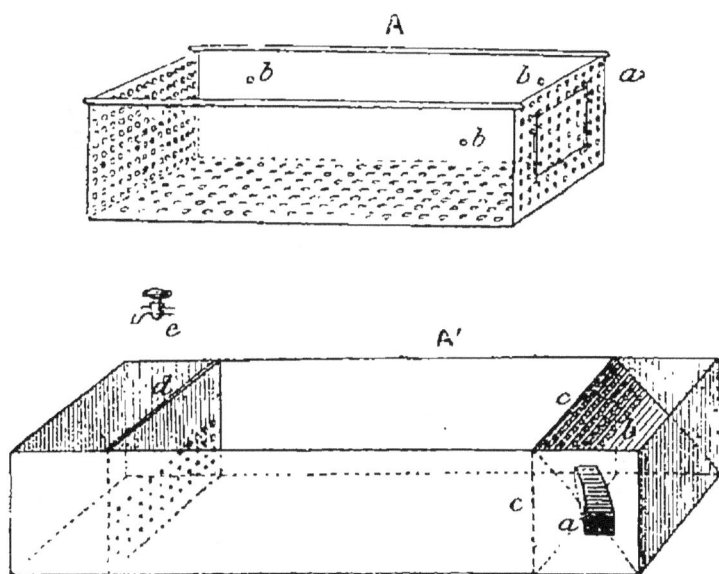

Fig. 40. — Auge nationale (Berthéol).

et tout en gardant le même débit on peut donner beaucoup d'eau ou peu d'eau, grâce à un système d'ouvertures percées en *b b b* (fig. A), dans lesquels on introduit des tringles en fer et qui permettent à la caisse A de ne plonger qu'à moitié dans la caisse A'. Enfin, si des alevins parvenaient à s'échapper de la boîte A ils retomberaient dans l'espace clos du troisième compartiment de la caisse A', ne pouvant ainsi pénétrer dans l'auge située au-dessous, car ces auges sont disposées en gradins comme celle de M. Coste.

Le nettoyage est très facile dans cet appareil, qui dispense de l'emploi des baguettes de verre dont le maniement est si délicat [1].

L'appareil à courant continu de Thomas Ferguson est d'une extrême simplicité. C'est un cylindre en verre ayant environ 20 centimètres de diamètre; il est muni de deux tubulures opposées, l'une au fond, par laquelle arrive l'eau, l'autre près du bord, par où elle s'échappe. Le cylindre est garni d'une pile de 8 ou 10 tamis circulaires en toile métallique très fine, sur lesquels on dispose les œufs; l'appareil est donc traversé par un courant ascendant, comme dans le cas précédent. On peut relier plusieurs de ces appareils par un tube en caoutchouc; de cette manière, le même courant d'eau sert à laver les œufs de plusieurs cylindres.

L'incubateur de M. James Ramsay Gibson Maitland, est employé à l'établissement de Howietown (Angleterre), qui est certainement la première piscifacture de toute l'Europe; il consiste en une caisse oblongue contenant une série de baguettes en verre placées de champ. Une de ces boîtes peut contenir environ 20,000 œufs. Or, cet établissement a expédié en 1882, 70,000 alevins de truites à Natal et à la Nouvelle-Zélande; enfin, en 1883, il a lâché 30,000 saumons dans le Testh. Chaque année, cet établissement peut piscifacturer 12 millions de truites et saumons [2].

Pour l'incubation des œufs d'aloses, on a construit quelques incubateurs à courant continu spéciaux. Un des plus curieux est l'*incubateur suspendu,* qui est surtout employé sur les navires destinés à l'empoissonnement des eaux américaines en aloses.

C'est un grand seau en fer-blanc, dont le fond est en

1. On trouve ces appareils chez M. Berthéol, pisciculteur, 24, rue du Quatre-Septembre, Paris.

2. Ramsay Gibson Maitland, *On the culture of salmonidæ and the acclimatization of fish* (London, 1883).

toile métallique très fine ; on y dépose les œufs ; le sceau est suspendu avec une chaîne, et immergé presque complètement dans l'eau ; une machine à vapeur allonge et raccourcit alternativement la chaîne, imprimant ainsi au sceau un

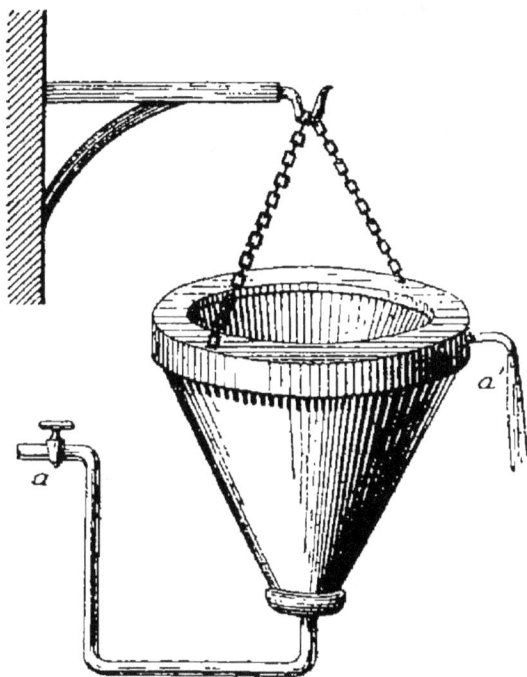

Fig. 41. — Incubateur suspendu.

mouvement tour à tour plongeant et ascendant. Ces remous empêchent les œufs de s'agglomérer ; l'eau arrive en a (fig. 41), et s'écoule en a'. Les éclosions se produisent quatre ou cinq jours après la fécondation. La température de l'eau doit être d'au moins 22°.

Dans la plupart des stations piscicoles des États-Unis, on peut voir fonctionner, depuis quelques années, pour l'incubation des œufs d'aloses et de corégones, l'appareil du colonel Mac Donald, dans lequel le triage des œufs gâtés ou malades se fait automatiquement. Cet incubateur, qu'on a pu voir fonctionner au Concours agricole de Paris en 1885, se compose d'un vase cylindrique A (fig. 42), ayant environ 40 centimètres de haut sur 18 de diamètre ; le fond est hémisphérique, et l'ouverture supérieure forme un col de diamètre plus petit que le corps du cylindre ; sur cette ouverture, on fixe un couvercle métallique percé de deux ouvertures recevant deux tubes de verre, dont l'un pénètre jusqu'au fond, tandis que l'autre s'arrête à un tiers de la hauteur du cylindre ; le premier tube est muni d'un tuyau en caoutchouc qui alimente l'appareil ; le second est muni d'un tuyau semblable, qui se rend au récepteur R. Ce dernier

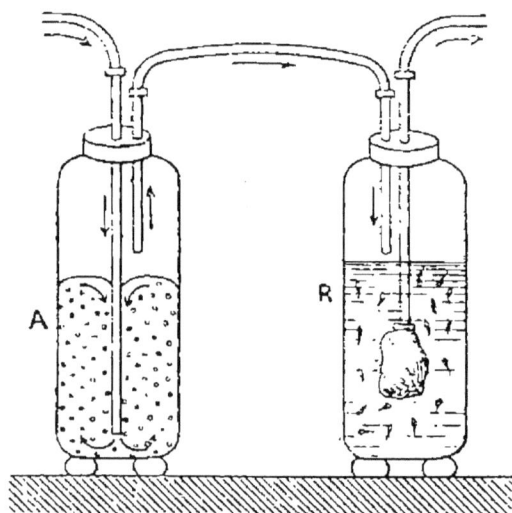

Fig. 42. — Appareil du colonel Mac Donald.

est construit sur le même plan, mais son tube central est terminé par une pochette de toile de coton à mailles serrées, supportée par une pochette semblable en fil de fer très fin.

On dévisse le couvercle de l'appareil A, on y met les œufs et une certaine quantité d'eau, on remet le couvercle, et on fait arriver l'eau par le premier tube de A ; le liquide arrivant dans le fond hémisphérique, il se produit des courants ascendants et descendants, un mouvement continu qui remue les œufs ; ceux-ci étant plus lourds que l'eau, ils finissent toujours par redescendre, mais les œufs gâtés se maintiennent à la surface en vertu de leur faible densité; alors en faisant descendre le petit tube, il agit comme siphon et entraîne les œufs malades dans un récipient spécial : cette opération se fait une fois par jour.

Quand la période d'éclosion approche, fait remarquer M. Grosjean, qui a fait connaître cet appareil en France, il faut mettre le vase à éclosion en communication avec le récepteur. Aussitôt éclos, les jeunes poissons sont entraînés par le courant et viennent en R, d'où ils ne peuvent s'échapper, car l'eau seule peut passer à travers la pochette.

Chaque vase peut contenir 15,000 à 18,000 œufs [1].

Incubation des œufs collants. — La période d'incubation étant fort courte pour ces œufs, on les place généralement en pleine eau ; ce n'est que dans les rares circonstances où on ne peut faire éclore les œufs dans les eaux mêmes où les jeunes poissons devront vivre plus tard, qu'on a recours aux appareils.

Ce qu'il y a de mieux à faire, c'est de placer les herbes auxquelles adhèrent les œufs dans un appareil simple, le panier de Lamy, par exemple, pour les soustraire à leurs ennemis, et immerger l'appareil dans une eau convenable, à une température de 12 à 15° pour les poissons de printemps, et de 16 à 22° pour les poissons d'été.

Soins à donner aux œufs pendant l'incubation. — Les œufs étant disposés dans les appareils à incubation, il faut bien se garder de les abandonner à eux-mêmes ; loin de là, il faut les surveiller avec un soin minutieux, et les examiner non pas une fois, mais plusieurs fois par jour.

Maladies des œufs. — Aussitôt qu'un œuf perd sa belle transparence caractéristique, et devient blanc et opaque, il faut le retirer, car c'est un œuf altéré, et, sans cette précaution, il ne manquerait pas de communiquer la maladie dont

1. Grosjean, *Bulletin du ministère de l'Agriculture*, 1884.

il est atteint à tous les autres. D'ailleurs, lorsqu'on néglige d'enlever les œufs gâtés, ils ne tardent pas à se couvrir de moisissures et de filaments parasites qui constituent alors une véritable épidémie ; aussi cette simple négligence peut-elle compromettre toutes les œuvées.

Souvent, on voit des œufs qui présentent des taches blanches disséminées sur leur surface ; ceux-ci peuvent être soignés dans une certaine mesure : on les met à part, et on les traite absolument comme les œufs bien portants, mais en employant de l'eau légèrement salée. Quand un œuf ainsi attaqué, fait remarquer M. Millet, est traité à temps, le jeune poisson peut être sauvé[1].

Les soins les plus minutieux ne sont donc pas superflus, car les œufs sont exposés à bien des dangers.

Dans la pièce même où sont installés les incubateurs, il est essentiel de boucher soigneusement les moindres ouvertures, pour éviter les petits rongeurs, tels que les rats, les souris, et même les musaraignes, qui sont très friands d'œufs de poissons. Bon nombre d'insectes sont dans le même cas, aussi faut-il munir les fenêtres de toiles métalliques très serrées, qui laisseront circuler l'air tout en empêchant l'accès des insectes et d'une lumière par trop vive.

Mais ce n'est pas tout. Les œufs sont souvent attaqués par des végétaux microscopiques, des conferves, des diatomées, notamment les *méridions* et les *vaucheries,* qui forment un tapis brun verdâtre sur le fond des appareils. Une petite algue, le *leptomitus clavatus,* est surtout très active dans cette œuvre de destruction. Le *byssus* est une maladie assez commune ; c'est un cryptogame facile à reconnaître, car il forme autour des œufs une auréole cotonneuse fort caractéristique ; en raison même de la rapidité avec laquelle il se propage, le byssus est le cauchemar des pisciculteurs.

---

1. *Comptes rendus de l'Académie des Sciences*, 1853.

La plupart du temps, ces maladies ont pour causes, l'impureté des eaux, les variations de température, une lumière trop vive, etc., etc.

Pour enlever des auges les œufs altérés ou les corps étrangers qui peuvent s'y trouver, il est indispensable d'employer quelques outils spéciaux, car jamais, au grand jamais, on ne doit mettre les mains dans les auges, encore bien moins au contact des œufs.

La *pince de fer,* avec laquelle on peut retirer les œufs dans les moindres recoins, est assez employée ; vient ensuite la

Fig. 43. — Pipette du pisciculteur.

pipette, qui est l'instrument indispensable. C'est un tube de verre renflé et à bout recourbé (fig. 43). Elle se manœuvre en bouchant une des ouvertures avec le doigt, pendant que l'autre se présente devant l'œuf qu'on veut enlever ; brusquement on écarte le doigt, l'air s'échappe de la pipette, et l'eau s'y précipite avec l'œuf.

Pertes pendant l'incubation. — Il y a quelques années encore, on citait avec plaisir des pertes ne dépassant pas 30 à 40 pour 100 pendant toute la durée d'une incubation ; or, ces chiffres sont beaucoup trop élevés. Avec quelques soins il est facile de ne pas dépasser 15 pour 100. Pour notre part, nous avons obtenu bien des fois 96 et même 98 alevins sur 100 œufs mis en incubation.

On comprendra d'ailleurs que les fécondations et l'incubation artificielles ne présentent un avantage réel qu'à cette condition, d'avoir des pertes insignifiantes.

Développement de l'œuf. — Voyons maintenant par quelles transformations l'œuf donne naissance au poisson.

L'œuf présentant les granulations caractéristiques de la fécondation, une tache noire allongée ne tarde pas à se montrer dans son intérieur : c'est l'embryon au premier degré de son développement. Pendant que cette ligne grandit par le progrès du développement, fait remarquer M. Coste, le savant professeur d'embryologie du Collège de France, une de ses extrémités s'allonge pour réaliser la queue, tandis que l'autre se dilate en forme de spatule. Celle-ci correspond à la tête de l'embryon, et il n'est bientôt plus permis d'en douter, car les yeux, consistant en deux points d'abord brunâtres, puis noirâtres, faciles à distinguer, et formant à eux seuls à peu près les deux tiers de la masse céphalique, ne tardent pas à y apparaître.

A mesure que les formes se dessinent chaque jour davantage, on voit, à travers les membranes de l'œuf, le jeune poisson exécuter des mouvements assez étendus, se retourner sur lui-même et agiter principalement la queue. Bientôt le moment de l'éclosion arrive, et ces mouvements, qui contribuent probablement à faciliter la déchirure des membranes qui tiennent l'embryon captif, deviennent alors très vifs.

Chez les saumons et les truites, à l'agitation des jeunes s'ajoute un autre signe qui annonce l'imminence de l'éclosion. L'enveloppe extérieure de l'œuf devient un peu opaque et comme furfuracée. Chez d'autres espèces, ce signe ne m'a pas paru aussi sensible : leur membrane enveloppante conserve jusqu'à la fin une grande transparence. Enfin, une petite ouverture finit par se produire sur cette membrane, et aussitôt la partie de l'embryon qui se trouve en rapport

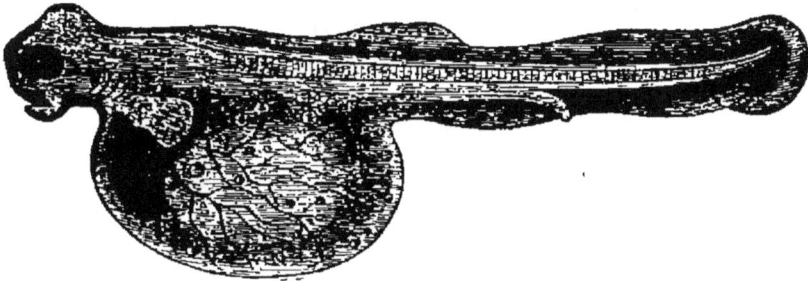

Fig. 44. — Alevin de salmonidé à la naissance.

avec cette ouverture vient à l'extérieur. Le plus ordinairement la queue ou la tête sortent les premières, mais quelquefois aussi, la vésicule s'engage avant elles, et fait saillie au dehors (fig. 44).

L'éclosion d'une même fécondation dure de deux à trois jours, rarement plus.

CHAPITRE XIII

ALEVINAGE ET ÉLEVAGE

Alevins. — Les jeunes poissons venant d'éclore portent
le nom d'*alevins*. Toutefois, il est à remarquer que cette
dénomination s'applique surtout aux jeunes des saumons,
truites et ombres-chevalier, tant qu'ils n'ont pas résorbé la
vésicule ; après, ils constituent le *frelin ;* pour les carpes et
autres cyprins, quelques auteurs préfèrent l'appellation de
feuilles. Cette distinction ne nous semble pas nécessaire ;

Fig. 45. — Petite truite de rivière âgée d'un mois n'ayant pas encore complètement résorbé (3 fois la grandeur naturelle).

d'ailleurs, nous ne sommes pas seul à penser de la sorte, car
le nom d'alevin tend à se généraliser.

Il arrive parfois qu'au moment de l'éclosion, l'alevin a
quelque difficulté à sortir de sa coque ; il s'agite alors, se
fatigue, et souvent même la mort survient. Pour faciliter
l'éclosion, il suffit d'augmenter de quelques degrés la température de l'eau en l'agitant doucement ; en opérant ainsi,
les alevins se dégagent avec facilité.

A leur naissance, les poissons portent avec eux une sorte
de poche ou vésicule ombilicale, remplie de matières albu-

mineuses qui devront pourvoir à leurs premiers besoins.
Cette vésicule, qui est d'un très gros volume chez les truites
(fig. 44 et 45) et les saumons, est interne et presque invisible à l'œil nu chez les carpes et la plupart des cyprins.

Aussitôt sortis de l'œuf, les alevins s'agitent pour se débarrasser des enveloppes testacées qu'ils ont entraînées, puis
ils s'accumulent tous dans les coins les plus obscurs des appareils à éclosion.

Alevinage. — En pisciculture artificielle, dit M. Quénard,

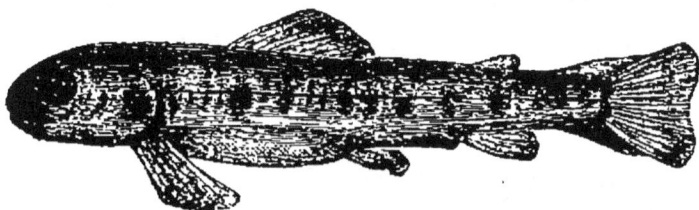

Fig. 46. — Petite truite de rivière âgée de six semaines au moment
de la résorption.

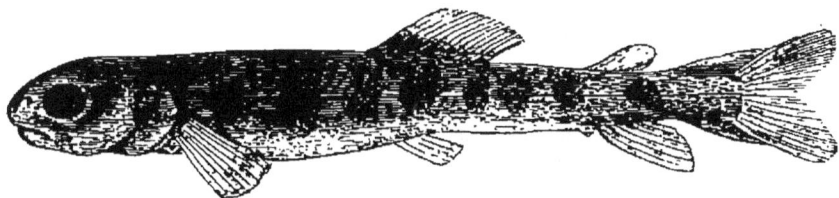

Fig. 47. — Alevin de deux mois (1 fois 1/2 grandeur naturelle).

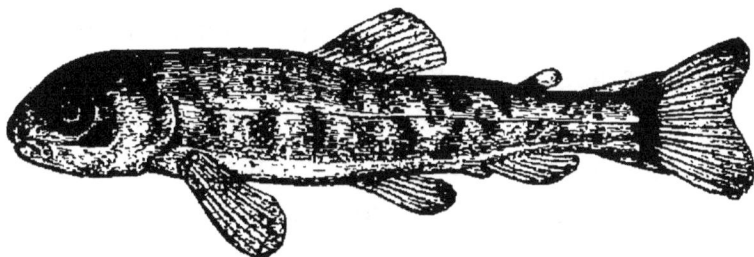

Fig. 48. — Ombre-chevalier âgé de quatre mois (1 fois 1/2 la grosseur naturelle).

on commettrait une erreur si l'on s'imaginait que, lorsque
l'on a obtenu, par la fécondation des œufs, une fois les petits poissons, il n'y a plus qu'à les jeter dans l'eau, et à les
laisser parcourir comme ils l'entendront l'espace qui existe

entre les deux extrêmes de leur vie; ils ont besoin, au contraire, pour donner de beaux produits, de l'application de tous les soins que réclame chaque période *déterminée* de leur existence [1]. Rien de plus vrai; la période qui suit la naissance de l'alevin jusqu'au moment où il pourra être employé pour le peuplement, est une des plus difficiles. C'est alors qu'il faut redoubler de soins et d'attention, si on ne veut s'exposer à de graves mécomptes.

Les alevins naissent dans les appareils à incubation; on peut les y laisser jusqu'à la résorption de la vésicule, à la condition d'avoir des appareils à courant continu. Pour les truites, la résorption a lieu cinq ou sept semaines après la

Fig. 49. — Truite de rivière âgée de quatre mois (1 fois 1/2 la grosseur naturelle).

naissance; pour les carpes, la durée n'est que de cinq à six jours; pour les aloses, c'est deux ou trois jours.

Les alevins restant dans les appareils où ils sont nés, il faut modifier quelque peu le débit de l'eau, qui sera légèrement augmentée, et encore aérée davantage, s'il est possible. C'est à ce moment surtout qu'il faut des eaux limpides et maintenues à une température constante [2].

Lorsque les alevins ont résorbé la vésicule, on les fait passer dans les bacs d'alevinage; quelques auteurs conseil-

1. *Bulletin des séances de la Société d'agriculture*, 2ᵉ série, tome X.
2. C'est ici surtout qu'on voit les avantages de l'auge de M. Berthéol, qui permet d'augmenter la quantité d'eau qui baigne les alevins, sans changer le débit réel.

lent de les mettre en liberté à cette époque même, alléguant qu'à ce moment les jeunes poissons sont très vifs et échappent facilement aux dangers, qu'ils trouvent dans l'eau leur nourriture naturelle, et s'accoutument peu à peu à la nature de ces eaux.

Mais la plupart des pisciculteurs préfèrent mettre les ale-

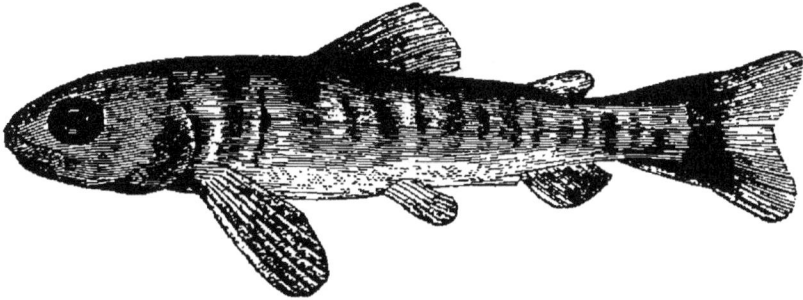

Fig. 50. — Saumon âgé de quatre mois (1 fois 1/2 la grandeur naturelle).

vins dans des bassins d'alevinage, afin de pouvoir les protéger contre leurs nombreux ennemis : là, ils sont surveillés, nourris ; ils se développent, et lorsque, plus tard, on les lâche dans l'eau où ils devront vivre, ils sont beaucoup plus robustes et mieux en état de se défendre.

Dans ce système, le bassin d'alevinage constitue une sorte d'intermédiaire entre l'appareil à éclosion et la pleine eau.

Bassins d'alevinage. — L'alevinage peut se faire en chambre ou dans une pièce d'eau ; ce dernier cas est bien le

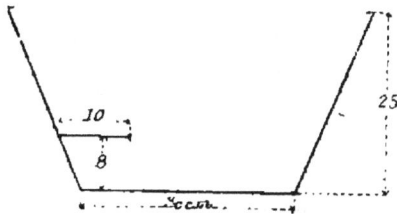

Fig. 51. — Coupe du bassin d'alevinage.

plus recommandable, mais il n'est pas toujours possible.

Pour l'alevinage en chambre, on a conseillé bien des for-

mes de bassin ; chaque pisciculteur a pour ainsi dire son
système particulier ; croyant toujours faire mieux que ceux
qui nous ont précédé, nous avons imaginé le nôtre, qui a
fonctionné au laboratoire de pisciculture de l'École d'agriculture de la Pilletière, et qui nous a donné des résultats
fort satisfaisants. (Fig. 51 et 52.)

Ces bassins sont en bois flambé et légèrement goudronné ;
ils ont de 1ᵐ,50 à 2 mètres de long sur 30 centimètres de
largeur au fond, les bords allant en s'évasant, et s'élevant à
une hauteur d'environ 25 centimètres. Sur une des parois
latérales est accolée, parallèlement au fond, et à environ

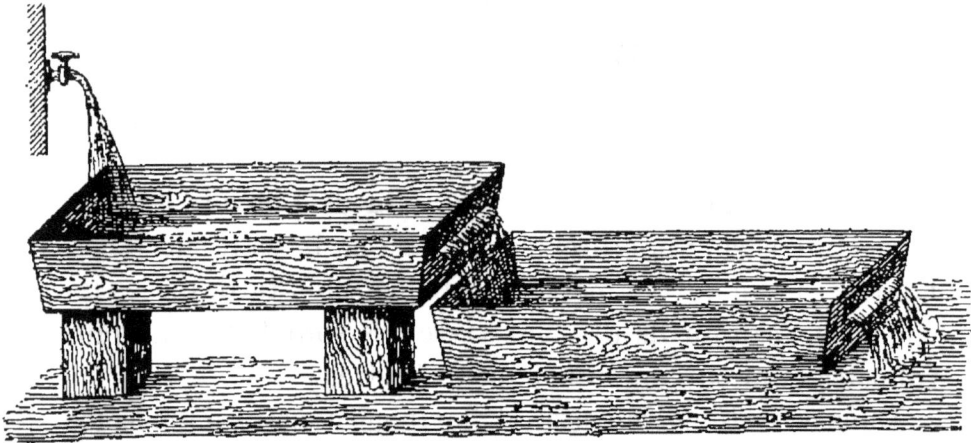

Fig. 52. — Bassin d'alevinage.

8 centimètres de celui-ci, une petite planchette de 10 centimètres de large, formant un rebord, sous lequel les alevins
trouvent l'ombre qui leur est nécessaire ; le fond des bassins
est garni de gravier bien lavé et préalablement bouilli. L'eau
doit couler sur le gravier avec un certain courant ; pour arriver à ce résultat, les boîtes sont mises en gradins, les ouvertures destinées à laisser passer l'eau de l'un des bacs dans
l'autre étant garnies de toile métallique fine, empêchant le
passage des alevins ; une plaque légèrement inclinée vers le
bas, forme au-dessous de l'ouverture une nappe sur laquelle

l'eau s'étale et s'aère. On place ces bassins, en nombre variable suivant l'abondance des alevins en gradins à une distance verticale les uns des autres de 20 centimètres environ : on a ainsi des chutes d'eau assez fortes. C'est là un point essentiel, car il faut aux alevins beaucoup d'oxygène ; on peut même mettre dans ces bacs quelques plantes aquatiques, qui, comme on le sait, dégagent beaucoup de ce gaz.

Il ne faut pas mettre trop d'alevins dans un même bac, de manière que l'espace ne leur manque pas, et aussi pour éviter la propagation des maladies qu'ils peuvent contracter. On aura même un bassin spécial, dans lequel on mettra les alevins malades, en sorte qu'ils n'aient rien de commun avec les autres.

Il va sans dire que les différentes espèces devront être séparées. Il faudra bien éviter de mettre dans un même bassin des alevins d'âge différents ; de plus, pour une même éclosion, il faut faire un triage, et séparer les alevins vigoureux des alevins chétifs. Malgré ces précautions, les inégalités de développement, tenant la plupart du temps à des dispositions individuelles, se manifestent pendant la croissance des jeunes poissons. Aussi, tous les mois, comme le recommande M. Bouchon Brandely, au moins une fois, à partir du moment où les alevins ont commencé à manger, il est nécessaire de faire un triage, et de les classer suivant leur taille [1]. Cette précaution est indispensable, car les alevins de truites et de saumons sont d'une telle voracité, que les plus forts mangent les plus petits.

Dans quelques établissements de pisciculture, on fait des bassins d'alevinage dans le voisinage des pièces d'eau, rivières ou étangs que l'on veut peupler, en établissant entre eux une communication directe, qui peut être ouverte ou fermée à volonté, au moyen d'écluses.

---

1. *Traité de Pisciculture pratique et d'Aquiculture.*

Ces bassins d'alevinage à l'air libre, s'ils sont alimentés par une eau convenable, sont excellents, car les jeunes y trouvent à peu près les conditions dans lesquelles ils devront vivre plus tard.

Il faudra y ménager des abris en pierres amoncelées, où les alevins trouveront l'obscurité qu'ils recherchent tant. Les rives du bassin seront plantées d'arbres ou d'arbustes destinés à donner de l'ombre.

Les bassins d'alevinage pour les carpes et autres cyprins devront être tout différemment disposés, c'est-à-dire dans une eau tiède et en plein soleil. Notons toutefois que, pour ces poissons, la dissémination peut être faite aussitôt après la naissance.

Nourriture des alevins. — L'alimentation des alevins est une des questions les plus importantes de la pisciculture.

Avant la résorption, il n'est pas besoin de s'en occuper, car les alevins n'absorbent aucune nourriture. Il n'en est plus de même après la résorption.

Nourrir les alevins avec de la cervelle de veau ou de mouton finement pulvérisée, ou avec des jaunes d'œufs, n'est plus, à notre sens, de la pisciculture, mais de la pure fantaisie ; car on conviendra qu'une pareille nourriture, distribuée pendant deux ou trois mois, pour peu qu'elle s'applique à quelques milliers de poissons, doit revenir fort cher : c'est faire de la pisciculture avec de l'argent, au lieu de faire de l'argent avec la pisciculture. C'est donc là une nourriture que nous ne saurions conseiller, d'autant moins qu'elle occasionne chez les alevins une forte mortalité, ainsi qu'il résulte des observations de nombreux pisciculteurs et notamment de M. Lugrin.

Aussitôt après la résorption, on donnera, par exemple, de ces petits crustacés d'eau douce nommés *cyprins, cyclops, daphnies*, etc., qu'on trouve en si grande abondance au printemps, et qu'on reproduit aisément de la manière suivante : On prend de la vase puisée dans une mare où, l'automne précédent, on a vu de ces animaux en abondance, notamment des daphnies [1] ; on met ensuite cette vase dans un tonneau ou un récipient quelconque rempli d'eau, qui doit être courante et additionnée d'une petite quantité de crottin de cheval : il importe que cette eau *courante* soit à une température *constante* de 18°. M. Lugrin dans son établissement de pisciculture de Gremat, et M. Rivoiron à Servagette, produisent des daphnies par un procédé se rapprochant beaucoup de celui-là. Avec un tamis à mailles serrées il est facile de s'emparer de ces animaux, qui constituent pour les jeunes truites la meilleure nourriture possible.

Cette alimentation sera ainsi continuée pendant deux ou trois mois ; puis, insensiblement, on la diminuera peu à peu, en la remplaçant par des vers de vase, des vers de terre hachés, des lymnées, des planorbes, des puces d'eau ou gamnarus, ou bien encore des limaces, comme à l'établissement de Meilen, en Suisse ; enfin, des déchets de viande finement hachés. Pour l'élevage des salmones, car c'est à lui que s'applique ce qui précède, cette question de la première alimentation des alevins, peut être notablement simplifiée lorsqu'on élève la truite arc-en-ciel (*salmo irïdeus*). En effet, cette truite fraye tard, avantage précieux, car les alevins par cela même éclosent tard, généralement dans les premiers jours de mars ; or, la période de résorption de la vésicule pendant laquelle les jeunes ne prennent aucune nourriture étant de quatre à six semaines, on arrive ainsi au mois de mai, époque à laquelle les insectes et les crustacés d'eau douce (daphnies, cyclops, cypris, etc.) commencent à se développer dans les cours d'eau. Les alevins trouvent ainsi une nourriture ap-

1. On peut voir de ces animalcules, notamment des *cypris,* dans les bassins des crocodiles et des chelonées au palais des reptiles du Jardin des Plantes de Paris, où toutes les conditions favorables à leur rapide multiplication semblent se trouver réunies.

propriée, ce qui simplifie singulièrement la grave et difficile question de la première alimentation.

D'après M. Roosevelt, commissaire des pêcheries de l'État de New-York, cette truite, même en stabulation, prospère et reste exempte des maladies si fréquentes chez la plupart des autres espèces; de plus, les blessures de la peau, ordinairement si funestes pour les autres truites, sont infiniment moins dangereuses que chez les autres salmonidés [1].

Vers l'âge de six ou huit mois, on donnera aux jeunes truitons des poissons blancs hachés, qu'on substituera peu à peu à la nourriture précédente, en ayant soin de toujours éviter les changements brusques. Cette nourriture sera continuée jusqu'à l'âge de douze ou quatorze mois, après quoi on commencera à donner des poissons blancs vivants, des gardons et des vairons, par exemple.

Dans le commencement, fait observer M. Gauckler, il suffit d'une tasse pleine de nourriture pour 100,000 truites. Pour 1,000 truites de deux ans, il faut journellement 1,500 grammes de chair; un an après, il en faut 2,500. 3 kilogrammes de poissons blancs ou 2 kilogrammes 1/2 de chair de cheval, produisent 500 grammes de chair de truites. La voracité de ces poissons est d'autant plus grande, que la température est plus élevée. Ils mangent avec avidité, surtout au printemps, au retour de la chaleur, après le long jeûne qu'ils ont subi pendant l'hiver.

Nous renvoyons, pour plus de détails, au chapitre des *étangs à truites*, où nous avons indiqué quelques moyens particuliers pour nourrir ces poissons.

Pour les carpes, quelques poignées de gros son ou des grains avariés préalablement cuits, jetées de temps à autre suffiront. (Voir *étangs à Carpes*.)

1. Voy. Albert Larbalétrier, *La Truite arc-en-ciel dans nos cours d'eau.* (*Journal des campagnes* du 9 janvier 1886.)

La distribution de la nourriture est loin d'être indifférente. En raison même de sa conformation anatomique, la truite, dont les yeux sont placés sur le haut de la tête, ne voit guère ce qui est au-dessous d'elle ; ceci est surtout vrai pour les alevins. Il faut donc leur donner une nourriture qui surnage, ou tout au moins qui flotte dans l'eau. Pour la viande de cheval salée qu'on ajoute quelquefois au régime des alevins à partir de l'âge de 6 ou 8 mois, surtout en Amérique, le meilleur moyen consiste à la hacher finement, et à l'introduire ensuite dans un petit tamis circulaire muni de flotteurs en liège, qu'on laissera ainsi à la surface de l'eau, en ayant

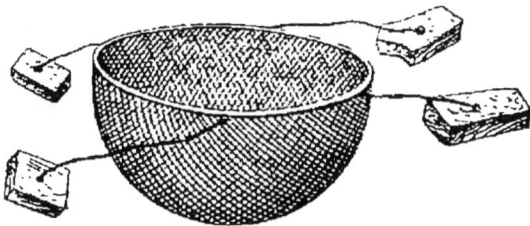

Fig. 53. — Tamis circulaire pour l'alimentation des alevins.

soin de les munir d'un couvercle, si les bassins d'alevinage sont en plein air, crainte des oiseaux (fig. 53).

On a préconisé, à un certain moment, les salamandres terrestres et les tritons comme nourriture économique pour les truites. Or, M. Sivard de Beaulieu, ayant nourri ses truites avec des salamandres terrestres, les vit mourir peu de temps après. C'est donc là une nourriture dont il faut se défier.

Stabulation des alevins. — Dans quelques établissements, on met les alevins en liberté huit ou quinze jours avant la résorption ; il y a là un inconvénient grave, car bon nombre d'insectes et de crustacés s'acharnent après eux, et s'attaquent surtout à la vésicule ombilicale.

Comme nous l'avons déjà dit, il est préférable d'accoutumer

peu à peu les alevins à la nouvelle existence qui leur est réservée.

Ce n'est que vers l'âge de huit ou dix mois, souvent même plus tard, qu'on doit les sortir des bassins d'alevinage ; mais alors, s'il s'agit de truites, il faut les faire passer dans une autre pièce d'eau, en ayant soin de ne pas les laisser en contact avec des truites plus âgées, pour éviter qu'elles ne s'entre-dévorent.

Maladies et ennemis des alevins. — Les *phryganes*, ou mouches de mai, sont fort nuisibles aux alevins n'ayant pas encore résorbé : leurs larves piquent la vésicule ombilicale des jeunes poissons, qui, dès lors, ne tardent pas à succom-

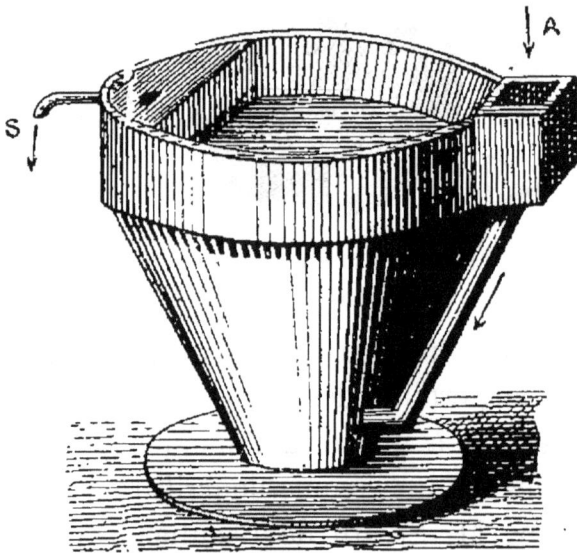

Fig. 54. — Auge conique pour le traitement des alevins malades.

ber ; après la résorption, ces phryganes (*phryganea*) sont tout à fait inoffensives; au contraire, elles constituent alors une des proies favorites du fretin.

Le *dytique* (*dyticus*), ce gros coléoptère aquatique si commun dans toutes les eaux, s'attaque surtout aux alevins n'ayant pas résorbé; il en est de même des *notonectes*, qui plongent leur pointe acérée dans le corps des jeunes poissons.

Ces ennemis, et bien d'autres encore, ne sont guère à redouter que dans les bassins d'alevinage à l'air libre. Un autre ennemi des alevins, moins connu, mais non moins nuisible, est le serpent d'eau (*coluber natrix*). M. F. Muntadas, dans son établissement de Piedra (Espagne, Aragon), a eu beaucoup à s'en plaindre; il en a capturé un qui avait avalé six saumons.

Pour ce qui est des maladies proprement dites, les plus communes sont le *byssus,* que nous avons déjà signalé pour les œufs, et la *maladie des branchies.*

Il arrive parfois qu'au moment de la résorption, les alevins éprouvent une certaine difficulté à effectuer cet acte physiologique. Le meilleur moyen de leur venir en aide, est, non pas de crever la vésicule avec la pointe d'une aiguille, comme le conseillent quelques auteurs, mais de mettre les alevins dans une eau très courante. Pour cela on se sert de l'*auge conique* (fig. 54). L'eau arrive en A, circule dans le tube qui longe le vase et monte en tournoyant ; les alevins ne peuvent alors rester en repos, ils sont soumis à l'action de ce tourbillon remontant qui les remet en état ; l'eau s'écoule en S, mais les alevins ne peuvent sortir, grâce à un grillage ménagé à cet effet à quelque distance au-dessous de cette ouverture.

Ces affections ont pour cause, soit la mauvaise qualité des eaux, soit une température trop élevée, soit une trop forte insolation, soit encore des alternatives de froid et de chaud.

CHAPITRE XIV

TRANSPORT DES ŒUFS ET DES POISSONS

Transport des œufs. — Lorsqu'on veut empoissonner un cours d'eau ou un étang, il est quelquefois difficile de se procurer des reproducteurs pour effectuer les fécondations artificielles : dans ce cas, on peut acheter au dehors, soit des œufs, soit des alevins.

Or, le transport des uns et des autres nécessite quelques précautions qu'il est indispensable de connaître. Voyons d'abord les œufs.

Principe général. — On expédie quelquefois les œufs *aussitôt* qu'ils viennent d'être fécondés ; mais alors, le voyage ne doit pas durer plus de cinq ou six jours, car, pendant la période qui suit la sixième journée les œufs sont très sensibles.

Il est préférable, pour expédier les œufs à de grandes distances, d'attendre le moment où l'embryon est bien nettement formé, car, à cet état, ils sont beaucoup moins délicats.

Le moment le plus favorable est à partir du moment où l'embryon est assez avancé pour que les yeux commencent à se montrer comme deux points noirâtres à travers la membrane de la coque. (Coste.) A ce moment les œufs sont dits *embryonnés.*

Transport des œufs adhérents. — Ces œufs sont relativement faciles à transporter. On met dans un vase ou dans un tonneau défoncé, les herbes recouvertes d'œufs fécondés, en ayant soin de maintenir l'eau à une température assez élevée, et surtout à une température constante. Mais toujours il faut éviter les longs trajets, car les œufs, en raison de leur faible durée d'incubation, éclosent souvent en route.

Transport des œufs libres. — Ceux-ci demandent beaucoup plus de soins. Le transport dans l'eau n'est plus guère possible dans ce cas, car les ondulations et les secousses du liquide présentent bien des dangers pour la vie de l'embryon. Il faut, au contraire, disposer les choses pour que les œufs gardent une complète immobilité. La température du milieu dans lequel se trouvent les œufs doit être constante, et d'autant plus basse que le voyage devra se prolonger plus longtemps.

M. Millet recommande, pour transporter les œufs, l'emploi de deux boîtes métalliques de grandeur différente, introduites l'une dans l'autre. L'espace compris entre la boîte extérieure et la boîte intérieure est rempli d'un mélange de mousse et de glace, sur lequel on dépose les œufs.

Les boîtes légères du genre de celles dans lesquelles on enferme les fruits conservés, les jouets d'enfant, dit M. Bouchon Brandely, et que l'on fabrique surtout en Suisse et dans la forêt Noire, ont été employées avec avantage par le Collège de France, l'établissement d'Huningue, et le sont encore par presque tous les établissements piscicoles qui exportent des œufs. Si le trajet à parcourir est de faible durée, si le temps promet de se maintenir à une température de 5 à 10° au-dessus de zéro, une seule boîte assurera leur conservation ; si, au contraire, on traverse une saison tourmentée par des alternatives de chaleur et de gelée, ou si le thermomètre est descendu au-dessous de zéro, il conviendra de renfermer cette première caisse dans une seconde [1].

Dans ces boîtes, on dispose une première couche de

1. Bouchon-Brandely, ouvrage cité.

mousse humide, sur laquelle on dépose une rangée d'œufs ; on les couvre d'une nouvelle couche de mousse, sur laquelle on met une autre rangée d'œufs, et ainsi de suite.

Il va sans dire que la mousse qu'on interpose entre les œufs doit être bien nettoyée. Dans les envois qui nous sont parvenus, la mousse était souvent remplacée par des couches de ouate ou de coton. Cette dernière substance, quoique d'un prix plus élevé, est préférable, à notre avis, car elle renferme moins de substances fermentescibles et garde plus longtemps l'humidité.

Déballage des œufs. — Il y a quelques précautions à prendre pour le déballage des œufs. Lorsqu'on reçoit des œufs embryonnés, il faut d'abord entr'ouvrir légèrement la boîte, et y introduire un thermomètre, qu'on laisse quelques minutes, et ou note la température. On plonge ensuite la boîte dans de l'eau, dont la température est réglée de façon à ce que les œufs acquièrent exactement la même température que celle de la pièce où se trouvent les appareils à éclosion.

Appareil Malther, pour le transport des œufs à de grandes distances. — Pour le transport à très grandes distances, l'appareil de M. Malther rend de grands services. Il a servi à transporter en Europe les œufs de saumon de Californie.

C'est une armoire en bois, d'environ 60 centimètres de hauteur sur 40 de large et autant de profondeur. A la partie supérieure est un récipient dans lequel on met de la glace ; au-dessous sont vingt tiroirs à cadres, dont le fond est en zinc perforé ; au-dessous de ces tiroirs, un autre plus grand, à fond plein, destiné à recevoir l'eau provenant de la fusion de la glace. Le plancher de chaque tiroir est recouvert d'une pièce de drap de laine, sur laquelle on dispose les œufs, soigneusement enveloppés dans une fine mousseline. La glace, placée à la partie supérieure, fond peu à peu, et l'eau qui en provient traverse tout l'appareil et tombe dans le récipient inférieur, qui est vidé aussi souvent qu'il est nécessaire.

Transport des alevins. — Le transport des alevins présente des difficultés autrement graves, car les jeunes poissons sont excessivement sensibles; aussi les déplacements à des distances tant soit peu considérables nécessitent-ils des appareils spéciaux.

Quel que soit l'appareil adopté, il est essentiel de ne pas exposer les alevins, même à un court voyage, peu de jours après leur naissance.

Quelques auteurs conseillent de ne les faire voyager qu'après la résorption de la vésicule ombilicale. Nous ne partageons pas cet avis, et voici pourquoi : après la résorption, les alevins ont un impérieux besoin de se nourrir; il faudrait donc, pendant le voyage, s'occuper de leur alimentation, ce qui, étant donné les exigences des alevins, est loin d'être chose facile ; de plus, pour peu que les secousses soient un peu fortes pendant le trajet, les jeunes poissons refusent souvent de manger; par cela même, leur santé est fortement compromise. Enfin, les alevins ne refuseraient-ils pas la nourriture, il y a deux autres inconvénients : ou ils produiraient sûrement des déjections en quantité proportionnelle à l'intensité de l'alimentation, et, rien n'est plus nuisible à la vie des alevins que leurs propres déjections; ou bien, la nourriture étant parcimonieusement distribuée, ils se mangeraient entre eux.

Toutes ces causes sont, croyons-nous, assez sérieuses pour être prises en considération.

L'époque la plus favorable est celle qui précède de quelques jours la résorption de la vésicule.

Le principe de M. Coste, plus les poissons sont jeunes, plus il est facile de les transporter à de grandes distances, quoique vrai dans une certaine mesure, d'après ce que nous venons de voir, ne doit donc pas être pris à la lettre, malgré la notoriété évidente qui s'attache au nom de l'éminent professeur.

Transport des alevins résistants. — Les difficultés qu'on éprouve dans le transport des alevins ont pour cause principale le défaut d'aération de l'eau. Or, pour ce qui concerne cette faculté de résister plus ou moins longtemps à l'asphyxie, les poissons peuvent être divisés, comme l'a proposé M. H. de la Blanchère, en deux séries :

1° Les poissons *résistants*, comme la carpe, la tanche, l'anguille, le brochet, la perche.

2° Les poissons *sensibles*, truites, saumons, ombres, barbeaux, poissons blancs, etc.

Pour transporter les premiers, on se sert généralement de tonneaux défoncés, dans lesquels on met des herbes aquatiques, de préférence des *chara* (voy. fig. 59) ou des *callitriches*, qui ont la propriété de dégager beaucoup d'oxygène. Les poissons seront placés dans ces récipients, dont on renouvellera l'eau de temps à autre.

Transport des alevins sensibles. — Ici les appareils doivent être un peu plus perfectionnés. On en a proposé un très grand nombre, mais hâtons-nous de le dire, ceux qui présentent des chances sérieuses de réussite ne sont pas nombreux.

Un des plus anciens consiste en un vase en fer-blanc, à couvercle percé de trous ; ce vase est placé dans un panier d'osier, et l'espace compris entre les deux est rempli de mousse humide fortement tassée. L'eau du vase en fer-blanc est aérée de temps à autre avec une petite pompe à main.

L'appareil de M. Millet est un peu plus perfectionné. En réfléchissant au mode de respiration des poissons et aux conditions de dissolution de l'air dans l'eau, dit cet habile pisciculteur, j'ai été tout naturellement amené à chercher à remplacer l'air au fur et à mesure qu'il était absorbé, et à en saturer l'eau autant que possible... L'appareil, réduit à sa plus simple expression, tel, du reste, qu'il a figuré à l'Exposition universelle de 1855, au Concours universel agricole de 1865, etc., consiste en un soufflet ordinaire, au bout duquel on adapte un tube ou un tuyau ; l'extrémité de ce tuyau plonge au fond d'un seau, caisse, baquet, cuve ou tonneau, servant au transport du poisson. Il suffit de faire mouvoir ce soufflet pour injecter dans l'eau, selon le besoin des diverses espèces, l'air nécessaire, soit pour saturer cette eau, soit pour satisfaire aux exigences de la respiration.

Cet appareil, évidemment supérieur au précédent en ce qui concerne l'aération, lui est inférieur en ce qui touche à la constance de la température.

L'appareil de M. Bienner a été en usage à Huningue, où il a donné d'excellents résultats. C'est un cylindre horizon-

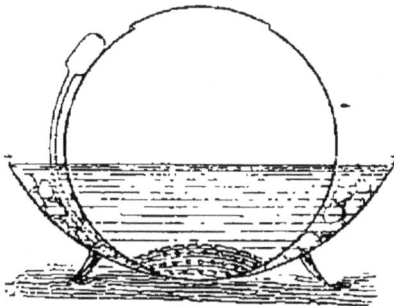

Fig. 55. — Appareil de M. Bienner (coupe transversale).

tal en tôle, dont la partie supérieure est munie d'un couvercle à charnière ; il mesure de 50 centimètres à 1^m,30, avec un diamètre de 30 à 60 centimètres. Le cylindre est rempli d'eau aux deux tiers de sa hauteur, et les poissons sont introduits par l'ouverture supérieure. A la partie inférieure de l'appareil, on adapte intérieurement un double fond percé d'une multitude de trous, et présentant une certaine convexité formant ainsi une petite chambre, dans laquelle on injecte de l'air. Ce dernier est introduit au moyen d'une boule en caoutchouc d'environ 10 centimètres de diamètre, percée de deux trous, l'un inférieur, l'autre supérieur ; par le premier, elle communique avec le double fond, au moyen d'un tuyau aboutissant à un tuyau en tôle fixé contre la paroi verticale du cylindre; l'autre trou de la boule en caoutchouc est placé à son sommet. En comprimant cette boule, tout en bouchant son ouverture supérieure avec le doigt, l'air est introduit dans le double fond, d'où il se répand dans l'eau, et monte en petites bulles dans tout le cylindre.

Extérieurement, l'appareil est muni de deux rebords, dans lesquels on peut mettre de la glace (fig. 55).

L'appareil de M. Vançon consiste en une petite voiture hermétiquement close et à moitié remplie d'eau. La rotation des roues de derrière met en mouvement, par deux petits excentriques, deux soufflets placés à l'arrière de la voiture, et qui aboutissent dans l'eau de la voiture. A la partie antérieure du véhicule se trouve un autre soufflet, placé à proximité du siège du conducteur, et que celui-ci peut actionner lorsque la voiture est obligée de suspendre sa marche. Il est à remarquer que les tuyères des soufflets plongent dans l'eau, et qu'elles se terminent en pomme d'arrosoir.

Mise à l'eau des alevins. — A la réception d'un envoi d'alevins, soit qu'on les mette dans des bassins d'alevinage, soit qu'on les lâche immédiatement en pleine eau, il y a quelques précautions à prendre.

Elles consistent surtout à éviter un brusque changement en ce qui concerne la nature de l'eau et sa température. Pour y parvenir, on laisse les poissons dans l'eau où ils arrivent, et on plonge l'appareil de transport dans l'eau où devront vivre les alevins ; de cette manière, la température s'égalise peu à peu. Puis on ajoute successivement, et par petites quantités, de l'eau dans l'appareil de transport jusqu'à ce qu'elle déborde et les poissons avec.

Les poissons, ainsi familiarisés avec la température d'abord, et la nature de l'eau ensuite, peuvent être mis dans le nouveau milieu qui leur est destiné.

Pour les salmonidés, on effectue la mise à l'eau sur une frayère artificielle formée de gravier et de cailloux, à un endroit où l'eau est claire, courante et bien ombragée.

CHAPITRE XV

FRAYÈRES ARTIFICIELLES

Définition. — Les frayères artificielles sont des endroits convenables à la reproduction des poissons, et qui ne diffèrent des frayères naturelles que par ce fait qu'elles ont été créées par l'homme.

Frayères naturelles. — Nous avons vu que la ponte ne s'effectue pas toujours dans les mêmes conditions, chez les différentes espèces ichtyologiques qui nous intéressent. Cependant, les frayères naturelles peuvent être ramenées à deux types bien caractéristiques.

Pour les truites, saumons, ombres, et autres poissons à œufs libres, ce sont des endroits peu profonds, à fond de sable ou de gravier, où l'eau, toujours à une température assez basse, présente un courant modéré.

Pour les carpes, tanches, brèmes, etc., poissons à œufs collants, les frayères naturelles consistent en amas de plantes aquatiques, sur lesquelles les poissons viennent déposer leurs œufs.

Comme nous avons déjà eu l'occasion de le voir, les exigences de la navigation détruisent le plus souvent les frayères dans les cours d'eau navigables ; ce qui, sans aucun doute, contrarie la multiplication des poissons. D'ailleurs, les travaux sans nombre auxquels l'homme se livre près des cours d'eau, font que les conditions nécessaires pour obtenir une bonne frayère naturelle se trouvent rarement réunies.

On a donc songé à en créer ; pour cela, on n'a eu qu'à

copier la nature, faisant ainsi ce qu'on appelle, bien improprement d'ailleurs, les frayères *artificielles*.

Utilité des frayères artificielles. — Ces frayères ont sur les frayères naturelles certains avantages qui méritent d'être signalés. Tout d'abord, elles peuvent être aménagées de telle sorte, que les poissons y trouvent réunies *toutes les conditions favorables* à la ponte ; de plus, le pisciculteur connaît leur emplacement exact, par conséquent il peut les surveiller attentivement : cette dernière observation est importante, car c'est surtout sur les frayères que les ennemis des poissons font les plus terribles ravages.

En créant des frayères artificielles, on peut avoir plusieurs buts :

1° Obtenir des œufs sans procéder à la fécondation artificielle.

2° Se procurer des reproducteurs qu'on peut ainsi pêcher avec facilité sur les frayères mêmes, car la plupart des poissons, notamment la truite, sont très faciles à prendre, même à la main, à l'époque du frai.

3° Enfin, rempoissonner une pièce d'eau quelconque.

Frayères artificielles pour les œufs libres. — Ces frayères sont assez faciles à construire. On choisit un endroit ombragé, peu profond, présentant un léger courant ; on y transporte du gravier soigneusement nettoyé, qu'on étale en une couche de 20 à 30 centimètres d'épaisseur sur une étendue de 2 ou 3 mètres carrés.

C'est surtout dans les petits ruisseaux à forte pente qu'on établit ces frayères. Il est nécessaire de ménager à proximité quelques trous, où les reproducteurs pourront se mettre à l'abri. On empêchera avec soin toute espèce de végétation à proximité de ces frayères. Dans tous les cas, il faut établir ces sortes de frayères dans un endroit où l'eau ne gèle jamais : or, comme la profondeur doit être assez faible, il est indispensable, pour satisfaire à cette condition, de les éta-

14

blir dans un lieu où le courant soit quelque peu rapide. Cependant, il va sans dire que la vitesse d'écoulement ne doit pas être par trop forte, pour éviter l'entraînement des œufs.

Lorsqu'une femelle a déposé ses œufs sur un point de la frayère, et qu'ils ont été fécondés, il faut éviter que d'autres poissons ne viennent les remuer, ou même les manger ; pour cela, aussitôt qu'une ponte est effectuée, on a soin de la recouvrir, soit avec une cage en treillage de fer galvanisé, soit avec un simple panier d'osier. Mais il est assez rare, dans la pratique, qu'on soit obligé d'en arriver là, car pour ce qui concerne les espèces de poissons qui nous occupent, les frayères artificielles sont plutôt un moyen commode de se procurer des reproducteurs. D'ailleurs, en laissant les poissons se reproduire ainsi, on a toujours à craindre les accidents qui entravent la fécondation de bon nombre d'œufs.

Pour le barbeau, la chevaine, le goujon, etc., on fait des frayères du même genre, mais moins étendues et avec du gravier beaucoup plus fin mêlé de sable à gros grains. On le dispose en légers monticules sur une pente douce, dans l'eau courante exposée au soleil.

Frayère artificielle pour les œufs collants. — Pour les carpes, les tanches, les brèmes, etc., les frayères doivent avoir une disposition toute différente.

Elles doivent être établies dans une eau plutôt tiède et aussi tranquille que possible.

Ces frayères sont mobiles ou à demeure.

Frayères à demeure. — Pour les établir, l'endroit étant convenablement choisi comme exposition, on sèmera ou on plantera des herbes aquatiques, telles que la renoncule aquatique (*ranonculus aqualilis*), la glycérie flottante (*glyceria fluitans*), le roseau commun (*arundo phragmites*), divers callitriches, etc. Il faudra disposer ces plantes par touffes isolées, sur une étendue variable, mais de façon que chaque amas soit bien touffu, et ne présente pas plus de 1 mètre 50 à 2 mètres carrés de superficie.

Lorsque ces herbes font défaut, on peut se servir de fagots ou bourrées, qu'on dresse dans l'endroit choisi, à quelques mètres de distance les uns des autres ; la partie du fagot présentant le plus de brindilles sera plongée dans l'eau, l'autre restera au dehors, fixée sur le rivage ; ou bien, lorsque ces frayères s'avancent quelque peu dans les eaux, on y attache une corde lestée, qui maintient le système en place. Généralement, c'est le bois de bouleau qu'on préfère pour cet usage.

Herbes ou fagots, il est essentiel de les mettre en place avant l'hiver, et dans des endroits peu fréquentés par l'homme, pour que les poissons s'accoutument à leur vue.

Frayères mobiles. — Ces frayères présentent de nombreuses variétés. Souvent elles consistent en un cadre de bois formé de lattes, sur lesquelles on attache, avec de l'osier, des menus branchages ou des balais de bruyère. Ces claies sont placées obliquement contre la rive. Après la ponte, on retire les branchages du cadre, et on les place dans des conditions favorables à l'éclosion.

D'autres fois, on se sert de claies circulaires, des cercles de tonneau, par exemple, sur lesquels on croise quelques lattes ; ces disques sont garnis de branchages, et on en place plusieurs les uns au-dessus des autres. On les maintient avec quelques piquets plantés dans le sol.

Pour les brochets, on fait des frayères dans le genre des précédentes, mais on ajoute aux branchages des racines et des mottes de gazon enchevêtrées. On devra les placer dans les eaux dormantes, pour que ces poissons viennent y déposer leurs œufs.

Rigole-frayère. — On donne ce nom à une sorte de canal placé à l'amont de la pièce d'eau où se trouvent les reproducteurs ; par sa disposition, il attire les poissons prêts à frayer.

Les rigoles-frayères s'appliquent aux truites, saumons, etc. Autant que possible, ce canal sera construit en briques et ciment; on lui donnera une faible pente, environ 2 centimètres par mètre, afin de provoquer un courant assez intense; la largeur sera comprise entre 50 centimètres et 1^m,50, sur une longueur de 3 ou 4 mètres, avec une profondeur moyenne de 26 ou 35 centimètres, suivant la quantité d'eau dont on dispose.

La rigole-frayère ainsi aménagée, devra être soigneusement nettoyée au moment du frai. Le fond sera garni d'une couche d'environ 10 centimètres de gravier, sur lequel les truites viendront déposer leurs œufs.

La rigole ainsi construite n'est plus guère en usage. En effet, M. Ainsworth l'a singulièrement perfectionnée. Il a imaginé d'y placer une caisse en planches qui épouse exactement ses formes; dans l'intérieur de la caisse sont deux cadres superposés, placés sur des taquets adhérents aux parois latérales. Ces cadres enveloppent des treillages en toile métallique; le treillis supérieur est à mailles très larges, et se trouve recouvert de gros gravier. Les poissons s'engagent sur ce gravier, l'écartent pour frayer, et presque tous les œufs tombent, à travers les larges mailles de la toile métallique, sur le treillis inférieur, placé à environ 10 centimètres plus bas; ils sont alors arrêtés par les fines mailles de ce dernier. Les œufs ainsi pondus peuvent être récoltés en enlevant les deux cadres.

Cette dernière opération est loin d'être commode : aussi M. Collins a-t-il notablement transformé ce système. Il a fixé le cadre supérieur, qui a été agrandi dans le sens de la largeur et partagé en compartiments, dont chacun peut recevoir une couple de poissons; au moyen d'échancrures se faisant face sur les côtés, les compartiments communiquent entre eux. La toile métallique inférieure est sans fin : elle se meut sur des roulettes que mettent en mouvement un engrenage à axe vertical, qu'il suffit de tourner. En aval de cette boîte est un cuveau, dans lequel on déverse les œufs recueillis en faisant avancer la toile sans fin.

L'appareil ainsi modifié est aujourd'hui très employé en Amérique, où il donne les meilleurs résultats.

Son emploi, fait remarquer M. Gauckler, tend à se substituer complètement à la fécondation artificielle. Les éclosions obtenues des œufs qu'on a retirés, ont procuré des résultats bien supérieurs à ceux de tous les autres procédés.

CHAPITRE XVI

ENNEMIS DES POISSONS

Généralités. — Un des principaux soucis du pisciculteur est de lutter contre la multitude d'ennemis qui harcellent les poissons, à toutes les époques de leur existence. Végétaux et animaux semblent unir leurs efforts pour attaquer le monde ichtyologique, monde persécuté s'il en fut.

Cette lutte entre le pisciculteur et les ennemis des poissons est bien inégale, car les dévastateurs sont nombreux et puissants, et la science ne possède contre eux que de bien faibles armes, qui laissent toujours l'homme dans une situation d'infériorité évidente.

Par cela même, il faut les connaître tous, ces ravageurs ichtyophages à des degrés divers, car c'est par la connaissance approfondie des mœurs et des moindres particularités de leur vie, qu'on arrivera à trouver des moyens efficaces pour les détruire.

Végétaux. — Les ennemis appartenant au règne végétal se rangent, pour la plupart, dans la grande section des *cryptogames*. Ce sont des sortes de moisissures dont les spores flottent dans l'eau, et qui, lorsqu'ils rencontrent un endroit favorable, s'y développent. Or, le corps des poissons est recouvert d'un mucus glutineux sur lequel les germes de ces végétaux adhèrent ; ce mucus est le résultat de la desquamation épidermique. Chez les poissons en bonne santé, cet enduit est très abondant, la sécrétion est intense, aussi ne séjourne-t-il pas longtemps, il se trouve continuellement remplacé.

Lorsque les conditions hygiéniques sont défavorables, le mucus séjourne, et les germes peuvent se développer sans entraves. On observe alors des symptômes variables avec la nature des spores, mais qui se manifestent la plupart du temps par des plaques blanchâtres s'étalant sur les diverses régions du corps des poissons. Ces plaques gagnant les branchies, la mort survient par asphyxie.

Y a-t-il un remède ? On a proposé de brosser les poissons ainsi attaqués, pour détacher ces moisissures. C'est tout ce qu'il y a de plus mauvais, car les écailles tombent, et le poisson est inévitablement perdu. Ce qu'il convient de faire dans un pareil cas, c'est de mettre les malades dans une eau très courante, riche en oxygène, et si l'affection n'en est qu'à son début, on aura bien des chances de guérison.

Nombreuses sont les espèces cryptogamiques qui exercent ces terribles ravages : parmi les plus importantes, citons les *saprolegnia*, sortes de mucor aquatiques, que quelques auteurs classent parmi les algues, tandis que d'autres les rangent dans les champignons phycomycètes. Ce sont des filaments allongés, cylindriques. On se fera aisément une idée de ces végétations en examinant les filaments jaunâtres qui recouvrent le corps des mouches noyées (*saprolegnia ferax*). L'espèce la plus nuisible aux poissons est l'*acheya prolifera*. Les *leptomitus* sont voisins des précédents.

On désigne généralement ces parasites sous le nom général de *byssus;* mais cette dénomination, dans la pratique, s'applique encore aux *aleurisma*, aux *acladium*, aux *haplaria*, etc., etc.

Animaux. — Les animaux ennemis des poissons sont fort nombreux, et appartiennent pour ainsi dire à toutes les subdivisions de l'échelle zoologique. Les uns vivent en pa-

rasites aux dépens des poissons ; les autres en font leur nourriture.

Pour en faciliter l'étude, nous les diviserons en deux groupes : les vertébrés et les invertébrés.

I. *Invertébrés*

Vers. — Parmi les helminthes ou vers intestinaux, sont
les *ligules*, vers blancs au corps mou ou parenchymateux,
déprimé, et sans traces d'articulation, à renflement céphalique peu distinct.

On trouve ces parasites dans le corps des poissons et de
quelques oiseaux, mais ils n'affectent pas exactement la
même forme dans ces deux classes d'animaux. Rudolphi a
prétendu que les ligules commençaient à se développer dans
le corps des poissons, et que ce n'est qu'en passant dans l'organisme des oiseaux qu'ils acquièrent leur forme adulte et
deviennent aptes à se reproduire. Il donne à l'appui de cette
manière de voir cette remarque, que, chez les poissons, ces
parasites sont toujours renfermés dans la séreuse péritonéale,
tandis que chez les oiseaux ils vivent dans l'intestin. Cette
opinion n'a pas été admise par tous les naturalistes ; on lui
a surtout opposé cette question : Si les ligules ne se reproduisent que dans le corps des oiseaux, comment les larves
peuvent-elles passer dans le corps des poissons ? Quoi qu'il
en soit, l'idée de Rudolphi nous semble assez acceptable,
quoique n'ayant pas eu l'occasion de la démontrer expéri-
mentalement ; car il est à remarquer que c'est surtout chez
les oiseaux aquatiques qu'on trouve les ligules.

Ces parasites sont fréquents chez l'épinoche, la brème, la
tanche, etc. Parmi les espèces principales, citons la *ligula
simplicissima*, la *ligula proglottis*, la *ligula tuba*, etc., etc.

Les *échinorrhynques* sont des vers intestinaux non moins
communs chez les poissons. Ce sont des vers ronds, appar-

tenant à l'ordre des *acanthocéphales*. Ces êtres n'ont ni bouche, ni anus, ni organes des sens ; leur corps est cylindrique et muni, à la partie antérieure, d'une trompe et de petits crochets.

Les embryons sont petits, leur corps est allongé ; ils vivent aux dépens de certains petits crustacés ; là ils s'entourent d'un kyste, et se transforment en sortes de nymphes. L'embryon de l'échinorrhynque, fait remarquer M. Van Beneden, ne porte de chaque coté que deux grands crochets, mais plusieurs petits [1].

Bon nombre de poissons se nourrissant de crustacés minuscules ; ces parasites pénètrent dans leur organisme, et y achèvent leur complet développement.

Parmi les principales espèces, citons :

L'*échinorrhynque proteus*, dont l'embryon vit chez les *gammarus pulex* ou crevette des ruisseaux ;

L'*éch. angustatus*, qu'on trouve souvent chez la perche, et qui passe la première partie de son existence dans le corps de l'*asellus aquaticus* ;

L'*éch. distoma ;* l'*éch. claviceps*, etc., etc.

Les *branchiobdelles* sont des vers annelides *hirudinés*, de la famille des *branchiobdellides ;* ils ont le corps cylindrique, à segments inégalement annelés. Ces microscopiques parasites vivent sur le corps, et notamment dans les yeux de quelques poissons (*branchiobdella parasita*) ; une autre espèce (*br. astaci*) vit sur les branchies de l'écrevisse.

Crustacés. — Un petit crustacé, assez commun dans les eaux douces, est l'*argule foliacé*, au corps arrondi, long de 3 à 4 millimètres ; il est recouvert d'un bouclier ovalaire transparent et échancré à la partie postérieure ; ses pattes de devant sont munies de deux grosses ventouses, qui les font adhérer aux corps des poissons.

---

1. P. J. Van Beneden, *Les Commensaux et les parasites dans le règne animal.*

Les argulus se trouvent communément sur les truites, les perches, les carpes, etc., etc. On les accuse encore d'attaquer le frai.

Les *crevettes de ruisseaux*, qu'on trouve en si grande abondance, sont des crustacés de l'ordre des *amphipodes*. Ces animaux, dont la taille ne dépasse guère un centimètre, recherchent les eaux fraîches; ils nagent assez rapidement.

Les deux principales espèces sont : le *gamnarus fluviatilis* et le *gamnarus pulex* ou crevette puce.

Ces animaux, qui constituent la proie de bon nombre de poissons carnivores adultes, sont d'acharnés destructeurs de frai.

Insectes. — Beaucoup d'insectes s'attaquent encore aux poissons, notamment les *dytiques*.

Ces gros coléoptères, au corps élargi et elliptique, qu'on trouve si communément dans les mares et les eaux stagnantes, nagent avec vitesse, et font une abondante consommation de frai. L'espèce principale, le *dyticus marginalis*, est très nuisible sous ce rapport, d'autant plus que, quoique vivant habituellement dans l'eau, il vole dans l'air avec facilité, ce qu'il fait surtout la nuit. C'est ce qui explique la présence de ces insectes dans les eaux qui en étaient encore dépourvues la veille.

Les larves de *libellules* ou demoiselles, d'*éphémères*, etc., ne se font pas faute non plus de dévorer le frai.

Les *notonectes* sont à redouter pour les jeunes poissons, car, en plongeant leur pointe acérée dans leur corps, ils en détruisent une grande quantité.

Les *phryganes* (*phryganea*) ou mouches de mai, dont les larves s'enferment dans ces tubes singuliers qui ont fait donner à cet insecte le nom de *portefaix*, sont fort nuisibles aux alevins n'ayant pas résorbé; après cette période, ces insectes sont inoffensifs.

II. *Vertébrés*

Reptiles. — Les *grenouilles*, les *salamandres* et les *serpents d'eau* mangent d'énormes quantités de frai. Il en est de même de l'*écrevisse* et du *chabot*.

Oiseaux. — Les *canards* doivent être éloignés avec soin de toutes les pièces d'eau où on produit du poisson, car non seulement ils s'attaquent à ces derniers, mais ils détruisent des quantités considérables d'œufs.

Les *bergeronnettes*, ces charmants oiseaux qu'on nomme encore *hochequeues* et *lavandières,* ne dédaignent pas le frai ; mais ces petites créatures ne nous paraissent pas bien dangereuses sous ce rapport. Si c'étaient là les seuls ennemis du pisciculteur, ses récoltes seraient bien rarement compromises. Il n'en est pas de même des *plongeons*, des *cormorans*, des *harles*, des *mouettes*, et surtout des *hérons* et des *martins-pêcheurs*. Ces deux derniers oiseaux, notamment, sont de terribles destructeurs.

Le *martin-pêcheur* (*alcedo-hispida*) est un passereau appartenant à la famille des *alcédidés,* dont il constitue le genre unique. Il a le corps épais, court et ramassé ; sa tête est grosse, couverte de petites plumes étroites formant une sorte de huppe vers l'occiput ; son bec est long, gros et légèrement recoubé.

Son plumage est toujours fort joli, quoique variable avec les variétés ; c'est toujours le bleu qui y domine.

Le martin-pêcheur vit isolé au bord des eaux ; à la vue de l'homme, il part d'un vol rapide en rasant la terre ou la surface de l'eau ; c'est alors qu'il jette parfois son cri caractéristique : *ki, ki, kwi, ki.*

Cet oiseau a une patience à toute épreuve : il attend le poisson pendant des journées entières ; dès qu'il l'aperçoit, il fond sur lui et plonge avec rapidité. La manière dont il avale sa proie est assez curieuse : il conserve pendant quelques minutes le poisson dans son bec, puis le tourne et le retourne, et enfin se décide à l'avaler, *mais toujours la tête la première*. Il agit de même avec les poissons morts.

Pour sa consommation personnelle, le martin-pêcheur s'attaque aux poissons de moyenne taille : il ne prend les alevins que pour nourrir ses petits.

Il est bizarre que dans nos campagnes, où on fait généralement une guerre acharnée à tous les oiseaux, même aux plus utiles, on respecte les nichées du martin-pêcheur ; c'est là un fait d'autant plus étrange, que l'oiseau qui nous occupe devrait être pourchassé à outrance.

Le *héron d'Europe* ou *cendré* (*ardea cinerea*) est un grand oiseau à pattes très longues, qui habite les forêts voisines des étangs, marais et cours d'eau. Son plumage est cendré, plus ou moins bleuâtre.

Le héron est craintif et méfiant ; il fait une abondante consommation de poissons de toutes sortes, ne dédaignant même pas les pièces de 20 ou 25 centimètres de longueur. Le jour il reste en embuscade, généralement sur un pied, le cou replié sur la poitrine, souvent même il entre dans l'eau jusqu'au-dessus du genou ; lorsqu'il aperçoit un poisson à une assez grande profondeur, il enfonce son long cou, et, pour maintenir son équilibre, il ouvre ses ailes, leur partie antérieure arrivant au contact de l'eau.

Peu de poissons échappent à cet oiseau : ils semblent fascinés à sa vue, et attirés pour ainsi dire à la portée de son bec. Ceci est dû, comme l'a prouvé M. Noury, à l'existence de larges loupes graisseuses entre le derme et le peaucier des régions pectorales et pelvienne. Les canaux excréteurs de ces glandes débouchent à la base des plumules que recouvrent les grands filets de la poitrine. Au contact de l'air, leur excrétion se réduit en une poudre bleuâtre très fine et très fétide. Cette matière tombant dans l'eau, dégage une ödeur forte qui, pour quelques poissons, notamment les truites, est un attrait irrésistible; ces poissons ne manquent jamais d'en rechercher la source, et deviennent ainsi la proie du héron.

Dans le Nord, fait remarquer Brehm, le héron cendré est un oiseau migrateur; dans le Sud, c'est tout au plus s'il est erratique..... Au mois d'octobre, il apparaît dans tous les pays du midi de l'Europe, et de là passe en Afrique.

Il revient en mars et en avril. C'est par bandes qu'il voyage, et ces bandes se composent quelquefois d'une cinquantaine d'individus [1].

Heureusement pour le pisciculteur, le héron a quelques ennemis. Ainsi les corbeaux et les corneilles pillent leurs nids; les grands hiboux et les faucons attaquent les adultes. On a même, pendant longtemps, utilisé les faucons pour détruire ces dévastateurs des eaux.

Mammifères. — Les *chats sauvages*, les *fouines*, les *belettes*, et surtout les *rats d'eau* et les *loutres*, sont encore de terribles ennemis pour les poissons.

Le *rat d'eau,* qu'on trouve si souvent dans les pièces d'eau, dévore une énorme quantité de frai. Ce n'est pas le rat noir, le rat commun, quoique sa taille soit à peu près la même; son dos est noir et son ventre d'un brun ferrugineux; c'est l'*arvicola amphibius.*

Or, quelques pisciculteurs prétendent que le rat d'eau ne vit que de plantes aquatiques. A notre avis, cette contradiction apparente peut être expliquée : on a probablement confondu cette espèce avec le *surmulot*, ce gros rat d'égout qu'il n'est pas rare de rencontrer au bord des rivières, et qui ne recherche nullement le poisson, mais bien l'eau, qui lui est indispensable.

---

1. Brehm, *L'Homme et les Animaux*, tome IV : Les Oiseaux.

Arrivons à la *loutre*, le destructeur du poisson par excellence.

La loutre (*lutra*) est un mammifère carnivore de la famille des *mustélidés*. Elle est de la grosseur d'un renard; sa tête est ronde; son corps allongé, écrasé, épais; ses membres courts et les doigts palmés, les ongles étant crochus, robustes et non rétractiles, par cela même elle laisse une trace ressemblant quelque peu à celle d'une patte d'oie. Sa queue est longue, aplatie et très large à la base; elle lui sert à la fois d'aviron et de gouvernail. Tout son corps est garni d'une fourrure épaisse, douce et soyeuse, très estimée en pelleterie. Sa robe est d'un brun plus ou moins foncé, mais toujours un peu plus clair, quelquefois même presque blanc en dessous, et surtout à la gorge.

La loutre nage et plonge avec une étonnante facilité, mais il lui faut remonter de temps à autre à la surface pour respirer. Elle habite des terriers ou le creux des vieux arbres au bord des eaux; généralement l'entrée de son repaire est au-dessous du niveau de l'eau, ce qui la rend difficile à découvrir. Mais ses excréments, d'un brun verdâtre, toujours mêlés d'arêtes ou d'écailles de poissons, la trahissent.

La loutre mange les petits poissons en entier; elle laisse la tête et les écailles des gros.

Elle prend beaucoup de poissons qu'elle ne dévore pas dans l'eau, dit M. J. Lavallée, mais qu'elle apporte sur le rivage pour y faire son repas. Pour manger, elle tient sa proie à l'aide de ses deux pieds de devant. Elle commence presque toujours par attaquer la tête; lorsqu'elle prend une écrevisse, elle a soin d'en arracher d'abord les pinces. Quand l'endroit où elle pêche est très poissonneux, elle rapporte à terre tout ce qu'elle prend, mais elle laisse le fretin, qu'elle dédaigne, car elle est gourmande et veut de belles pièces.

Souvent on trouve sur les rivages des poissons dont elle n'a mangé qu'une partie, soit que quelques bruits ait interrompu son repas, soit que l'esprit de destruction dont elle est animée l'ait déterminée à aller chercher une autre proie. Ainsi elle dévaste en peu de temps le canton où elle vient chercher sa nourriture, ce qui la force souvent à changer de résidence. Elle est pour nos étangs, pour nos cours d'eau, pour nos viviers, ce qu'est le loup pour nos bergeries [1].

M. Max von dem Borne rapporte que de 400 carpes conservées dans un vivier pour servir à la reproduction, les loutres en ont dévoré 352 dans l'espace de six semaines. C'est donc un animal qu'il faut détruire par tous les moyens possibles, et cela à double titre, car sa fourrure est d'un prix élevé.

En Bavière, où les loutres sont abondantes, on les prend en disposant dans l'eau des rondins placés de telle sorte que la loutre puisse entrer dans le labyrinthe, mais non en sortir ; cette cage n'est pas à ciel ouvert, mais recouverte de planches. Les poissons se réfugient entre les piquets, la loutre les poursuit, mais ne peut les atteindre ; elle se perd dans ce dédale, et, comme elle ne peut venir respirer à la surface, elle meurt par asphyxie.

Souvent on se sert de pièges pour capturer ce ravageur ; d'autres fois on tend à travers un ruisseau ou une petite rivière, en amont et en aval, deux panneaux solides à fortes mailles ; deux chasseurs veillent à chaque filet pendant que d'autres battent les rives avec des chiens ; lorsque la loutre sort de son gîte, elle s'élance dans l'eau, plonge, et finit par donner dans le filet. Le chasseur sent la secousse et lève le filet, puis il assomme la bête.

Quelquefois on tire la loutre à l'affût. « L'affût pour la loutre, dit M. Louis Bigot, est une tâche fort ingrate ; ce-

1. *Encyclopédie pratique de l'agriculteur,* tome IX.

pendant, comme cet animal a coutume d'aller déposer ses *épreintes* sur la même pierre, en choisissant toujours la plus blanche, l'affûteur, en se postant près de cette pierre, après plusieurs nuits d'attente vaine, finit encore par tirer cette bête énergique et vivace entre toutes.

Enfin, on peut encore détruire la loutre en déposant sur les rives des appâts contenant de la strychnine.

TROISIÈME PARTIE

PÊCHE EN EAU DOUCE ET LÉGISLATION

PÊCHES

CHAPITRE XVIII

PÊCHE A LA LIGNE

Généralités. — Nous venons d'examiner avec quelques détails les procédés *naturels* et *artificiels* par lesquels on peut arriver à la production du poisson d'eau douce. Étant arrivé à cette production, il nous faut connaître, tout au moins sommairement, par quels moyens on peut s'emparer des poissons.

Cette question de la pêche semble, à première vue, n'avoir que peu de rapport avec la pisciculture, mais, hâtons-nous de le dire, ce n'est là qu'une apparence, car, en réalité, c'est un point capital pour le pisciculteur de pouvoir s'emparer, par des moyens simples et économiques, soit des reproducteurs dont il a besoin, soit des poissons qu'il a produits.

La pêche se fait à la ligne et aux filets.

A. *Notions générales.*

Avant de parler des différentes espèces de pêches à la ligne, il est indispensable de donner quelques notions générales sur les cannes à pêche, les lignes, flottes, hameçons, appâts, amorces, etc.

a. Ustensiles de pêche.

Nous ne pouvons décrire ici tout le matériel nécessaire au pêcheur à la ligne; nous nous bornerons aux ustensiles indispensables.

Cannes. — Les cannes à pêche varient beaucoup : depuis la simple gaule jusqu'à la canne élégante, formée de pièces distinctes rentrant les unes dans les autres, il y a bien des intermédiaires.

La *canne simple* est formée d'une seule pièce, comme les roseaux allant en s'amincissant de plus en plus.

Les *cannes composées*, qu'on fait en jonc, en bambou, en rotin, mais le plus souvent en roseau, sont formées de plusieurs pièces. A leur extrémité est adaptée une baleine ou une baguette de bois très flexible qu'on appelle *scion*, et auquel on attache la ligne. La pièce du bas, qui est la plus grosse, est appelée *pied de canne;* la plus mince, celle qui reçoit le scion, est nommée *vergeon.* Généralement, ces cannes mesurent de 4 à 4^m,50; elles sont en quatre morceaux.

Quelle qu'elle soit, une bonne canne doit être légère, solide et flexible. On les fait plus ou moins fortes, suivant l'espèce de poisson que l'on veut capturer.

Pour la pêche des gros poissons, on adapte souvent à la canne un *moulinet.* C'est un petit instrument en métal, muni d'un treuil, qui s'ajoute sur le pied de canne au moyen d'une vis; le treuil est mis en mouvement au moyen d'une manivelle, et permet d'allonger ou de raccourcir la ligne à volonté. Grâce à cet appareil si simple, on peut laisser le gros poisson s'agiter à sa guise ; on le laisse se fatiguer en le ramenant peu à peu. Cet instrument, indispensable pour certaines pêches, le saumon, le brochet, la truite, etc., est néanmoins utile dans toutes les autres.

Lignes. — On donne le nom de *ligne* à tout fil, ficelle ou cordon, garni d'hameçons.

Ce qu'on doit, avant tout, demander à une ligne, c'est une extrême finesse unie à la plus grande solidité ; le fil d'agave et la soie réunissent généralement ces qualités. La partie inférieure de la ligne, celle à laquelle on attache les hameçons, est généralement en *crin de Florence ;* cette partie se nomme le *bas de ligne,* par opposition à la partie restante, qui constitue le *corps de ligne.* Un pêcheur prévoyant doit toujours avoir dans sa trousse quelques bas de ligne en réserve.

Il est prudent de frotter légèrement la soie des lignes avec une huile siccative ; on la rend ainsi imperméable, ce qui est essentiel, sinon la ligne se détort et fait tourner la flotte à la surface de l'eau.

Quelques pêcheurs teignent leur ligne de la couleur de l'eau ; c'est une précaution inutile, car la couleur des corps de ligne ne fait absolument rien à la pêche ; par cela même, lorsqu'on se sert de lignes de crin, le crin noir étant plus fort, on ne doit pas hésiter à l'adopter. D'ailleurs, le bas de ligne étant en crin de Florence, est incolore ; encore est-il avéré qu'on prend des poissons en attachant des hameçons à des crins noirs.

Le crin de Florence, dont nous avons déjà plusieurs fois parlé, est la vésicule gommeuse extraite du corps de la chenille du ver à soie, et étirée en fils plus ou moins fins. Ces fils, encore appelés *poils de Naples, boyau de ver à soie,* etc., ont une grande solidité ; ils égalent en force huit crins de cheval. On réserve le nom de *racine anglaise* aux crins de Florence qui ont été passés à la filière ; cette dernière matière a une transparence qui la rend invisible, mais elle est d'un prix élevé, et casse très facilement lorsqu'on la noue.

Lorsqu'une ligne se rompt elle n'est pas perdue pour cela, on peut parfaitement attacher ensemble les deux bouts par un nœud de tisserand, par exemple ; ce nœud, que tout le monde connaît, se serre d'autant plus que la ligne est plus tendue.

Flotte. — La *flotte* est un petit corps en plume ou en liège, qu'on place au-dessus de l'hameçon, à une hauteur variable, suivant la profondeur des eaux, et qui, d'ailleurs, peut s'éloigner ou se rapprocher. Cette flotte sépare la ligne en deux parties, celle du bas, qui est plongeante, et celle du haut, qui est aérienne ; cette dernière est nommée *bannière*. Les flottes sont de différents modèles : souvent c'est une simple plume, d'autres fois, un bouchon de liège taillé, traversé par une plume.

La grosseur de la flotte est de même assez variable : plus le plomb qui est attaché au bas de la ligne pour la rendre plongeante, est lourd, plus il faut que la flotte soit volumineuse ; d'ailleurs, le poids de ce plomb varie lui-même. Plus le courant est fort, plus il faut de plomb ; enfin, la plombée sera proportionnée à la force des lignes. Les plombées varient entre 8 et 50 grammes.

Plombs. — Le plomb a pour but de lester l'hameçon. On emploie soit du plomb laminé, que l'on roule autour du crin, soit des plombs de chasse n°s 1, 3 et 5, qui sont fendus jusqu'à leur moitié et serrés sur la ligne.

Il est préférable de répartir la plombée ; trois ou quatre grains valent mieux qu'un seul, car cela fait moins de bruit lorsqu'on jette la ligne à l'eau.

Lorsqu'on met plusieurs plombs à la ligne, dit M. John Fisher, le premier se place à 30 ou 35 centimètres de l'hameçon, c'est-à-dire un peu sous le nœud du premier crin ou racine, et les autres sont échelonnés en remontant de 5 en 5 centimètres.

Hameçons. — On donne le nom d'*hameçon* à un petit crochet d'acier ou de fer armé à son extrémité d'une pointe très aiguë, appelée harde ou ardillon ; l'autre extrémité est aplatie et renflée, de manière à retenir le fil ou l'empile. Quelquefois cette partie renflée est remplacée par une boucle, mais ce n'est que pour les gros hameçons, d'ailleurs rarement employés pour la pêche en eau douce. On donne le nom d'*empile* au crin, à la soie ou au *florence* qui sert à fixer l'hameçon au bout de la ligne. Il va sans dire qu'il faut choisir des hameçons très aigus ; lorsqu'ils viennent à s'émousser, soit par usure, soit par accident, changer l'hameçon étant toujours une perte de temps et une perte d'argent, il est préférable de l'appointir avec une petite pierre à aiguiser.

La grosseur des hameçons est donnée par des numéros, mais chaque fabrique ayant ses modèles, la grosseur des numéros est quelque peu variable : c'est ainsi que les n°s 6, 8, etc., de telle fabrique, peuvent être plus gros que ceux d'une autre ; cependant, il est assez rare que les différences dépassent deux numéros.

Les hameçons anglais, et surtout irlandais, sont les meilleurs, notamment ceux qu'on désigne sous le nom de *limericks ;* leur supériorité est due surtout à la qualité de l'acier et à la forme creuse du dard, évidé comme une lame d'épée, ce qui rend le *ferrage* plus facile. Ces hameçons sont les seuls dont on doit se servir pour toutes les pêches, surtout lorsqu'il s'agit de prendre de fortes pièces, pour lesquelles on n'est pas obligé d'employer de gros hameçons.

On comprendra sans peine pourquoi nous insistons sur le choix des hameçons, car avec ceux de mauvaise qualité, il arrive fréquemment que, le poisson étant bien accroché, l'hameçon se redresse ou casse, et la proie est perdue. Il y a un moyen très simple d'essayer les hameçons, basé sur ce fait, qu'un bon hameçon *ne doit jamais se déformer*.

On prend l'hameçon par la queue, on passe sa courbure

dans un clou fixé sur une table, et on tire fortement. Si
l'hameçon casse, il peut être bon, cela dépend de la force
qu'il a fallu déployer pour le briser ; mais s'il se déforme, il
doit être rejeté.

Autant que possible, il faut choisir les hameçons à tige
courte, afin de pouvoir être facilement cachée par l'amorce;
l'ardillon doit être un peu incliné à droite, et la pointe doit
être excessivement fine ; de cette façon elle traverse le ver
sans le tuer, par cela même il remue dans l'eau, ce qui ex-
cite le poisson à mordre.

Plioir. — Lorsque la pêche est terminée, on détache la
ligne de la canne, et on la fait sécher ; faute de ce soin, les
lignes pourrissent très facilement; une fois sèche, on enroule la ligne sur le plioir.

Le *plioir* ou empiloir consiste en une moitié de roseau,
dont les deux extrémités présentent une échancrure. Lorsqu'on plie une ligne sur cet instrument, on place les hameçons au milieu et dans la partie concave, afin de les ga-
rantir et éviter qu'ils ne s'accrochent; la ligne est ensuite
pelotonnée, et, pour qu'elle ne se déroule pas, on l'arrête
par l'extrémité dans une encoche faite sur la partie latérale
du plioir.

Il arrive souvent qu'une ligne étant restée longtemps sur
le plioir, elle conserve ses plis ; le meilleur moyen de les
faire disparaître est de la frotter fortement avec un morceau de gomme élastique.

Dégorgeoir. — Il arrive parfois, surtout pour les gros
poissons, qu'ils avalent l'hameçon avec l'appât ; le dégager
avec les doigts ne serait pas facile, on se sert alors du *dégorgeoir*.

C'est une petite tringle en acier ou en os, long d'environ
15 centimètres et terminé en fourche à son extrémité. Pour
dégager le poisson, on lui ouvre la bouche, et l'on passe la
fourche du dégorgeoir le long de la ligne et de l'hameçon,

de manière à entraîner celui-ci en arrière et à le dégager des chairs.

Épuisette. — On donne ce nom à un petit filet rond, ayant environ 30 centimètres de diamètre sur 40 de profondeur, monté sur un fort fil de fer et fixé sur un long manche en bois.

Cet instrument sert à enlever de l'eau le poisson pris à l'hameçon, et qui, par son poids et ses mouvements trop brusques, pourrait rompre la ligne. Pour cela, on passe la canne à pêche dans la main gauche, puis on place l'épuisette

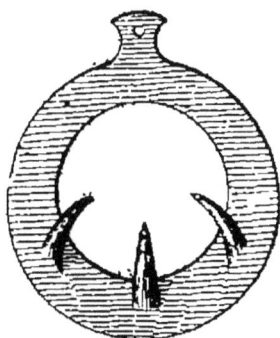

Fig. 56. — Anneau à décrocher.

dans la droite, et on la place sous le poisson amené à la surface de l'eau; s'il tombe, on le recueille dans ce filet. L'utilité de cet instrument est donc incontestable.

Anneau à décrocher. — Il arrive assez communément que l'hameçon s'accroche aux herbes aquatiques. En tirant dessus on arrive parfois à le décrocher, mais bien plus souvent la ligne casse.

Avec l'anneau à décrocher (fig. 56), on évite ce dernier accident. C'est un anneau en cuivre de 5 ou 6 centimètres de diamètre, pesant environ 120 grammes; d'un côté est une petite tige percée d'un trou, de l'autre trois dents aigues et recourbées vers l'intérieur du cercle.

Lorsqu'une ligne est accrochée, dit M. Lambert Saint-Ange, et qu'on ne peut réussir à la dégager, on attache une ficelle au trou de la tige plate de l'anneau, et, au moyen de la ficelle, on le laisse tomber sur le corps qui retient l'hameçon. Le poids de l'anneau et les dents recourbées dont il est garni ont raison du corps qui tenait la ligne prisonnière, et l'on ramène à soi d'une main la ligne, et de l'autre la ficelle et l'anneau [1].

Accessoires. — Nous ne pouvons que mentionner ici quelques autres ustensiles de pêche, tels que la *sonde*, le *grappin* ou *harpiau*, la *trousse*, le *sac à poissons*, les *émérillons*, etc., dont la description nous entraînerait beaucoup trop loin.

b. *Amorces et esches.*

On nomme *amorces* ou *appâts* les substances qu'on jette dans l'eau pour attirer le poisson : c'est ainsi qu'on dira, *amorcer* ou *appâter* tel endroit d'une rivière.

Ce qu'on attache à l'hameçon pour prendre le poisson se nomme *esches;* c'est ainsi qu'on dira, *escher* un hameçon.

Amorces. — Les amorces ou appâts varient nécessairement de nature suivant les poissons qu'on veut capturer.

On ne saurait trop recommander d'amorcer la veille ou quelques jours d'avance, la place sur laquelle on veut pêcher; toutefois, ceci n'est applicable que dans les eaux où le courant n'est pas assez rapide pour emporter les appâts.

Le plus souvent on amorce avec des larves de mouches ou *asticots;* c'est une excellente amorce pour les petits poissons, le fretin, mais détestable lorsqu'on s'attaque aux fortes pièces; dans ce cas, les *pelotes* sont préférables.

On prend de la terre grasse de rivière bien pétrie avec de l'eau, jusqu'à ce qu'elle soit molle, et cependant assez consistante pour tenir un quart d'heure sans être totalement fon-

1. Lambert Saint-Ange, *Le Pêcheur praticien.*

due ; dans ces pelotes on introduit quelques asticots. On a ainsi une excellente amorce de fond, qui attire tous les poissons ; on jette ces boulettes à la main, en ayant soin de ne pas trop les écarter.

Quelquefois on remplace les asticots par du son et un peu de pain ; cette amorce convient surtout à la carpe, à l'ablette et au gardon.

On peut encore amorcer avec du blé, de l'orge, du chènevis, de la graine de lin cuite, des vers de terre coupés, du crottin de cheval mélangé avec du sang caillé, des fèves de marais, etc., etc.

De la terre grasse de rivière mélangée avec du blé cuit, du son et du sang caillé, formant un mélange bien homogène, en boules de la grosseur d'une pomme, constitue une amorce excellente, avec laquelle on peut réunir en un seul endroit une foule de poissons de toute sorte.

Esches. — Les esches varient nécessairement avec les espèces de poissons : par cela même elles sont fort nombreuses ; nous ne mentionnerons que les principales, que nous diviserons en trois groupes :

1º Esches naturelles ;

2º Esches composées ;

3º Esches artificielles.

Esches naturelles. — Les *asticots,* si abondants dans les viandes en décomposition, surtout en été, sont communément employés.

Un excellent moyen de s'en procurer est de suspendre à l'air libre, dans un endroit bien ensoleillé mais éloigné de toute habitation, une tête de mouton. Au-dessous, un baquet à moitié rempli de son et de crottin de cheval. Les larves, au fur et à mesure qu'elles acquièrent leur complet développement, tombent dans le baquet.

Il est préférable de faire naître des asticots du poisson. On sèche une certaine quantité de petits poissons blancs, qu'on met dans un vase en terre, et on l'expose au soleil : les mouches ne tardent pas à pondre sur ces débris, les larves éclosent ; alors on ajoute quelques poignées de son. On obtient ainsi des asticots qui, contrairement aux précédents, n'ont presque pas d'odeur.

Les *vers de terre* ou *lombrics,* sont excellents pour capturer les truites, perches, anguilles, etc. Les meilleurs vers de terre sont ceux qu'on trouve dans le fumier de cheval bien décomposé.

Pour escher avec le lombric, on fait entrer la pointe de l'hameçon à 1 centimètre environ au-dessous de la tête ; on fait descendre l'hameçon dans le corps du ver jusqu'à 2 centimètres de la queue, qui doit rester libre. C'est une mauvaise méthode de couper les vers un peu longs en plusieurs parties : d'abord on tue l'animal ; ensuite, le poisson, au lieu de l'attaquer par le bas, le prend où la chair est vive ; au lieu de frapper brusquement, il mâchonne, et la pièce vous échappe.

Le *ver de vase* est la larve d'un insecte nommé *tipule.* C'est un minuscule petit ver rouge, qu'on ne peut guère accrocher qu'aux petits hameçons (n° 16) ; il plaît à tous les poissons.

Les *vers à queue* sont les larves d'un diptère du genre *eristale.* Ces animaux, dont le corps se termine par un long tube respiratoire, se trouvent dans les latrines et les lieux infects, pendant toute la saison chaude.

Les *queues d'écrevisses crues,* dont on a enlevé les parties testacées, constituent un excellent appât pour le gros poisson.

Enfin, bon nombre de petits poissons servent à prendre les grosses pièces : les gardons, vairons, ablettes, loches, etc., sont les plus employés.

Les grains de blé, d'orge, de maïs, etc., servent à prendre de nombreuses espèces. Il faut d'abord les faire tremper dans l'eau pendant vingt-quatre heures, puis on fait bouillir à petit feu pendant deux ou trois heures.

Enfin, on se sert encore de cerises, de raisins, de groseilles, etc., etc.

Esches composées. — Dans ce groupe se rangent les pâtes et liqueurs.

Parmi ces pâtes, il en est quelques-unes qui méritent d'être signalées.

Pour les barbeaux et les chevaines, on peut escher avec la composition suivante, qui réussit parfaitement : On prend du vieux fromage de gruyère, humide et gras, et on le pétrit bien avec de la mie de pain, jusqu'à ce qu'il ait la consistance voulue pour tenir à l'hameçon.

Nous avons vu que l'odorat était très développé chez les poissons ; par cela même, les compositions odorantes les attirent. On se sert, pour aromatiser les pâtes, d'anis pulvérisé, de miel, de coriandre pulvérisé, etc., etc. Il est bon d'ajouter aux pâtes un peu de glycérine ou d'huile d'amande douce ; ces matières grasses donnent du liant, et empêchent les boulettes de se dissoudre trop vite dans l'eau.

M. Lambert Saint-Ange préconise une composition qui se prépare ainsi : On prend, 1° de la grosse farine de seigle ; 2° du miel ; 3° du fromage de gruyère, qu'on coupe en petites tranches, et qu'on met tremper dans du lait pendant 24 heures, ensuite on le presse entre deux linges, pour le sécher ; 4° du chènevis pilé.

On prend une petite quantité de farine, dans laquelle on verse le tout, et l'on pétrit ; on ajoute à mesure toute la farine nécessaire, afin de rendre la pâte assez dure pour tenir consistance à l'hameçon. Cette pâte est excellente ; tous les poissons mordent après, de fond, à la canne, etc..... Si on a la main exercée, on n'en manque pas un.

Voici une autre composition pour les brèmes et les barbeaux :

Levaïn de pâte avec farine ;

Fromage de gruyère râpé et trempé dans du lait ;

Ail pilé.

Pour les tanches, on se sert de la même pâte, en ajoutant un peu de goudron.

Esches artificielles. — Elles présentent cet avantage, que le maniement des asticots, vers, etc., qui répugne à bien des personnes, est supprimé ; de plus, elles dispensent le pêcheur d'emporter avec lui un bagage plus ou moins considérable de vers, larves, etc.

Les *mouches artificielles* ont cet avantage, qu'elles permettent de pêcher la truite, le saumon, l'ombre, le meunier en toutes saisons [1].

Il faut choisir ces mouches légères, brillantes et solides ; elles se vendent à raison de 4 à 6 francs la douzaine.

Les *chenilles artificielles* sont faciles à confectionner soi-même, il suffit pour cela d'envelopper la tige de l'hameçon de laine fine, sur laquelle on enroule une fine barbe de plume.

Les *poissons artificiels*, ablettes, vairons, etc., en étain, en argent, etc., réussissent fort bien pour la pêche du brochet, du saumon, de la truite, de la perche, etc.

Toutes les esches ou appâts dont nous venons de parler, ne conviennent ni à tous les poissons, ni à toutes les époques de l'année.

Nous donnons ci-contre un tableau dont nous empruntons la disposition à M. H. de la Blanchère, et qui résoud cette question *pour les principales espèces d'eau douce.*

---

1. Ch. de Massas, *Le Pêcheur à la mouche artificielle et à toutes lignes*, 4e édition, corrigée et mise à jour par Alb. Larbalétrier.

ESPÈCES.	SAISONS.			ESCHES.
	Première.	Deuxième.	Troisième.	
ABLETTE..	Mars-avril . . .	. . . .	. . . .	Vers de vase.
		Avril, fin juillet.	. . . .	Mouches, asticots, vers de vase.
			Octobre.	Vers rouges et de vase.
ANGUILLE.	Printemps . . .	. . . .	. . . .	Vers rouges, lamprillon.
		Été	. . . .	Au vif, ablettes sèches.
			Hiver.	Vers rouges.
BARBEAU..	Fin mars-avril.	. . . .	. . . . .·	Vers rouges, viande cuite.
		15 juin, 15 août.	. . . .	Gruyère, asticots, vers de vase.
			Août, fin octobre. . .	Queues d'écrevisse, vers rouges.
BRÈME . . .	Mars, fin avril.	. . . .	. . . .	Vers rouges, blé cuit.
		Juin, fin août . .	. . . .	Asticots, fèves, pois cuits.
			Septembre, octobre . .	Vers rouges, vers de vase.
BROCHET..	Janvier, avril.	. . . .	. . . .	Vers rouges, petites grenouilles.
		Mai, septembre.	. . . .	Goujons, vairons.
CARPE ET TANCHE..	Mars, mai . . .	. . . .	Octobre fin décembre.	Viande crue, vers rouges.
				Vers rouges, blé, fèves.
		Juin, fin août. .	. . . .	Fèves, chènevis cuit.
			Septembre, octobre..	Vers rouges.
GOUJON ..	Printemps. . .	. . . .	. . . .	Vers rouges.
		Août, octobre. .	. . . .	Vers rouges, asticots, vers de fumier.
			Hiver.	Vers rouges.
OMBRE . . .	. . . .	. . . . , .	. . . .	Mouches naturelles ou petites mouches artificielles.
PERCHE ..	Mars, août. . .	. . . .	. . . .	Vers rouges, vairons, asticots.
		Septembre, oct..	. . . .	Vif, vairons, queues d'écrevisses.
			Hiver.	Queues d'écrevisse, vairons.
SAUMONS..	. . . .	. . . .	. . . .	Hannetons, mouches artificielles.
TRUITES..	Janvier, avril.	. . . .	. . . .	Mouches artificielles.
		Mai, septembre.	. . . .	Mouches naturelles ou artificielles, vairons, sauterelles, etc.
			Octobre, novembre ..	Mouches artificielles, gros vers rouges.

c. *Pratique de la pêche.*

Temps favorable. — Généralement, les meilleures pêches se font le matin et le soir; dans la journée, il est assez rare de capturer du poisson.

La température, le vent, la pluie, etc., influent beaucoup sur les succès du pêcheur à la ligne.

Les vents du sud, sud-ouest, sud-est, sont très favorables, car ils sont chauds, l'air est, comme on dit, *lourd,* et presse les insectes sur les eaux.

Mais les vents du nord, qui sont secs, n'apportent pas d'insectes; alors le poisson va au fond de l'eau, et attend sa proie dans les courants.

Les vents nord, nord-ouest, nord-est sont froids; aussi, lorsqu'ils soufflent, le poisson gagne les profondeurs; ce n'est qu'à la nuit qu'il voyage.

Les temps orageux sont très favorables à la pêche.

Nature des fonds. — La profondeur, la vitesse du courant, et la nature même du fond, ont, on le comprend sans peine, une grande importance.

Connaissant ces trois choses, on peut savoir à l'avance les poissons qu'on prendra. Voici comment M. Lambert Saint-Ange résume cette question, qui, au point de vue piscicole, offre un intérêt tout particulier :

1° Par un courant vif, fond de sable ou pierreux, de 65 centimètres à 1ᵐ,30 de profondeur, on prendra des ablettes, des éperlans, des vandoises, des goujons, de petits barbillons, etc.

2° Grand courant, même au fond, de 1ᵐ,60 à 2ᵐ,50 de profondeur ou plus, on prendra des juernes à la superficie par les chaleurs; au fond et au printemps, du barbillon, et, s'il y en a, de la truite à la superficie.

3° Courant moyen, fond de vase, de 1ᵐ,30 à 3ᵐ,20, on prendra des gardons, des brêmes, des carpes, des anguilles, la nuit ; des chevaines, par la chaleur ; des vandoises, au printemps et à l'automne.

4° Eau tranquille, grand fond de sable fin, vase et herbes, on prendra des grosses carpes, des lottes, des anguilles, des tanches, des perches, des brochets, et généralement tout le fretin.

5° Dans les grands fonds rocailleux et dans l'eau bouillonnante occasionnée par les chutes, on prendra les plus gros barbillons, de grosses truites, si l'eau est froide, et beaucoup de gardons dans les ais qu'elles forment.

Toucher et ferrage du poisson. — La manière de ferrer le poisson dépend, non seulement de la nature de l'esche, mais du toucher, car les poissons n'attaquent pas tous de la même façon.

Avec les esches dures, il faut atteindre un peu, et ne pas ferrer trop brusquement.

En général, les poissons carnassiers attaquent brusquement, les autres *jouent* avec l'esche.

La *truite* attaque assez brusquement, surtout lorsqu'elle est jeune ; on ferre après deux ou trois petites secousses.

Le *brochet* se précipite avec une telle voracité, qu'il est indispensable de lui rendre la main, pour éviter qu'il ne brise la ligne ; on ferre vivement, mais pas trop fort.

La *perche* prend vivement l'appât ; elle fait de brusques efforts, mais peu prolongés ; ferrer vivement.

La *carpe* et la *tanche* abordent mollement l'appât, et promènent la flotte en l'agitant sans l'enfoncer ; là, il faut se garder de ferrer vivement, mais attendre avec patience que la flotte s'enfonce, alors on tire vivement d'un coup sec du poignet.

Le *barbeau* donne deux coups secs ; **on ferre vivement** après le second.

L'*anguille* hésite longtemps, tourne autour, puis avale brusquement ; c'est alors qu'il faut ferrer avec force.

Différentes espèces de pêches. — Il existe une foule de manières de pêcher à la ligne ; nous ne songeons même pas à les énumérer toutes ; nous ne ferons que mentionner les principales, en les groupant de la manière suivante :

PÊCHES
A LA LIGNE
 — flottante —
- au coup.
- à fouetter.
- à la volée — à la mouche artificielle. / à la mouche naturelle.

de fond
- pêche à soutenir.
- pêche aux traînées.
- pêche aux jeux.

B. *Pêche à la ligne flottante.*

Définition. — La ligne flottante est celle qui est garnie de quelques grains de plomb, pour maintenir l'hameçon perpendiculairement à la flotte, à une profondeur déterminée. Il suffit, pour que la ligne ne cesse pas d'être flottante, qu'elle soit soumise à l'action du flot et du courant de l'eau, de sorte que l'appât ne repose pas au fond ; enfin, que le pêcheur tienne la canne à pêche à la main.

Ces explications étaient nécessaires, car, pendant longtemps, bon nombre de fermiers de la pêche considéraient comme ligne de fond toute ligne munie de plomb ; de là de nombreux procès, motivés par l'article 5 du code fluvial, qui dit : « Il est permis à tout individu de pêcher à la ligne flottante tenue à la main, dans les eaux du domaine public. »

Pêche au coup. — On commence par se rendre compte de la profondeur de l'eau à l'endroit choisi ; puis on fixe la flotte de manière que l'hameçon du bas soit à 4 ou 6 centimètres du fond ; la plombée sera d'autant plus forte que le courant sera plus violent.

On jette la ligne eschée, et on attend en silence, en surveillant attentivement les mouvements de la flotte.

On attend en silence, avons-nous dit, car tous les pêcheurs vous diront que le poisson fuit au moindre bruit ou commotion. Or, M. Lambert Saint-Ange a fait à ce sujet de curieuses observations, d'après lesquelles il résulte que ni le bruit, ni les commotions n'effrayent le poisson. D'après cet auteur, le pêcheur peut donc parler, chanter, tousser, etc.; mais ce qu'il doit éviter, ce sont les mouvements et les gestes.

Pêche à fouetter. — Cette pêche consiste à laisser la flotte aller au courant de l'eau aussi loin que le permet le bras étendu en aval, pour la retirer et la rejeter en amont. Il importe ici d'amorcer préalablement les places choisies. On prend ainsi de grandes quantités d'ablettes, surtout dans les eaux vives et peu profondes.

Il faut un bas de ligne garni de deux ou trois hameçons, peu de bannière, une flotte très petite et une ligne légère. Comme esche, on se sert généralement d'asticots, après avoir appâté en amont avec des boulettes formées d'un mélange de terre grasse, de crottin de cheval et de son, dans lesquelles on introduit quelques asticots.

On reste à la place choisie, sauf toutefois quand on ne peut amorcer; on peut alors changer de place, et courir après le poisson.

Pêche à la volée. — Cette pêche se fait à la mouche naturelle ou artificielle; elle vise surtout le saumon, la truite, le meunier, la vandoise, etc.

Mouche naturelle. — Pour cette pêche, il faut se munir d'une gaule très flexible et d'hameçons très aigus, n° 6 à 8. Lorsqu'on esche avec de petites mouches, il faut en mettre plusieurs à l'hameçon, pour bien cacher celui-ci. Lorsqu'on emploie les guêpes, les bourdons, etc., on ne met qu'un seul individu, en faisant entrer la pointe par la tête, et traversant toute la longueur du corps de l'insecte.

Ici la ligne n'a ni flotte ni plomb; par cela même elle est très légère et assez difficile à lancer.

Pour bien lancer, il faut que l'insecte touche l'eau le premier ; la ligne est entraînée à la suite, mais elle ne doit pas toucher la surface de l'eau. On aura soin d'avoir le vent derrière soi. Cette pêche se fait en descendant le cours d'eau.

L'insecte ayant touché la surface de l'eau, on le fait sautiller légèrement contre le courant. Lorsque le poisson mord, il faut ferrer vivement, d'autant plus vivement que la truite qui attaque est plus jeune, si toutefois on peut s'en rendre compte. C'est surtout en juin et juillet, à la tombée du jour, que cette pêche est fructueuse ; elle est d'ailleurs très amusante.

Mouche artificielle. — Cette pêche se pratique à peu près comme la précédente ; elle est surtout goûtée en Angleterre. On lance la ligne où on a vu sautiller le poisson ; il est essentiel de bien lancer la mouche, car si elle tombe lourdement, le poisson prend la fuite. Autre recommandation importante : il faut avoir le soleil devant soi, car l'ombre du pêcheur suffit pour donner l'éveil aux poissons.

En résumé, c'est surtout la manière de lancer qui est essentielle dans ces deux sortes de pêche. Un peu d'exercice, dit à ce sujet M. Guillemard, quelques répétitions, auxquelles vous pourrez procéder même en terre ferme, sur le sable ou sur le gazon, vous apprendront à donner à votre appât les allures les plus naturelles et les moins suspectes. Le mouvement de lancer est à peu près celui que nécessite un coup de fouet dont on voudrait envoyer la mèche sur un objet déterminé ; mais au moment où la mouche est arrivée en avant, à un mètre ou deux du point que vous cherchez à atteindre, il faut en arrêter l'essor par un coup de poignet qui la retient et la modère, de telle sorte qu'au lieu de se précipiter, elle vienne s'asseoir doucement sur l'eau [1].

---

1. Voy. Ch. de Massas et Albert Larbalétrier, *Le Pêcheur à la mouche artificielle*, 4ᵉ édition.

C. *Pêches de fond.*

Définition. — Les pêches de fond sont beaucoup plus simples que les précédentes ; elles demandent moins d'habileté, et sont beaucoup plus destructives ; par cela même, elles sont prohibées dans les eaux du domaine public et dans celles concédées à des fermiers. Ces pêches sont très nombreuses ; nous ne mentionnerons que les principales.

Pêche à soutenir. — Cette pêche s'applique surtout aux gros et moyens poissons, aux truites, anguilles, saumons, barbeaux, etc., qui fréquentent le fond des eaux agitées.

Elle exige une ligne très solide, et la plombée, au lieu d'être répartie, doit être unique : elle consiste généralement en une seule balle de plomb percée d'un trou central, dans lequel peut se glisser la ligne.

Cette pêche est encore très agréable, en ce sens qu'elle ne nécessite ni canne ni gaule.

Le pêcheur doit se placer, autant que possible, sur une hauteur, un pont, un chemin de halage, etc. L'hameçon étant garni d'une esche appropriée, on lance la ligne en la prenant à environ 60 centimètres au-dessus du plomb, de manière que la plombée porte du bas. Lorsqu'elle tombe à l'eau, on soutient la ligne de manière à sentir le plomb se poser doucement en avant du courant. On tient ainsi la ligne, sans trop la tendre, et au premier coup sec qu'on ressent, on ferre avec vivacité.

Pêche aux traînées. — La pêche aux traînées a pour but de pêcher sur de longues étendues les poissons de fond gros et moyens. Son matériel se compose d'une corde solide, d'une longueur indéterminée, à laquelle sont attachées, de mètre en mètre, des empiles ou ramifications de 50 à 60 centimètres de longueur, portant à leur extrémité l'hameçon. En général, trois hommes sont nécessaires pour tendre les traînées : l'un pour conduire la barque, indispensable dans cette opération, les deux autres pour couler à fond et tendre le matériel.

Au point de départ de la corde, on attache une grosse pierre appelée *parriau*, qu'on fait descendre au fond de l'eau, à quelques mètres du bord; puis on déroule peu à peu la corde, en amorçant les empiles, et on place de cinq mètres en cinq mètres d'autres parriaux, jusqu'à la fin de la tendue, que l'on arrête solidement, de manière à l'empêcher d'être entraînée par le courant.

Les traînées ne se tendent guère que la nuit, et les pêcheurs reviennent le lendemain matin, à la première heure, pour relever les lignes et décrocher les poissons qui s'y sont pris. On se sert habituellement, pour cette dernière opération, d'une longue perche armée d'un crochet propre à saisir la corde et à la remonter parriau par parriau [1].

Cette pêche s'applique surtout au brochet, à la truite, à l'anguille, au saumon, etc.

Pêche aux jeux. — On donne le nom de *jeux* à de petites traînées portatives, qu'on jette du bord et auxquelles les hameçons restent attachés. Ces derniers, au nombre de 6 à 15, sont montés sur crin de Florence et placés sur des nœuds faits sur le corps de ligne et écartés de 40 à 50 centimètres les uns des autres.

A l'aide d'un chaînon, le corps de ligne est attaché à une plombée assez lourde (300 grammes à 1 kilogramme).

On attache aux hameçons des esches différentes; on prend ainsi toute espèce de poissons.

On jette les jeux le jour ou la nuit.

Cette pêche est productive et fort intéressante, mais elle demande de l'activité, car il faut assez de temps pour retirer un jeu, enlever le poisson, remplacer les esches, etc.

---

1. John Fisher, *Le Pêcheur à la ligne.*

CHAPITRE XVIII

PÊCHE AUX FILETS

Division. — La pêche aux filets est de beaucoup la plus importante, surtout au point de vue piscicole. Ses principaux avantages sont : de faire des captures beaucoup plus abondantes en moins de temps, et de ne pas blesser les poissons pris. Cependant, il ne faudrait pas conclure de là que la pêche à la ligne soit inutile pour le pisciculteur ; non certes, car, ainsi que nous le verrons par la suite, elle s'impose dans quelques cas.

Il existe plus de soixante-dix espèces de filets, mais dans ce nombre, quelques-uns seulement méritent de fixer notre attention.

On peut les diviser en deux groupes :

1° Les filets de main ;

2° Les filets dormants.

1° Filets de main.

Les filets de main sont des tissus à claire-voie présentant des mailles égales, et qui, pour capturer le poisson, doivent être manœuvrés par un ou plusieurs pêcheurs.

Parmi les principaux, on remarque l'épervier, le carrelet, la trouble, le haveneaux, la senne, etc.

Épervier. — L'épervier est un grand filet de forme conique ou en entonnoir ; au sommet est une corde servant à le tirer de l'eau. La circonférence de l'épervier est fort large (de 15 à 20 mètres) et garnie d'une grosse corde,

16

munie, de distance en distance, de bagues de plomb, dont l'ensemble forme un poids total d'environ 6 kilogrammes. Le bord du filet dépasse la plombée sur une étendue de près de 30 centimètres; ce bord se retourne intérieurement par des ficelles partant du sommet de l'épervier, et forme tout autour du filet des poches où le poisson vient se prendre.

Comme on le voit, l'épervier en lui-même est un instrument fort simple; ce qui l'est beaucoup moins, c'est son maniement, qui demande beaucoup de force et d'adresse.

Pour lancer l'épervier, on fixe la corde au poignet gauche, puis, de la même main, on saisit tout le filet, à environ 50 centimètres au-dessus de la corde plombée. De la main droite on prend ensuite un tiers de la circonférence de l'embouchure, qu'on jette sur l'épaule gauche; puis, toujours de la main gauche, on prend encore un tiers de l'embouchure, en laissant pendre le tiers restant devant soi. Toutes ces précautions prises, on procède au lancer.

Pour cela, on tourne légèrement le corps vers la gauche, pour prendre de l'élan, et on le ramène vivement à droite en lançant avec force l'épervier, de manière qu'il tombe tout d'une pièce en formant un cercle parfait dans l'eau. Grâce à la lourde plombée dont le filet est muni, il est aussitôt entraîné au fond; les poissons qui se trouvent au-dessous de lui cherchent à s'échapper; c'est alors qu'ils se trouvent pris dans les poches formées par le rebord de la corde plombée.

Il est essentiel que le pêcheur qui lance l'épervier soit vêtu d'une longue blouse en forte toile *et sans boutons*, car autrement, il pourrait arriver que les mailles du filet saisissent un bouton d'habit, et que l'épervier étant lancé, entraîne le pêcheur avec lui.

L'épervier ne doit être jeté que sur un fond uni, sans herbes ni grosses pierres, ni débris, car ce filet ramasse tout ce qu'il rencontre; et, ne pouvant plus se fermer, il pourrait laisser échapper le poisson; de plus, il ne manquerait pas de se déchirer.

Ce filet sert à capturer bon nombre de poissons, grands et petits; cependant, on comprendra sans peine que les poissons qui s'enfoncent dans la vase puissent échapper à son action.

Pour retirer l'épervier, il faut procéder avec méthode, et éviter la précipitation. On l'enlève d'abord lentement, en le balançant à droite et à gauche, pour rassembler tous les plombs; lorsqu'ils ne forment qu'un seul tas, on tire lentement le filet hors de l'eau.

Les endroits les plus favorables pour jeter l'épervier sont : les pointes d'îles, l'entrée des cours d'eau, les bouches d'égout, les abords des piles de pont, les écluses, etc., etc.

Duhamel du Monceaux [1] rapporte qu'à Fécamp, dans la partie la plus étroite de la rivière du Paluet, on prend une grande quantité de truites avec l'épervier.

Si on a eu soin d'amorcer préalablement, la pêche avec cet engin est toujours très fructueuse.

Carrelet. — Le carrelet ou échiquier est une nappe carrée de 1ᵐ,50 à 2ᵐ, de côté, à mailles assez larges et bordé d'une corde solide. Aux quatre coins sont attachées les extrémités de deux demi-cercles en bois flexible, croisées ; au point d'intersection formant une boucle, on attache une longue gaule de 4 ou 5 mètres, servant à manœuvrer l'instrument. Il va sans dire que la nappe du filet doit faire poche, pour que les poissons qui s'y prennent ne puissent glisser au dehors.

Le carrelet est descendu horizontalement dans l'eau ; arrivé sur le sol, on le maintient avec la gaule, puis, après quelques minutes d'attente, on le ramène rapidement.

---

1. *Traité des pêches*, 1769.

Ce filet ne doit pas être employé à plus de deux mètres de profondeur, car autrement il est très difficile de le retirer promptement, et de plus, on donne aux poissons le temps de s'échapper.

Dans les eaux dormantes, il est bon de mettre un appât quelconque dans le fond du filet. Quelquefois, on promène le carrelet entre deux eaux, surtout là où le courant est quelque peu rapide ; dans ce cas, la profondeur est indifférente.

La pêche au carrelet, dit M. de la Blanchère, procure non seulement les petits poissons et le fretin, mais la perche, qui s'y prend très souvent, surtout près des arches des ponts ; le barbeau, qui cherche et voyage quand l'eau est troublée par une crue ; le brochet lui-même, au passage, et quelquefois des individus de très belle dimension, dans les petites rivières ou autour des roseaux d'un étang ; la truite, quand elle chasse ; tous les poissons, en un mot, au hasard ; c'est une affaire de patience et de bras [1].

Pour la pêche du saumon, on se sert souvent, principalement dans la Loire, d'un vaste carrelet fixé à des perches de 10 mètres de longueur ; le milieu de la perche est porté sur un poteau servant de support, et sur lequel on peut la faire basculer.

Sur les bords de la Méditerranée, on emploie assez souvent un grand carrelet, qui a de 3^m,50 et 4 mètres de côté ; c'est le *venturon* ; il sert surtout pour les pêches marines.

Il en est de même d'un autre carrelet appelé *hunier*, qui est attaché à un cordage et mu par une poulie fixée sur un bateau. Dans ce cas, on descend le hunier à de grandes profondeurs.

Trouble. — On donne le nom de *trouble* à une poche

1. *Dictionnaire général des pêches,* H. de la Blanchère.

attachée à la circonférence d'un cercle de fer ou de bois auquel est adapté un manche.

Ce filet est rond, oblong ou en forme de demi-cercle ; sa grandeur varie beaucoup.

La trouble n'est plus guère employée aujourd'hui, sauf toutefois pour prendre les poissons dans les viviers ; dans ce cas, la forme rectangulaire est préférable, car elle permet de fouiller dans les coins ; il prend alors le nom de *troubleau*.

A l'entrée de l'Orne, on fait usage d'un instrument analogue, en crin, pour pêcher la montée d'anguille. Dans le Rhône, on se sert, pour pêcher l'alose, de l'*araignée*, qui n'est qu'une modification du même filet.

Ici, le filet est peu profond, mais à grandes mailles ; la perche servant à le manœuvrer a 2 ou 3 mètres de longueur. Le pêcheur plonge cet engin à l'avant de son bateau, du côté du large, et le descend en pesant sur le bout du manche, perpendiculairement à la surface de l'eau ; ceci fait, il laisse le courant entraîner le filet, tout en le maintenant toujours dans sa position première. On prend ainsi un certain nombre d'aloses. Toutefois, il est à remarquer que le maniement de l'araignée est quelque peu difficile ; il demande beaucoup d'habitude et de dextérité.

Haveneau. — On appelle ainsi un filet tendu sur deux perches qui se croisent comme des ciseaux ; on prend une perche dans chaque main, en présentant le filet au courant.

Cet instrument est surtout employé dans la Garonne ; les pêcheurs sont alors en bateau.

En Suisse et en Bavière, le haveneau est surtout utilisé pour pêcher les truites.

Senne. — La senne ou *seine*, était connue des Grecs et des Romains. C'est un grand filet plat, garni de flottes à sa partie supérieure, et de plomb à la base ; il se tient verticalement dans l'eau.

La hauteur de cet engin est proportionnée à la profon-

deur de la rivière ; sa longueur est de même très variable,
suivant la largeur du courant.

Les pêcheurs se placent sur les deux côtés de la rivière,
en traînant le filet et remontant le courant ; ils manœu-
vrent de manière à enfermer le poisson dans un cercle
qu'ils rétrécissent de plus en plus. Quelquefois on fixe un
bras de la senne à un piquet sur le bord de la rivière,
l'autre bras étant tenu par les pêcheurs. Souvent, surtout
lorsque le cours d'eau est très large, une partie des pêcheurs vont en bateau, les autres restent sur une rive.

Cet engin de pêche est très destructif, car la lourde
plombée qui traîne sur le sol détruit le fretin et les œufs.

Tramail. — Le tramail ne peut guère être employé
seul ; il demande en même temps l'action de la senne.

C'est un filet vertical, avec une plombée en bas et du
liège à la partie supérieure. Il est formé de trois filets
superposés : les deux extérieurs, appelés *aumées*, sont à
grandes mailles ; celui du milieu, la *nappe*, est à mailles
étroites, losangiques, de 0^m,02 à 0^m,05 d'ouverture.

Voici comment on pêche au tramail :

Le filet étant posé, les pêcheurs descendent à quelques
mètres au-dessous, et, avec une senne à larges mailles em-
brassant toute la largeur du cours d'eau, ils chassent le poisson devant eux, en traînant lentement la senne, qui, ici, n'a
d'autre but que de *balayer* la rivière.

Le poisson arrive ainsi au tramail, traverse les mailles de
l'*aumée,* force la *nappe,* qui cède et s'engage dans les mailles
de l'aumée située de l'autre côté ; il est ainsi emprisonné
dans une poche qui ne lui laisse aucune issue.

La pêche au tramail est désastreuse : tous les poissons,
sans distinction aucune, gros et petits, sont capturés avec
ce filet, qu'on a si justement surnommé la *nappe des morts*
de nos rivières.

C'est l'engin favori des braconniers.

2° Filets dormants.

Les filets dormants sont ceux qui restent dans l'eau pendant un temps plus ou moins long, et qui, une fois posés, n'ont plus besoin du concours de l'homme pour capturer le poisson. Sous ce rapport, ils peuvent être considérés comme de véritables *pièges*.

Les principaux sont : la nasse, le verveux, la louve, le guideau, les nappes, les madragues, etc., etc.

Nasse. — La nasse est un grand panier d'osier en forme de cône allongé ; à la pointe et à la base sont deux ouvertures : la première est étroite et fermée, soit par un tampon de paille, soit avec un couvercle à claire-voie ; la seconde est large, évasée, et toujours ouverte, c'est l'entrée du piège. A celle-ci est adapté un petit couloir s'allongeant en forme de cône rentrant, et formé de brins d'osier ou de joncs élastiques, dont les extrémités libres viennent se rapprocher, mais non se réunir ; il reste ainsi une ouverture, très petite il est vrai, mais que le poisson franchit facilement ; par contre, une fois entré, il ne peut plus en sortir.

On maintient la nasse au fond de l'eau avec de grosses pierres.

Il est de toute évidence, que pour que les poissons s'engagent dans cet appareil, il faut les y attirer : on met dans la nasse, soit des vers de terre, de la viande, du sang caillé, des fragments de tourteaux, etc., selon l'espèce de poisson qu'on veut prendre.

On relève les nasses au bout de 24 heures.

Elles sont principalement employées pour les truites, les anguilles, la loche, le meunier, le gardon, etc.

C'est surtout dans les eaux troubles et par les temps orageux, que la pêche à la nasse est fructueuse.

Verveux. — Le verveux, dit M. H. de la Blanchère, est

un des filets les plus productifs que le génie humain ait inventés [1].

C'est un filet conique en forme d'entonnoir, soutenu de distance en distance par trois ou quatre cerceaux de bois léger, de plus en plus petits, à mesure qu'ils arrivent vers la pointe.

A l'intérieur, à l'entrée du verveux, on adapte un goulet, sorte de petit filet conique terminé par une petite ouverture permettant, comme dans la nasse, l'entrée du poisson, mais s'opposant à sa sortie. L'extrémité opposée à l'ouverture est terminée par une corde, à laquelle on attache une pierre, pour descendre le verveux dans l'eau et pour le maintenir tendu.

Les verveux ont de 1 mètre à 2 mètres de longueur.

Comme on le voit, ce filet ressemble beaucoup à la nasse, sauf toutefois que cette dernière est en osier. Par cela même, le verveux est beaucoup plus léger, et peut être employé dans les eaux claires ; ce sont là ses principaux avantages.

On emploie aussi des verveux ayant un goulet à chaque cerceau ; mais ils ne conviennent guère que dans les eaux dormantes.

Il y a quelques principes à observer dans la mise en place d'un verveux : avec un courant rapide, il faut tourner l'ouverture vers le courant, car le poisson peut être entraîné malgré lui ; si le courant est faible, l'ouverture doit être placée du côté d'aval, afin que le poisson ait la tête tournée du côté d'où vient l'eau.

Le *gombin*, très employé dans le Midi, est un tambour en cannes, avec des goulets de ficelle ; il tient le milieu entre la nasse et le verveux.

Louve. — La *louve* est un verveux à deux ouvertures. Sa

1. *De la Blanchère,* Ouvrage cité.

forme est cylindrique ; il est formé d'un filet à mailles de
0^m,045 environ, fixé à quatre perches légères longitudinales. Ces deux ouvertures ont un grand avantage, c'est de
capturer à la fois les poissons qui montent et ceux qui descendent le courant.

Cet instrument doit être recouvert d'herbes aquatiques,
pour le dissimuler autant que possible.

Il va sans dire que, comme la nasse et le verveux, la louve
doit être amorcée avec des appâts appropriés.

C'est principalement dans les lacs et étangs que ce filet
donne de bons résultats.

Guideau. — Ce filet a la forme d'une longue chausse, de
10 ou 12 mètres de longueur, la largeur allant toujours en
diminuant ; les mailles de l'entrée ont environ 5 centimètres carrés ; elles se rétrécissent de plus en plus, en sorte
qu'au fond de la chausse, elles ont moins d'un centimètre.

L'ouverture du guideau doit être placée du côté du courant.

C'est un engin peu recommandable, car le courant le traverse en entier et accumule à son extrémité, herbes, cailloux, débris, et poissons divers, gros et petits, qui en sont
retirés plus ou moins meurtris.

Ce n'est guère que pour la pêche des anguilles, que le
guideau présente quelques avantages.

AVANTAGES RESPECTIFS DE L'EMPLOI DES LIGNES ET DES FILETS.

Les filets ont sur les lignes de grands avantages, qu'il
importe de faire ressortir :

1° Ils ne blessent pas le poisson ;
2° Ils font des captures plus abondantes ;
3° Ils nécessitent beaucoup moins de temps.

Par le fait même que les filets ne blessent pas les poissons, il est toujours possible de rejeter à l'eau ceux qui,

pour une raison ou pour une autre, ne conviennent pas. D'ailleurs, le poisson ainsi capturé peut vivre et se conserver dans des réservoirs appropriés.

Cependant, il est un cas où la pêche à la ligne s'impose : c'est lorsque la saison est avancée, et que les poissons sont à la veille de frayer. Dans ce cas, la pression exercée par les mailles du filet provoquerait la ponte, et œufs et laitance seraient perdus pour le pisciculteur. Cependant, il arrive fort souvent que les poissons, lorsqu'ils sont à cette époque du frai, ne mordent pas facilement à l'hameçon ; aussi ne faut-il jamais se laisser surprendre, sous peine d'éprouver de graves mécomptes.

Pour la pêche des étangs, on se sert toujours de filets. Les carpes sont prises avec le verveux, le tambour, et surtout le carrelet ; il faut amorcer avec des graines cuites.

Les étangs à truites se pêchent avec l'épervier, le verveux et la senne. L'épervier sera employé le soir, à l'obscurité, car il est assez rare que les truites se laissent prendre le jour avec cet instrument. Le verveux sera amorcé avec des petits poissons. Dans les étangs de peu d'étendue, la senne réussit parfaitement.

Les anguilles se pêchent avec le verveux et le tambour.

Pêche des étangs. — Quelle est l'époque la plus favorable pour pêcher un étang ? Duhamel du Monceau, dans son admirable *Traité des Pêches*, a longuement étudié cette question. Nous ne saurions mieux faire que de lui laisser la parole :

« Plusieurs pensent qu'il ne faut pêcher les étangs que peu avant le carême. Cela peut être quand l'étang est tout près de l'endroit où l'on doit vendre le poisson ; mais il y a bien des raisons qui doivent déterminer à pêcher en octobre.

« 1° On ne court pas le risque des gelées, des crues d'eau, et des autres accidents qui arrivent fréquemment pendant l'hiver ; d'ailleurs, le poisson n'augmente pas en cette saison ;

et s'il y a beaucoup de brochets, il vit pendant le retard aux dépens de l'étang.

« 2° En pêchant en octobre, lorsque le pilon est abaissé aussitôt après la pêche, l'étang se remplit pendant l'hiver, et il n'est pas rempli entièrement par les eaux de neige, qui sont contraires au poisson.

« 3° L'alevinière qu'on pêche en novembre a le temps de se remplir pendant l'hiver, au lieu que si on pêchait ces étangs en février ou mars, on courrait risque que l'étang n'eût pas le temps de se remplir suffisamment d'eau pour n'être pas à sec l'été ; à moins qu'on ne pût conduire à volonté dans l'étang, l'eau de quelque rivière ou de quelques sources abondantes.

« 4° Quand on pêche en octobre, on est plus maître de ces eaux qu'en février, où il en tombe quelquefois trop abondamment.

« 5° Les gelées continuant quelquefois bien avant en février, la pêche est trop retardée pour le carême.

« 6° En pêchant en octobre, on a le temps de faire les réparations nécessaires à la levée, à la bonde, aux déchargeoirs, et aux grilles, qui, au bout de trois ans, se trouvent quelquefois en mauvais état [1]. »

L'époque étant fixée, comment procède-t-on à la pêche ? L'étang est vidé lentement pendant plusieurs jours ; puis, quand il ne reste plus d'eau que dans le bief et dans la poêle, on arrête l'écoulement. Ceci fait, on va vers le haut du bief, et on traîne une senne dans ce canal, pour forcer le poisson à se réfugier dans la pêcherie. On barre l'ouverture du bief avec cette même senne, et on pêche dans la poêle avec une *trouble*, par exemple.

Comme on le voit, dans les étangs bien aménagés la pêche se trouve considérablement simplifiée.

---

1. Duhamel du Monceau, *Traité général des Pêches, et histoire des poissons qu'elles fournissent;* 1769.

LÉGISLATION

CHAPITRE XIX

LOIS ET RÈGLEMENTS

Historique et considérations générales. — Depuis fort longtemps, on a compris que, dans l'intérêt même de la conservation du poisson, la pêche devait être réglementée. C'est ainsi que dès 966, Éthelred II, roi des Anglo-Saxons, interdisait la vente des jeunes poissons.

Plus tard, en 1030, Malcolm II fixa une période de l'année pendant laquelle la pêche du saumon était interdite.

En France, ce n'est guère qu'en 1669 qu'on s'occupa d'une manière quelque peu sérieuse de protéger les habitants des eaux. A cette époque, Colbert interdit la pêche nocturne; en outre, il ordonna, dit M. J. Haine, que les pêcheurs rejetassent en rivière, les truites, carpes, barbeaux, brèmes et meuniers qu'ils auraient pris, ayant moins de 6 pouces entre l'œil et la queue, et les tanches, perches ou gardons, qui en auraient moins de 5 [1].

Cette réglementation dura jusqu'en 1829, époque à laquelle parut une nouvelle loi. Cette loi, du 15 avril 1829, reste toujours en vigueur; elle n'a été modifiée que fort légèrement et dans quelques questions de détails, par la loi du 31 mai 1865, le décret du 10 août 1875, et celui du 18 mai 1878.

Quelques-unes de ces lois doivent être connues du pisci-

---

1. J. Haine, *Revue des Deux-Mondes;* 1856.

culteur, qui, même lorsqu'il exploite des eaux fermées, a
souvent besoin de recourir aux cours d'eau, soit pour se
procurer des reproducteurs, soit pour y prendre des poissons
devant servir à la nourriture de ses élèves.

La plupart de ces lois, quoi qu'on ait pu en dire, sont bien
établies, et ne se prêtent guère à une critique impartiale.

Certes, pour la plupart, elles sont bonnes ; mais, comme
nous avons déjà eu l'occasion de le dire, elles ne sont pas
observées. La police des eaux est très négligée, les peines
appliquées sont tout à fait insuffisantes ; aussi le braconnage
s'exerce-t-il à peu près librement.

D'ailleurs, le peu de surveillance exercé s'applique surtout
aux cours d'eau navigables ; quant aux rivières et ruisseaux
non navigables, là où le poisson est le plus abondant, la surveillance est illusoire. Voici, à ce sujet, ce que dit M. le
vicomte de Beaumont : Surveillance des rivières et ruisseaux
non navigables, voilà le nœud de la question, et nous ne
mettons pas en doute que le jour où cette surveillance sera
effective, nos richesses ichtyologiques n'auront rien à envier
aux temps passés, ni aux autres peuples, quelque prospères
qu'on les désigne à cet égard [1].

LOI DU 15 AVRIL 1829.

Article Iᵉʳ. — Le droit de pêche sera exercé au profit de
l'État.

1° Dans tous les fleuves, rivières, canaux et contre-fossés
navigables ou flottables avec bateaux, trains ou radeaux,
dont l'entretien est également à la charge de l'État. Sont
toutefois exceptés les canaux et fossés existants ou qui seraient
creusés dans des propriétés particulières et entretenus aux
frais des propriétaires.

---

1. J. H. de Beaumont, *Études théoriques et pratiques sur la pisciculture*.

2° Dans toutes les rivières et canaux autres que ceux qui sont désignés dans l'article précédent, les propriétaires riverains auront, chacun de son côté, le droit de pêche jusqu'au milieu du cours d'eau, sans préjudice des droits contraires établis par possessions ou titres.

Art. 5. — Tout individu qui se livrera à la pêche sur les fleuves et rivières navigables ou flottables, canaux, ruisseaux ou cours d'eau quelconques, sans la permission de celui à qui le droit de pêche appartient, sera condamné à une amende de vingt francs au moins et de cent francs au plus, indépendamment des dommages-intérêts.

Il y aura lieu en outre à la restitution du prix du poisson qui aura été pêché en délit, et la confiscation des filets et engins de pêche pourra être prononcée.

Néanmoins, il est permis à tout individu de pêcher à la ligne flottante, tenue à la main, dans les fleuves, rivières et canaux désignés dans les deux premiers paragraphes de l'article 1ᵉʳ de la présente loi, le temps du frai excepté.

Art. 10. — La pêche au profit de l'État sera exploitée soit par adjudication publique, soit par concession par licences à prix d'argent.

Le mode de concession par licences ne sera employé que lorsque l'adjudication aura été tentée sans succès [1].

Art. 11. — L'adjudication publique devra être annoncée au moins quinze jours à l'avance, par des affiches apposées dans le chef-lieu du département, dans les communes riveraines du cantonnement, et dans les communes environnantes.

Art. 12. — Toute location faite autrement que par adjudication publique sera considérée comme clandestine et déclarée nulle. Les fonctionnaires et agents qui l'auraient ordonnée ou effectuée, seront condamnés solidairement à une

1. Loi du 6 juin 1840.

amende égale au double du fermage annuel du cantonnement de la pêche.

Sont exceptées les concessions par voie de licence.

Art. 23. — Nul ne pourra exercer le droit de pêche dans les fleuves et rivières navigables ou flottables, les canaux, ruisseaux ou cours d'eau quelconques, qu'en se conformant aux dispositions suivantes :

Art. 24. — Il est interdit de placer dans les rivières navigables ou flottables, canaux et ruisseaux, aucun barrage, appareil ou établissement quelconque de pêcherie ayant pour objet d'empêcher entièrement le passage du poisson.

Les délinquants seront condamnés à une amende de cinquante francs à cinq cents francs, et, en outre, aux dommages-intérêts ; et les appareils ou établissements de pêche seront saisis et détruits.

Art. 25. — Quiconque aura jeté dans les eaux des drogues ou appâts qui sont de nature à enivrer le poisson ou à le détruire, sera puni d'une amende de trente francs à trois cents francs, et d'un emprisonnement d'un mois à trois mois.

Art. 26. — Des ordonnances royales détermineront :

1° Les temps, saisons et heures pendant lesquels la pêche sera interdite dans les rivières et cours d'eau quelconques.

2° Les procédés et modes de pêche qui, étant de nature à nuire au repeuplement des rivières, devront être prohibés.

3° Les filets, engins et instruments de pêche qui seront défendus comme étant aussi de nature à nuire au repeuplement des rivières.

4° Les dimensions de ceux dont l'usage sera permis dans les divers départements pour la pêche des différentes espèces de poissons.

5° Les dimensions au-dessous desquelles les poissons de certaines espèces qui seront désignées, ne pourront être pêchés, et devront être rejetés en rivière.

6° Les espèces de poissons avec lesquelles il sera défendu d'appâter les hameçons, nasses, filets ou autres engins.

Art. 27. — Quiconque se livrera à la pêche pendant les temps, saisons et heures prohibés par les ordonnances, sera puni d'une amende de trente francs à deux cents francs.

Art. 28. — Une amende de trente francs à cent francs sera prononcée contre ceux qui feront usage, en quelque temps et en quelque fleuve, rivière, canal ou ruisseau que ce soit, de l'un des procédés ou modes de pêche, ou de l'un des instruments ou engins de pêche prohibés par les ordonnances.

Si le délit a eu lieu pendant le temps du frai, l'amende sera de soixante francs à deux cents francs.

Art. 29. — Les mêmes peines seront prononcées contre ceux qui se serviront, pour une autre pêche, de filets permis seulement pour celle du poisson de petite espèce.

Ceux qui seront trouvés porteurs ou munis, hors de leur domicile, d'engins ou d'instruments de pêche prohibés, pourront être condamnés à une amende qui n'excédera pas vingt francs, et à la confiscation des engins ou instruments de pêche, à moins que ces engins ou instruments ne soient destinés à la pêche dans les étangs ou réservoirs.

Art. 30. — Quiconque pêchera, colportera ou débitera des poissons qui n'auront point les dimensions déterminées par les ordonnances, sera puni d'une amende de vingt à cinquante francs, et de la confiscation desdits poissons.

Sont néanmoins exceptées de cette disposition, les ventes de poisson provenant des étangs ou réservoirs.

Sont considérés comme étangs ou réservoirs les fossés et canaux appartenant à des particuliers, dès que leurs eaux cessent naturellement de communiquer avec les rivières.

Art. 31. — La même peine sera prononcée contre les pêcheurs qui appâteront leurs hameçons, nasses, filets, ou autres engins, avec des poissons des espèces prohibées qui seront désignées par les ordonnances.

Art. 35. — Les fermiers et porteurs de licences ne pourront user, sur les fleuves, rivières et canaux navigables, que du chemin de halage ; sur les rivières et cours d'eau flottables, que du marchepied. Ils traiteront de gré à gré avec les propriétaires riverains pour l'usage des terrains dont ils auront besoin pour retirer et assener leurs filets.

Art. 76. — Le recouvrement de toutes les amendes pour délit de pêche est confié aux receveurs de l'enregistrement et des domaines.

Ces receveurs sont également chargés du recouvrement des restitutions, frais et dommages-intérêts résultant des jugements rendus en matière de pêche.

LOI DU 31 MAI 1865.

Art. 1. — Des décrets rendus en conseil d'État, après avis des conseils généraux, détermineront :

1° Les parties des fleuves, rivières, canaux et cours d'eau réservées pour la reproduction, et dans lesquelles la pêche des diverses espèces de poissons sera absolument interdite pendant l'année entière.

2° Les parties des fleuves, rivières, canaux et cours d'eau dans les barrages desquels il pourra être établi, après enquête, un passage appelé *échelle,* destiné à assurer la libre circulation du poisson.

Art. 2. — L'interdiction de la pêche pendant l'année entière ne pourra être prononcée pour une période de plus de cinq ans. Cette interdiction pourra être renouvelée.

Art. 3. — Les indemnités auxquelles auront droit les propriétaires riverains qui seront privés du droit de pêche par application de l'article précédent, seront réglées par le conseil de préfecture, après expertise, conformément à la loi du 16 septembre 1807. Les indemnités auxquelles pourra donner lieu l'établissement d'échelles dans les barrages existants, seront réglées dans les mêmes formes.

Art. 4. — A partir du 1er janvier 1866, les décrets rendus sur la proposition des ministres de la marine et de l'agriculture, du commerce et des travaux publics, règleront d'une manière uniforme pour la pêche fluviale et pour la pêche maritime dans les fleuves, rivières, canaux affluant à la mer :

1° Les époques pendant lesquelles la pêche des diverses espèces de poissons sera interdite.

2° Les dimensions au-dessous desquelles certaines espèces de poissons ne pourront être pêchées.

Art. 5. — Dans chaque département, il est interdit de mettre en vente, de vendre, d'acheter, de transporter, de colporter, d'exporter et d'importer les diverses espèces de poissons, pendant le temps où la pêche est interdite, en exécution de l'article 26 de la loi du 15 avril 1829. Cette disposition n'est pas applicable aux poissons provenant des étangs ou réservoirs définis en l'article 30 de la loi précitée.

Art. 6. — L'administration pourra donner l'autorisation de prendre et de transporter pendant le temps de la prohibition, le poisson destiné à la reproduction.

Art. 7. — L'infraction aux dispositions de l'art. 1er et du paragraphe 1er de l'article 5 de la présente loi, sera punie des peines portées par l'article 27 de la loi du 15 avril 1829, et, en outre, le poisson sera saisi et vendu sans délai, dans les formes prescrites par l'article 42 de ladite loi. L'amende sera double, et les délinquants pourront être condamnés à un emprisonnement de dix jours à un mois :

1° Dans les cas prévus par les articles 69 et 70 de la loi du 15 avril 1829.

2° Lorsqu'il sera constaté que le poisson a été enivré et empoisonné.

3° Lorsque le transport aura lieu par bateaux, voitures ou bêtes de somme. La recherche du poisson pourra être faite, en temps prohibé, à domicile, chez les aubergistes, chez les marchands de denrées comestibles, et dans les lieux ouverts au public.

Art. 8. — Les dispositions relatives à la pêche et au transport des poissons s'appliquent au frai de poisson et à l'alevin.

Art. 10. — Les infractions concernant la pêche, la vente, l'achat, le transport, le colportage, l'exportation et l'importation du poisson, seront recherchées et constatées par les agents des douanes, les employés des contributions indirectes et des octrois, ainsi que par les autres agents autorisés par la loi du 15 avril 1829 et par le décret du 9 janvier 1852. Des décrets détermineront la gratification qui sera accordée aux rédacteurs des procès-verbaux ayant pour objet de constater les délits. Cette gratification sera prélevée sur le produit des amendes.

Art. 11. — La poursuite des délits et contraventions, et l'exécution des jugements pour infractions à la présente loi, auront lieu conformément à la loi du 15 avril 1829 et au décret du 9 janvier 1852.

Art. 12. — Les dispositions législatives antérieures sont abrogées, en ce qu'elles peuvent avoir de contraire à la présente loi.

DÉCRET DU 10 AOUT 1875 MODIFIÉ PAR CELUI
DU 18 MAI 1878.

Article premier. — Les époques pendant lesquelles la pêche est interdite, en vue de protéger la reproduction du poisson sont fixées comme il suit :

1° Du 20 octobre au 30 janvier, est interdite la pêche du saumon, de la truite et de l'ombre-chevalier.

2° Du 15 novembre au 31 décembre, est interdite la pêche du lavaret.

3º Du 15 avril au 15 juin, est interdite la pêche de tous les autres poissons et de l'écrevisse.

Les interdictions prononcées dans les paragraphes précédents s'appliquent à tous les procédés de pêche, même à la ligne flottante tenue à la main (1878).

Art. 2. — Les préfets peuvent, par des arrêtés, rendus après avoir pris avis des conseils généraux, soit pour tout le département, soit pour certaines parties du département, soit pour certains cours d'eau déterminés :

1º Interdire exceptionnellement la pêche de toutes les espèces de poissons pendant l'une ou l'autre période, lorsque cette interdiction est nécessaire pour protéger les espèces prédominantes.

2º Augmenter, pour certains poissons désignés, la durée desdites périodes, sous la condition que les périodes ainsi modifiées comprennent la totalité de l'intervalle de temps fixé par l'article premier.

3º Exceptés de la seconde période la pêche de l'alose, de l'anguille, de la lamproie, ainsi que des autres poissons vivant alternativement dans les eaux douces et les eaux salées.

4º Fixer une période d'interdiction pour la pêche de la grenouille.

Art. 3. — Des publications sont faites dans les communes, dix jours au moins avant le début de chaque période d'interdiction de la pêche, pour rappeler les dates du commencement et de la fin de ces périodes.

Art. 4. — Quiconque, pendant la période d'interdiction, transporte ou débite des poissons dont la pêche est prohibée, mais qui proviennent des étangs et réservoirs, est tenu de justifier de l'origine de ces poissons.

Art. 5. — Les poissons saisis et vendus aux enchères, conformément à l'article 42 de la loi du 15 avril 1829, ne peuvent pas être exposés de nouveau en vente.

Art. 6. — La pêche n'est permise que depuis le lever jusqu'au coucher du soleil.

Toutefois, la pêche de l'anguille, de la lamproie et de l'écrevisse peut être autorisée après le coucher et avant le lever du soleil, dans les cours d'eau désignés, et aux heures fixées par des arrêtés préfectoraux rendus après avis des conseils généraux. Ces arrêtés déterminent, pour l'anguille, la lamproie et l'écrevisse, la nature et les dimensions des engins dont l'emploi est autorisé.

La pêche du saumon et de l'alose peut être autorisée par des arrêtés préfectoraux rendus après avis des conseils généraux, pendant deux heures au plus après le coucher du soleil, et deux heures au plus avant son lever, dans certains emplacements des fleuves et rivières navigables spécialement désignés (1878).

Art. 7. — Le séjour dans l'eau des filets et engins ayant les dimensions réglementaires, est permis à toute heure, sous la condition qu'ils ne peuvent être placés et relevés que depuis le lever jusqu'au coucher du soleil (1878).

Art. 8. — Les dimensions au-dessous desquelles les poissons et écrevisses ne peuvent être pêchés, même à la ligne flottante, et doivent être immédiatement rejetés à l'eau, sont déterminées comme suit pour les diverses espèces :

1° Les saumons et anguilles, 20 centimètres de longueur.

2° Les truites, ombres-chevaliers, ombres-communs, carpes, brochets, barbeaux, brèmes, meuniers, muges, aloses, perches, gardons, tanches, lottes, lamproies et lavarets, 14 centimètres de longueur.

3° Les soles, plies et flets, 10 centimètres de longueur; les écrevisses à pattes rouges, 8 centimètres de longueur ; celles à pattes blanches, 6 centimètres de longueur.

La longueur des poissons ci-dessus mentionnés est mesurée de l'œil à la naissance de la queue ; celle de l'écrevisse de l'œil à l'extremité de la queue déployée.

Art. 9. — Les mailles des filets, mesurées de chaque côté après leur séjour dans l'eau, et l'espacement des verges, des bires, nasses et autres engins employés à la pêche des poissons, doivent avoir les dimensions suivantes :

1° Pour les saumons, 40 millimètres au moins.

2° Pour les grandes espèces autres que le saumon et pour l'écrevisse, 27 millimètres au moins.

3° Pour les petites espèces, telles que goujons, loches, vairons et autres, 10 millimètres.

La mesure des mailles et de l'espacement des verges est prise avec une tolérance d'un dixième. Il est interdit d'employer simultanément à la pêche, des filets ou engins de catégorie différente (1878).

Art. 10. — Les préfets peuvent, sur l'avis des conseils généraux, prendre des arrêtés pour réduire les dimensions des mailles des filets et l'espacement des verges des engins employés uniquement à la pêche de l'anguille, de la lamproie et de l'écrevisse. Les filets et engins à mailles ainsi réduites ne peuvent être employés que dans les emplacements déterminés par ces arrêtés.

Les préfets peuvent aussi, sur l'avis des conseils généraux, déterminer les emplacements limités, en dehors desquels l'usage des filets à mailles de 10 millimètres n'est pas permis.

Art. 11. — Les filets fixes ou mobiles et les engins de toute nature, ne peuvent excéder en longueur ni en largeur les deux tiers de la largeur mouillée des cours d'eau dans les emplacements où on les emploie.

Plusieurs filets ou engins ne peuvent être employés simultanément sur la même rive ou sur deux rives opposées, qu'à une distance au moins triple de leur développement.

Lorsqu'un ou plusieurs des engins employés sont en parties fixes et en parties mobiles, les distances entre les parties fixées à demeure sur la même rive ou sur les rives opposées, doivent être au moins triples du développement total des parties fixes et mobiles mesurées bout à bout.

Art. 12. — Les filets fixes employés à la pêche doivent être soulevés par le milieu pendant trente-six heures de chaque semaine, du samedi à 6 heures du soir au lundi à 6 heures du matin, sur une longueur équivalente au dixième de leur développement, et de manière à laisser entre le fond et la ralingue inférieure un espace libre de 50 centimètres au moins de hauteur.

Art. 13. — Sont prohibés tous les filets traînants, à l'exception du petit épervier jeté à la main et manœuvré par un seul homme.

Sont réputés traînants tous les filets coulés à fond au moyen de poids, et promenés sous l'action d'une force quelconque.

Est pareillement prohibé l'emploi de lacets ou collets.

Toutefois, des arrêtés préfectoraux, rendus après avis des conseils généraux, peuvent autoriser, à titre exceptionnel, l'emploi de certains filets traînants à mailles de 40 millimètres au moins, pour la pêche d'espèces spécifiées, dans les parties profondes des lacs, des réservoirs de canaux, et des fleuves et rivières navigables. Ces arrêtés désignent spécialement les parties considérées comme profondes dans les lacs, réservoirs de canaux, fleuves et rivières navigables. Ils indiquent aussi les noms locaux des filets autorisés, et les heures auxquelles leur manœuvre est permise (1878).

Art. 14. — Il est interdit d'établir dans les cours d'eau des appareils ayant pour objet de rassembler le poisson dans des noues, boires, fossés ou mares, dont il ne pourrait plus sortir, ou de le contraindre à passer par une issue garnie de pièges.

Art. 15. — Il est également interdit :

1° D'accoler aux écluses, barrages, chutes naturelles, pertuis, vannages, coursiers d'usines et échelles à poisson, des nasses, paniers et filets à demeure.

2° De pêcher avec tout autre engin que la ligne flottante

tenue à la main, dans l'intérieur des écluses, barrages, pertuis, vannages, coursiers d'usines et passages ou échelles à poissons, ainsi qu'à une distance de 30 mètres en amont et en aval de ces ouvrages.

3° De pêcher à la main, de troubler l'eau et de fouiller, au moyen de perches, sous les racines ou autres retraites fréquentées par le poisson.

4° De se servir d'armes à feu, de poudre de mine, de dynamite, ou de toute autre substance explosible.

Art. 16. — Les préfets peuvent, après avoir pris l'avis des conseils généraux, interdire en outre, par des arrêtés spéciaux, d'autres engins, procédés ou modes de pêche de nature à nuire au repeuplement des cours d'eau.

Ils déterminent, conformément au paragraphe 6 de l'article 26 de la loi du 15 avril 1829, les espèces de poissons avec lesquels il est interdit d'appâter les hameçons, nasses, filets, ou autres engins.

Art. 17. — Il est interdit de pêcher dans les parties de rivières, canaux ou cours d'eau, dont le niveau serait accidentellement abaissé, soit pour y opérer des curages ou travaux quelconques, soit par suite du chômage des usines ou de la navigation.

Art. 18. — Sur la demande des adjudicataires de la pêche des cours d'eau et canaux navigables et flottables, et sur la demande des propriétaires de la pêche des autres cours d'eau et canaux, les préfets peuvent autoriser, dans des emplacements déterminés, et à des époques qui ne coïncideront pas avec les périodes d'interdiction, des manœuvres d'eau et des pêches extraordinaires, pour détruire certaines espèces, dans le but d'en propager d'autres plus précieuses.

Art. 19. — Des arrêtés préfectoraux, rendus sur les avis des conseils de salubrité et des ingénieurs, déterminent :

1° La durée du rouissage du lin et du chanvre dans les cours d'eau, et les emplacements où cette opération peut être pratiquée avec le moins d'inconvénient pour le poisson.

2° Les mesures à observer pour l'évacuation dans les cours d'eau des matières et résidus susceptibles de nuire au poisson, et provenant des fabriques et établissements industriels quelconques.

Art. 20. — Les arrêtés pris par les préfets en vertu des articles 2, 6, 10, 13, 16 et 19 du présent décret, ne sont exécutoires qu'après approbation donnée par le ministre des travaux publics, le conseil général des ponts et chaussées entendu. Ces arrêtés ne sont valables que pour une année; ils peuvent être renouvelés.

A la fin de chaque année, les préfets adressent au même ministre un relevé des autorisations accordées en vertu de l'article 18.

Art. 21. — Les dispositions du présent décret ne sont applicables ni au lac Léman, ni à la Bidassoa, lesquels restent soumis aux lois et règlements qui les régissent spécialement.

Art. 22. — Sont abrogés le décret du 25 janvier 1868, et toutes autres dispositions contraires au présent décret.

POLICE DE LA PÊCHE.

Indépendamment de la surveillance et de la police de la pêche, exercées, dans l'intérêt général, par les gardes nommés par l'administration et les éclusiers, cette surveillance et cette police pourront être exercées par des gardes particuliers, commis à cet effet par l'adjudicataire. Ces gardes ne pourront remplir leurs fonctions qu'après avoir été agréés par le préfet, et avoir prêté serment devant le tribunal de première instance de leur résidence.

Les garde-pêche seront âgés de 25 ans au moins; ils seront munis de leur équipement et de leurs insignes, conformément à l'arrêté ministériel du 2 mars 1866; ils exerceront leurs fonctions, et ils procéderont à la constatation des contraventions et délits conformément à ce qui est prescrit par les lois des 15 avril 1829 et 31 mai 1865.

Les gardes nommés par l'administration, et les gardes particuliers commis par l'adjudicataire, remettront sans délai, à l'agent local des ponts et chaussées, les procès-verbaux des délits et contraventions qu'ils auront constatés, pour les faire parvenir, par la voie hiérarchique, au chef de service. (Art. 19 du cahier des charges.)

L'adjudicataire ne pourra vendre l'alevin provenant de son lot, ainsi que des chambres d'emprunts ou des frayères qui en dépendent, ni porter ailleurs cet alevin, sans l'autorisation écrite des ingénieurs, laquelle ne sera accordée qu'en vue de favoriser le repeuplement, soit d'une autre rivière ou canal, soit d'étangs ou de réservoirs dont la pêche appartient à l'État. (Art. 14.)

Nous donnons, ci-dessous, un modèle de procès-verbal de délit de pêche.

PONTS
ET CHAUSSÉES.

Département
d...........

Cantonnement
du sieur .....
garde-pêche
à ....

POLICE DE LA PÊCHE.

Rivière d. ....

Procès-verbal de délit.

Nº
Visé pour valoir
Timbre au droit de...
en débit..

L'an mil huit cent soixante ...... le ......du mois d.....

Nous, soussigné .... à la résidence d..........

Certifions que, faisant notre tournée, revêtu de nos insignes, et passant vers .... heures du .... sur la rive .... d........ au lieu dit .... situé sur le territoire de la commune de.......

Nous avons ....

En foi de quoi nous avons dressé le présent procès-verbal à .... le .... mil huit cent soixante ....

QUATRIÈME PARTIE

CULTURE SPÉCIALE DES CRUSTACÉS ET ANNÉLIDES

D'EAU DOUCE

———

ÉCREVISSE

———

CHAPITRE XX

HISTOIRE NATURELLE DE L'ÉCREVISSE

Crustaticulture. — La *crustaticulture* est la partie de l'aquiculture qui s'occupe de la production et de l'élevage des crustacés. Elle se borne, en ce qui concerne les eaux douces, à la culture de l'écrevisse (*astacus*). Mais pour les eaux marines, le domaine est beaucoup plus vaste, car il comprend l'étude des homards, des langoustes, des crabes, des crevettes, etc., etc.

Nous n'avons à nous occuper ici que des écrevisses.

Classification. — L'écrevisse appartient à la classe des crustacés ; elle est classée dans l'ordre des décapodes ; ordre caractérisé par cinq paires de pattes, dont les antérieures sont terminées en pinces.

Le corps est recouvert d'une carapace testacée.

La tête se confond avec le corselet, et ne s'en distingue que par une simple rainure; les yeux sont pédonculés.

L'ordre des décapodes comprend :

1° Les *brachyures*, qui ont l'abdomen court et replié entre la face sternale, et ne pouvant aider en rien à la locomotion ; leur carapace est large, semble recouvrir tout le corps, et cache l'abdomen.

Les crabes appartiennent à ce groupe.

2° Les *macroures* ont, au contraire, l'abdomen plus ou moins allongé et flexible. Les homards et les écrevisses sont dans ce cas.

On connaît un grand nombre d'espèces d'écrevisses, mais celle qui nous intéresse particulièrement est l'écrevisse commune (*astacus fluviatilis*), qui présente deux variétés : l'écrevisse à pieds rouges, et l'écrevisse à pieds blancs (*astacus fontinalis*).

Bien des contestations se sont élevées au sujet de ces deux sortes d'écrevisses, considérées comme *espèces* par les uns, comme *variétés* par les autres. Nous n'avons pas la prétention de trancher ici le différent, mais nous ferons toutefois remarquer que les caractères distinctifs sont peu tranchés et d'un ordre secondaire; d'ailleurs , quels sont les caractères véritablement *spécifiques*, chez les invertébrés, tout au moins ? Qu'est-ce que l'*espèce* en zoologie ? Ce sont là des questions trop ardues , que nous ne pouvons discuter ici, qui nous entraîneraient beaucoup trop loin, et qui d'ailleurs sortiraient de notre cadre.

Structure externe de l'écrevisse. — L'écrevisse a le corps allongé, recouvert, contrairement à ce qu'on observe chez les animaux supérieurs, d'un squelette externe ou exosquelette, enveloppe dure et résistante, formée de sels de chaux (phosphates, carbonates), et d'une matière organique spéciale appelée *chitine*. Cette carapace, vulgairement appelée *peau* de l'écrevisse, tombe plusieurs fois pendant la vie de l'écrevisse, pour être remplacée par une autre ; c'est ce qu'on appelle la *mue*, dont nous aurons à reparler plus loin.

L'écrevisse (fig. 57 et 58) a dix pattes, attachées sous la partie postérieure du tronc ; les deux antérieures sont massives, et terminées par deux griffes puissantes formant les *pinces* (*p*). Les quatre autres paires servent à la locomotion ;

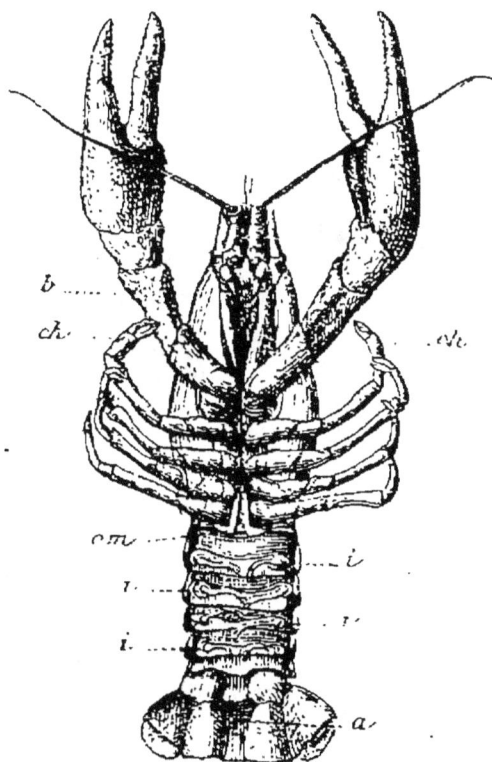

Fig. 57. -- Écrevisse mâle vue en dessous.

les deux premières, appelées *chélates,* sont terminées par une seule griffe.

Les pinces sont, pour l'écrevisse, à la fois des organes de préhension et de défense. En effet, grâce aux tubercules placés dans leur intérieur, elles empêchent le glissement des objets saisis ; enfin, grâce aux muscles puissants qui agissent sur elles, ces pinces peuvent serrer avec force. Chez les écrevisses adultes, les pinces ont un poids équivalent aux quatre dixièmes de celui de l'animal.

La partie antérieure du corps, chez ces animaux, est couverte d'une sorte de bouclier qui se prolonge en avant des yeux, pour former le *rostre*.

Les yeux sont montés sur des pédoncules rougeâtres ; ils sont contractiles, et l'animal peut les tourner dans tous les sens. En arrière des yeux sont deux paires d'antennes (*a*),

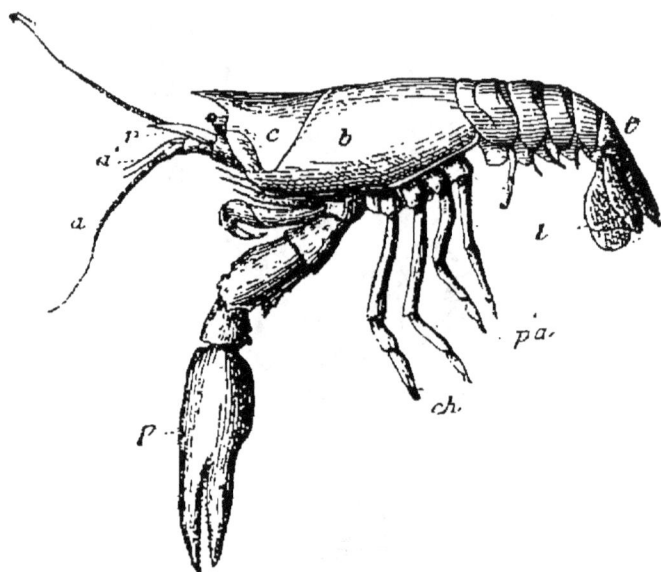

Fig. 58. — Écrevisse vue de côté.

vulgairement appelées *cornes;* la première paire est terminée par des filaments courts, ce sont les *antennules* (*a'*) ; la deuxième paire est très allongée, et constitue les *antennes proprement dites.* Ces organes servent au toucher, et l'animal les utilise pour explorer autour de lui.

Le corps de l'écrevisse, comme celui de tous les autres animaux appartenant à l'embranchement des *articulés,* est formé de segments ou *somites* qui forment trois groupes : la tête ou *céphalothorax* (*c*), formé de six somites ; la poitrine ou *thorax,* parfois appelée *carapace,* qui comprend huit anneaux ; enfin, l'*abdomen* (*b*), improprement appelé *queue*, et qui comprend six anneaux ; le dernier somite de l'abdomen est terminé par cinq petites plaques munies de filaments, qui se meuvent les unes sur les autres comme un éventail ; celle du milieu, appelée *telson* (*t*), porte en dessous l'anus (*a*) ; l'ensemble de ces pièces constitue la véritable queue de l'écrevisse.

Les somites de l'abdomen sont libres ; ils donnent attache à des filaments ou *fausses pattes* (*iii*....) ; il y en a quatre paires chez les femelles, et trois chez les mâles. C'est à l'aide de ces filaments que la femelle attache ses œufs sous son abdomen. Chez le mâle, comme l'a vérifié M. Carbonnier, ces organes, qui remuent continuellement, servent à établir des courants dans la direction des branchies ou organes respiratoires.

Le thorax ou carapace se prolonge latéralement pour former les *branchiostégites* (*b*).

La bouche de l'écrevisse est placée en dessous ; elle est fendue en long et munie de dents puissantes ; il y a des mâchoires et des mandibules. La bouche est accompagnée de deux petites mains articulées et barbues qui en recouvrent l'ouverture, et qui, en raison de leur fonction, sont appelées *bras-mâchoires* ou *maxilipèdes* ; ces organes portent les aliments dans la bouche, et aident à la mastication.

Le mâle se distingue de la femelle par sa taille plus forte, sa forme plus allongée. La femelle a les pinces plus grosses, le corps plus large. De plus, les mâles ont à la face inférieure des deux premiers anneaux de l'abdomen, deux paires d'appendices (*om*) formés d'une substance cornée et flexible ; ces organes protègent pour ainsi dire les orifices du canal déférent.

Structure interne. — L'écrevisse est très vorace ; elle ne choisit guère sa nourriture, et mange des matières animales et végétales. Après avoir été broyée, la nourriture passe

dans l'*œsophage,* qui est court et large ; de là, elle est conduite dans l'*estomac.* Celui-ci occupe presque entièrement la
cavité de la tête ; on y distingue un *pylore* et un *cardia.* En
ouvrant l'estomac d'une écrevisse, on voit trois grosses dents
rougeâtres ; c'est un appareil de mastication, qui achève la
trituration des aliments. En outre on trouve en été, sur les
côtés de la glande stomacale, deux masses calcaires, désignées
sous le nom d'*yeux d'écrevisse,* et dont on ne connaît pas
bien la véritable fonction.

L'intestin est grêle, rectiligne, un peu plus large et à parois
un peu plus épaisses vers l'anus.

Deux glandes, remarquables par leurs dimensions, sont
situées au-dessous et de chaque côté de l'estomac ; par leur
position, elles répondent au foie et au pancréas, mais le premier de ces deux noms a seul prévalu.

Les intervalles qui séparent les organes internes, contiennent la plus grande partie du sang de l'écrevisse. Mais il en
est un, fait remarquer M. Huxley, de dimensions particulièrement grandes, situé sur le côté sternal ou ventral du
thorax, et dans lequel finit par passer tout le sang contenu
dans le corps. Des passages conduisent de ce sinus sternal
aux branchies, et, de celles-ci, six canaux montent sur la face
interne de la paroi interne de chacune des chambres branchiales, et vont s'ouvrir dans une cavité située dans la région dorsale du thorax, et que l'on nomme le *péricarde*[1].

Le sang de l'écrevisse est maintenu dans un mouvement
constant de circulation, par une machine pompante et dis-
tributrice, composée du *cœur* et des *artères,* avec leurs grandes et petites branches, qui partent de ce cœur pour se rami-
fier à travers le corps, et se terminer dans les sinus sanguins,
qui représentent les veines des animaux supérieurs.

C'est dans la cavité déjà mentionnée, entourée par le *péri-*

[1]. Th. H. Huxley, *L'Écrevisse.* (*Bibliothèque scientifique internationale,* 1880.)

carde, qu'est situé le cœur, dont la forme est légèrement hexagonale.

Le sang de l'écrevisse est incolore, clair ou bien très légèrement rougeâtre.

L'écrevisse respire par des branchies placées le long du corps; elles reçoivent l'eau qu'elles doivent décomposer par des ouvertures placées à la jointure de chaque patte, en arrière du point où elles se réunissent au corps. Il y a dix-huit branchies parfaites et deux rudimentaires.

Reproduction. — Nous avons vu qu'il est assez facile de distinguer les mâles des femelles. Contrairement à ce qui se passe chez les poissons, il y a accouplement chez les écrevisses; cet accouplement a lieu ventre à ventre, mais il n'y a pas, à vrai dire, véritable copulation.

Le mâle dépose la matière fécondante sur la paroi du plastron de la femelle. Le fluide séminal se solidifie au bout de quelques minutes, et simule alors assez bien, selon la comparaison de M. Carbonnier, des taches de plâtre.

Nous ne pensons pas, dit cet auteur, qu'il puisse pénétrer dans le corps de l'écrevisse aucun des principes fécondants; ce dépôt est tout à fait extérieur, et ce n'est qu'un mois après, à l'époque de la ponte, que les œufs s'imprègnent, au passage, au moment de l'expulsion, nous ne disons pas de la liqueur séminale, mais bien de la craie séminale. L'indifférence et la résistance de l'écrevisse femelle à recevoir ce dépôt, dont l'utilité lui semble inconnue, puisqu'elle n'est pas encore disposée à la ponte, explique le peu d'empressement qu'elle met à satisfaire aux désirs du mâle [1].

L'accouplement se fait du 15 octobre au 15 novembre.

Cet accouplement entraîne souvent la mort d'un grand nombre de femelles, car les mâles sont très irascibles; de plus, dans les conditions ordinaires, un tiers des œufs envi-

1. P. Carbonnier, *L'Écrevisse,* Mœurs, reproduction, éducation; 1860.

ron échappent à l'action des principes fécondants. Aussi
M. Carbonnier avait-il essayé la fécondation artificielle, qui,
d'ailleurs, lui a donné les meilleurs résultats. Si l'on pouvait,
dit-il, vers les premiers jours d'octobre, s'emparer d'un grand
nombre d'écrevisses, et que l'on pratiquât des accouplements
forcés, nous sommes certains qu'il serait facile d'augmenter,
dans de fortes proportions, le nombre de ces crustacés : la
fécondation serait plus directe, et la matière séminale qui,
après l'accouplement naturel, se trouve répandue un peu
partout, jusque sur la carapace supérieure de l'animal, se
trouverait plus concentrée et déposée là où elle doit être, sur
le passage des œufs.

Aussitôt après la fécondation, la femelle se met à la recherche d'un domicile ; ayant trouvé un trou à sa convenance, elle s'y installe, et, avec ses pinces et ses pattes,
creuse dans la berge une galerie qu'elle lisse et égalise avec
les lamelles de sa queue.

Elle reste là, les pinces en arrêt, prête à faire face à ses
ennemis, pendant environ trois semaines, pour se remettre
et rétablir ses forces. Pendant ce temps, les œufs arrivent à
maturité. En effet, vingt ou trente jours après l'accouplement, la femelle procède à la ponte. Pour cela, elle applique
la face ventrale de sa queue contre le plastron, de manière à
former une cavité close, au fond de laquelle sont les ouvertures de ses ovaires. Les œufs s'échappant de ces orifices ne
tombent pas au dehors, mais dans la poche dont nous venons
de parler ; ils se fixent alors aux fausses pattes, grâce à l'humeur visqueuse qui les imprègne et qui se coagule au contact de l'eau.

La ponte dure de deux à quatre jours; elle est surtout
active pendant la nuit. Ces œufs, au nombre de deux à trois
cents, forment une grappe d'un noir violacé ; la femelle les
porte ainsi sous son abdomen pendant six mois, car l'éclosion n'a lieu qu'en avril ou mai.

Pendant cette longue incubation, on voit souvent la femelle s'agiter et étendre sa queue ; ce qui provoque des courants d'eau et agite les œufs. Cette agitation des œufs dans l'eau, fait remarquer M. Millet, est surtout nécessaire dans la dernière période de l'incubation ; car le cœur du jeune embryon bat avec vitesse : on peut compter 180 à 185 battements par minute.

Au moment de l'éclosion, les jeunes écrevisses sont transparentes, molles, et en tout semblables à leurs parents. Dès leur sortie de l'œuf, elles peuvent vivre indépendantes, et nagent autour de leur mère en poursuivant des animalcules aquatiques. Mais, dès qu'un danger les menace, elles se réfugient sous le ventre de leur mère. Les petites écrevisses trouvent là un abri sûr, qu'elles ne quittent que lorsqu'elles rencontrent un gîte particulier, où elles s'établissent chacune séparément. Cette espèce de sevrage a lieu huit jours à un mois après leur naissance.

Lorsque ces petits animaux, dit à ce sujet Rœsel von Rosenhof, ont commencé à se mouvoir avec une certaine activité, si leur mère vient à rester tranquille un moment, ils l'abandonnent pour se traîner çà et là à une petite distance ; mais au moindre danger qu'ils soupçonnent, au moindre mouvement inusité qui agite l'eau, il semble que la mère les rappelle par un signal, car tous reviennent promptement sous sa queue et se réunissent en grappe, et la mère se retire en lieu de sûreté aussi vite qu'elle le peut [1].

Mues. — A la naissance, la jeune écrevisse a une longueur d'environ 15 millimètres ; dix jours après elle en a 23 ; elle a donc subi une mue pendant cet intervalle, c'est-à-dire qu'elle a quitté sa première carapace, devenue trop étroite, pour en revêtir une seconde plus ample.

Un mois après, se produit une nouvelle mue. Quelque-

---

1. Rœsel von Rosenhof, *Der Monatlich-herausgegeben Insecten Belustigung*.

fois les écrevisses font une troisième mue, dans le courant
de la première année ; c'est alors au mois d'octobre, mais le
fait n'est pas commun. Après cette première période, les
écrevisses ne font qu'une seule mue par an, vers le milieu de
juin.

Ces renouvellements de la carapace ne sont pas sans danger pour les écrevisses : c'est pour ces animaux une époque
critique, car, après avoir quitté leur enveloppe solide, elles
sont revêtues d'une enveloppe fine et transparente tout à
fait incapable de les protéger. Pendant ces mues, l'écrevisse
quitte non seulement l'enveloppe du corps et des pattes, mais
encore celle des antennes, des yeux, etc. C'est un travail la-
borieux, fort difficile, et qui, souvent, entraîne la mort du
pauvre crustacé.

Réaumur a patiemment observé le phénomène de la mue,
que nous allons résumer d'après ses travaux :

Quelques jours avant le dépouillement de leur peau, les
écrevisses cessent de prendre de la nourriture. L'animal paraît inquiet, se donne du mouvement, frotte ses pattes les
unes contre les autres, se retourne sur le dos, replie et
étend sa queue plusieurs fois ; son corps se gonfle. Bientôt la
membrane qui réunit le premier segment de la queue au
corselet se brise. Après ce travail, pour ainsi dire prépara-
toire, l'écrevisse se repose un instant, puis, au milieu d'une
agitation nouvelle, le corselet se soulève, s'éloigne de la base
des pattes, et ne reste retenu à l'animal que par un seul
point d'attache, situé près de la bouche. Avant de rejeter
la partie principale de sa cuirasse, l'écrevisse tire sa tête en
arrière, dégage ses yeux, ses antennes, ses pinces, et successivement toutes les pattes ; les deux premières sont les plus
difficiles à dégainer.

Pendant les violents efforts que fait l'animal pour sortir
de sa cuirasse, il n'est pas rare qu'il perde quelqu'un de ses
membres. Ce dégât n'est que temporaire, car l'écrevisse pos-

sède à un degré merveilleux le pouvoir de reproduire les diverses parties qui ont pu être perdues.

Lorsque ces crustacés sont dans cet état de mollesse qui suit la mue, les blessures qu'ils reçoivent peuvent déterminer la croissance anormale des parties atteintes ; il se produit ainsi des monstruosités assez bizarres.

CHAPITRE XXI

ÉLEVAGE DE L'ÉCREVISSE

Nourriture. — Les écrevisses sont excessivement voraces. Lorsque leur taille est encore faible, elles consomment une énorme quantité de petits mollusques et crustacés d'eau douce ; plus tard, elles se nourrissent de matières végétales et animales, vers, grenouilles, frai, petits poissons, viandes fraîches ou putréfiées ; n'ayant pas autre chose, elles ne font aucune difficulté pour dévorer les navets, les carottes, les choux qu'on leur jette. Sous ce rapport, on peut dire que l'écrevisse assainit les rivières, en faisant disparaître les matières putrescibles qui peuvent les infester.

Quoique dévorant fort bien toutes les charognes qu'elles rencontrent, il n'est pas vrai que les écrevisses préfèrent la chair putréfiée à la chair fraîche, car, en leur donnant de l'une et de l'autre, on les voit toujours abandonner la viande putréfiée pour s'acharner sur la viande fraîche.

A cette nourriture animale, les écrevisses joignent bon nombre d'herbes aquatiques, notamment le cresson, et surtout les orties et les charas ; ces dernières plantes, assez communes dans les eaux quelque peu calcaires, conviennent tout particulièrement aux animaux qui nous occupent, par ce fait qu'elles sont très riches en carbonate de chaux, substance dont les écrevisses ont le plus grand besoin pour refaire leur carapace.

L'écrevisse adulte attaque souvent quelques petits poissons de fond, comme la tanche, le vairon, la loche ; souvent les rats d'eau qui s'approchent trop près des trous sont saisis et dévorés.

C'est surtout par les temps orageux, ou lorsque soufflent les vents du sud, que l'écrevisse voyage et se met en quête d'aliments. Le jour, elle reste généralement cachée; c'est surtout le soir, après le coucher du soleil, qu'elle fait la chasse.

Croissance. — La croissance des écrevisses est excessivement lente, aussi serait-il à désirer qu'on pût arriver, pour ces animaux, à la *précocité* tant recherchée par les éleveurs.

Bon nombre d'auteurs indiquent, et nous avons nous-même imprimé il y a quelques années, qu'il fallait quatre ans pour qu'une écrevisse soit *marchande*. Cela n'est pas rigoureusement exact, car ce n'est que vers six ou sept ans que ces crustacés atteignent une taille suffisante pour être vendus; et encore, les belles écrevisses, qui atteignent 18 à 20 centimètres, ont au moins quinze ou vingt ans.

Voici d'ailleurs quelques chiffres :

M. Soubeiran [1] donne le tableau suivant, résultat de ses études faites à Clairefontaine, près de Rambouillet :

	gr.
Écrevisses de l'année................	0, 50
» de 1 année................	1, 50
» de 2 années................	3, 50
» de 3 années................	6, 50
» de 4 années................	17, 50
» de 5 années................	18, 50
Écrevisses d'âge indéterminé..........	30, 00
» très âgées................	125, 00

M. Carbonnier, qui s'est tout particulièrement occupé des écrevisses, donne les chiffres qui suivent, résultat d'observations continuées pendant un grand nombre d'années.

1. Compte-rendu de l'Académie des Sciences, 1865.

		gr.
Écrevisses âgées d'un mois		0, 15
»	d'un an	1, 50
»	de deux ans	4, 00
»	de trois ans	10, 00
»	de quatre ans	16, 00
»	de cinq ans	22, 00
»	de six ans	25, 00
»	de sept ans	30, 00
»	de huit ans	36, 00
»	de neuf ans	43, 00
»	de dix ans	50, 00
A quinze ans, les écrevisses pèsent environ		75, 00
Et à vingt ans		100 à 120, 00

D'une manière générale, les mâles sont plus gros que les femelles ; rarement ces dernières atteignent le poids de 20 grammes.

Repeuplement. — Avant d'entrer dans les détails que comporte ce sujet, il nous faut caractériser nettement les deux variétés d'écrevisses, dont nous n'avons dit qu'un mot dans le chapitre précédent ; car, outre les caractères tirés de la coloration des pattes, il y en a d'autres ; nous ne saurions mieux faire que de les emprunter à M. Huxley, qui les a admirablement résumés :

Les caractères les plus constants de l'écrevisse à pieds blancs sont :

1° La forme atténuée du rostre, et le rapprochement de son sommet des épines latérales ; la distance entre ces épines étant à peu près égale à celle qui les sépare de la pointe du rostre.

2° Le développement d'une ou deux épines sur le bord ventral du rostre.

3° L'affaissement graduel de la partie postérieure de la crête post-orbitaire, et l'absence d'épines sur sa surface.

4° La forte dimension relative de la division postérieure du telson.

Au contraire, dans l'écrevisse à pieds rouges :

1° Les côtés des deux tiers postérieurs du rostre sont presque parallèles, et les épines latérales sont séparées de la pointe du rostre par au moins un tiers de sa longueur ; et la distance entre elles est beaucoup moindre que leur distance à cette pointe.

2° Il n'y a pas d'épine développée sur le bord ventral du rostre.

3° La partie postérieure de la crête port-orbitaire forme

Fig. 59. — Chara.

une élévation plus ou moins distincte, et parfois épineuse.

4° La division postérieure du telson est plus petite, relativement à la division antérieure [1].

La première se rencontre surtout dans les eaux vives et froides, tandis que l'écrevisse à pieds rouges semble préférer

---

1. Th. H. Huxley, *loc. cit.*

les eaux un peu plus tièdes, mais ne dépassant pas toutefois 18 à 20°, car au-dessus de cette température l'écrevisse meurt.

L'écrevisse à pieds rouges est plus belle; c'est elle qui atteint les plus grandes dimensions, et dont la chair est la plus délicate; aussi est-ce la plus généralement cultivée.

Toutes les eaux sont bonnes, à condition d'être propres, saines et quelque peu calcaires. On devra y faire croître des orties et des charas (fig. 59) sur les rives; les bords devront être ombragés, car l'écrevisse fuit la lumière.

On favorisera aussi la multiplication des cypris, daphnies, planorbes, lymnés, etc., etc.

La pièce d'eau destinée à l'élevage des écrevisses devra avoir environ un mètre de profondeur; le fond devra être suffisamment tendre, pour que ces animaux puissent y creuser leurs galeries; enfin, les berges devront être abruptes et remplies de pierres, de racines d'arbres, d'anfractuosités, etc.

Pour procéder au repeuplement, on prend des écrevisses d'environ cinq ou six ans, âge auquel elles se reproduisent. Il faut éviter de mettre trop de mâles, car, généralement, ces derniers dominent de beaucoup sur les femelles.

On se gardera bien de mettre directement ces crustacés dans le ruisseau qu'on veut peupler. Il est essentiel de les placer d'abord sur des claies en osier, qui seront elles-mêmes mises sur l'eau; de cette manière, les écrevisses s'accoutumeront peu à peu au milieu dont elles avaient été privées. Cette précaution, nous ne saurions trop le recommander, est indispensable.

On donnera de temps en temps aux écrevisses des viandes putréfiées, des tripailles, résidus de boucherie ou d'équarrissage, etc. Elles transformeront ces substances, pour ainsi dire sans valeur, en une viande excellente et d'un prix élevé.

Il n'y a aucun inconvénient à élever des écrevisses dans des eaux où se trouvent des carpes, des tanches, gardons, etc.;

mais il faudra éviter avec soin les brochets, les perches, les truites, et surtout les anguilles. Il sera bon de multiplier les vairons, dont les écrevisses adultes sont très friandes.

En procédant comme nous venons de l'indiquer, à moins de circonstances tout à fait imprévues, il est rare qu'on ne réussisse pas à faire naître des écrevisses dans une eau *où il y en a déjà eu auparavant*. Nous insistons sur ce dernier point, car il est extrêmement difficile de peupler d'écrevisses un ruisseau, et encore plus un réservoir où il n'y en avait point. Comme le fait remarquer Bosc, peu d'animaux aquatiques sont plus délicats sur la nature de l'eau où ils doivent vivre. On les a vues, à la suite de ces transplantations, sortir de l'eau (chose qu'elles ne font jamais dans leur ruisseau natal), et venir mourir sur la terre.

L'industrie d'élever des écrevisses n'est pas chose nouvelle, elle a d'abord été pratiquée par les Romains. Au moyen âge, cette industrie tomba dans l'oubli, pour reparaître au quatorzième siècle.

On raconte qu'avant la révolution, les bernardins de Sillery et les bénédictins de Vaucelles se faisaient d'énormes revenus en élevant des écrevisses, qu'ils expédiaient jusqu'à Paris.

Cette question du repeuplement des eaux en écrevisses est très importante, car ces animaux deviennent excessivement rares ; la plupart de celles qui se consomment à Paris viennent d'Allemagne.

Il est fort à craindre que d'ici peu ces animaux ne viennent à disparaître complètement, car leur croissance est excessivement lente ; le braconnage dont ils sont l'objet, la pêche inconsidérée qu'on en fait, et les maladies auxquelles ils sont sujets, sont autant de causes de destruction qui vont tous les jours en s'accentuant davantage.

Pêche. — La pêche la plus élémentaire pour prendre les écrevisses est celle à la main ; elle est assez amusante, mais non dépourvue de désagrément.

Puis, vient la pêche aux balances.

Les balances, dit M. Maurice Malé, sont de petits filets ronds cerclés de fer, qui, montés, affectent la forme de l'instrument de pesage bien connu. Trois ficelles nouées au fil de fer, à distances égales, réunies par un nœud et attachées à une gaule, tel est l'instrument peu compliqué au moyen duquel on peut prendre des buissons d'écrevisses toutes vivantes. On a soin de fixer l'appât, composé d'un morceau de foie un peu avarié, ou d'une grenouille dépouillée et exposée deux ou trois jours au soleil, au centre du filet, afin que l'amorce ne soit pas emportée. Cela fait, on laisse le tout descendre jusqu'au fond. Un homme peut facilement en surveiller une vingtaine. On relève les engins toutes les heures ou toutes les demi-heures, s'il y a beaucoup d'écrevisses dans les lieux choisis. Mais il arrive souvent que l'appât, quoique bien attaché, est emporté par les gourmands ; pour éviter que la table soit desservie, on place l'amorce dans une boule à riz, que l'on attache au centre de la balance [1].

On pêche encore l'écrevisse au verveux et à l'aide de fagots. Cette dernière pêche est souvent assez productive. Les fagots sont composés de petites branches rameuses, liées assez lâches. Au milieu on place l'appât ; puis, à l'aide d'une pierre attachée au fagot et d'une corde, on fait couler le tout très lentement, pour ne pas effrayer les écrevisses. La pierre ne doit pas être trop lourde, autrement la manœuvre de cet engin serait pénible. Au bout de trois ou quatre heures, on relève le fagot, d'abord très doucement et surtout sans secousses, puis plus rapidement, lorsque les branches sont près d'atteindre le niveau de l'eau. Ces précautions sont indispensables, pour éviter que les écrevisses qui ont pénétré au travers des branchages ne prennent peur et se sauvent.

Quelquefois on arrose les appâts de substances odorantes ;

---

1. Maurice Malé, *L'Écrevisse*; 1885, Paris.

par exemple, d'essence de térébenthine, d'assa fœtida, etc. Ces matières, il est vrai, attirent les écrevisses, mais elles communiquent à leur chair un goût désagréable, qui souvent ne disparaît pas à la cuisson.

Ennemis et maladies des écrevisses. — C'est surtout lorsqu'elles sont jeunes, ou au moment de la mue, que les écrevisses deviennent la proie de leurs ennemis. Les grenouilles, les tritons, et surtout les anguilles, en détruisent beaucoup dans leur premier âge. Une petite sangsue, du genre *branchilion*, se loge dans les branchies et en fait périr un certain nombre. Enfin, les canards, les hérons et les loutres, en font une assez grande consommation.

L'accouplement et la mue en font périr une grande quantité.

A toutes ces causes de destruction s'en joignent deux autres, la *rouille*, et une autre maladie parasitaire d'une gravité exceptionnelle.

La *rouille* est causée par une température trop élevée, et une trop grande accumulation d'écrevisses dans un espace restreint. Cette maladie est caractérisée par des taches rouges inégalement réparties sur le corps de l'animal malade.

Le remède consiste à éviter les trop grandes agglomérations, et à procurer de l'eau fraîche et des abris aux écrevisses.

C'est vers 1879 que la *maladie des écrevisses* a éclaté dans toute son intensité; elle sévit encore en France, dans certaines régions de l'Allemagne, et en Autriche-Hongrie. Elle a été attribuée aux grands froids par les uns, à un parasite par les autres. Des flots d'encre ont été versés sur cette question, qui, en somme, n'en reste pas moins encore très obscure.

Il n'en est pas moins vrai que sur nos 86 départements, 73, comme l'a constaté M. Millet, sont peuplés d'écrevisses; or, 14 sont légèrement atteints, et 59 le sont très gravement.

Ainsi, dans la Meuse, la Mayenne, la Nièvre, et surtout l'Aisne et l'Ain, où les écrevisses étaient très abondantes, il n'en reste pour ainsi dire plus. En ce qui concerne ce dernier département, M. Picquet attribue cette grande mortalité aux brusques variations qui se sont produites dans le courant de l'été; les rivières ont été dépeuplées en moins d'un mois.

M. le Dr Hartz, professeur à Munich, a découvert chez les écrevisses malades, un *distome*, qu'il considère comme la cause de l'épidémie. Est-ce bien là la cause, ou seulement l'effet? Nous ne saurions le dire.

MM. Vaillant et Raweret-Wattel, croient que les grands froids sont la principale cause de la maladie, car la présence d'un parasite ne causerait pas des maladies aussi subites et aussi générales.

Quoi qu'il en soit, voici les symptômes de cette affection :

L'écrevisse cesse de manger, se couvre de taches, ses mouvements sont incertains et embarrassés, elle marche sur la pointe des pattes, et paraît très excitée, même agressive à l'égard de ses congénères. Bientôt la partie postérieure du corps se tuméfie, et les pattes deviennent si faibles que l'animal se couche sur le dos.

La nageoire caudale, dit M. Crepin, est recourbée inférieurement, et forme avec le corps même de la queue un angle d'une ouverture de 50 à 60° reposant sur la pointe. Une demi-heure avant la mort, la fente de l'anus s'ouvre, pour se refermer aussitôt, et ce phénomène se réitère toutes les vingt-cinq ou trente secondes. Ces mouvements et ceux des pattes nageoires cessent enfin presque subitement, et la mort arrive après quelques jours seulement de maladie [1].

En examinant les cadavres, on voit le tissu musculaire ramolli et désorganisé. M. Harz y a trouvé le *distoma cir-*

1. Joseph Crépin, *Note sur la maladie des écrevisses*. (*Bulletin de la Société d'Acclimatation.*)

rigerum enkysté dans l'abdomen et la nageoire caudale, ainsi que dans les muscles des pinces et des pattes ; il y en avait jusqu'à 200 sur une seule écrevisse.

Il est à noter que ce distome a été trouvé dans toutes les écrevisses malades ; sa présence n'a pu être constatée chez celles qui étaient saines.

Telles sont les manifestations de la maladie. Or, d'après M. Harz, les cercaires du distome se trouvent dans les excréments des poissons, et c'est dans le corps de l'écrevisse qu'ils se développent en produisant cette maladie.

D'après cela, dans les ruisseaux où il n'y a pas de poissons, les écrevisses auraient dû être épargnées. C'est en effet ce que nous avons pu constater dans quelques ruisseaux ; mais, hâtons-nous de le dire, pas dans tous ; or, les hirondelles et autres oiseaux peuvent sans aucun doute propager le mal.

Le remède, quel est-il ? La cause étant problématique, il va sans dire que le remède doit l'être aussi ; cependant, le Dr Otto Zacharias conseille de purger les eaux de toutes les matières animales en décomposition ; de les tenir abondantes et pures, et de tenter de les désinfecter au moyen du sel de cuisine.

Quoique émanant d'un savant allemand, ce remède, si remède il y a, ne soutient pas l'examen, car il est peu présumable que des particuliers ou même l'État, aillent s'amuser à saler les eaux douces ; autant vaudrait transporter les écrevisses à la mer. Non, il faut convenir que cette idée est par trop... *allemande*.

Transport et commerce des écrevisses. — Les écrevisses peuvent vivre fort longtemps hors de l'eau ; aussi leur transport n'offre guère de difficultés. On met ces crustacés, bien secs, dans un panier garni d'orties ; il faut éviter l'humidité, autrement il s'établit une sorte de fermentation, et les écrevisses s'échauffent. Il est bon de faire jeûner pendant vingt-quatre heures les écrevisses qui doivent voyager.

Autant que possible, il faut préférer les orties aux autres herbes; car, pour une raison encore inconnue, les écrevisses s'y conservent beaucoup mieux.

Il faut éviter de faire voyager ces crustacés par les temps d'orage. Si l'on craint les gelées, qui de même leur sont très nuisibles, on garnit les paniers de paille sèche, et on les enferme dans une caisse en bois.

Cent à cent cinquante écrevisses dans un panier suffisent; il serait dangereux d'en mettre davantage.

Voyons maintenant si la consommation qu'on fait des écrevisses vaut la peine qu'on s'adonne, d'une manière sérieuse à la production industrielle de ces crustacés.

Laissons parler les chiffres. Paris seul, ce gouffre immense qui engloutit tout ce que le commerce lui jette, en consomme annuellement près de 150,000 kilogrammes, soit environ 1,500,000 écrevisses par an. Voilà pour la capitale seulement; or, admettons, ce qui n'est pas exagéré, que le reste de la France en consomme autant, nous arriverons au chiffre significatif de 3,000,000 d'écrevisses qui, à n'en pas douter, est un minimum.

Produisons-nous cette quantité? Nous en sommes bien loin, puisque c'est l'étranger, principalement la Hollande et l'Allemagne, qui nous envoient la plus grande partie de ces animaux.

Maintenant, les prix de vente de cette denrée sont-ils rémunérateurs? Aujourd'hui, une douzaine d'écrevisses de moyenne taille, car les grosses sont pour ainsi dire introuvables, se vend bel et bien 2 ou 3 francs. Mais le prix de revient? Comme nous l'avons vu, il est insignifiant si l'opération est bien conduite.

En résumé, c'est une marchandise qui devient rare; elle est peu offerte et beaucoup demandée; il y a donc tout intérêt aujourd'hui à produire des écrevisses.

ÉLEVAGE DES SANGSUES

ou

HIRUDICULTURE

CHAPITRE XXII

ORGANISATION ET ÉLEVAGE

Les hirudinées. — Les sangsues appartiennent à la classe des *annélides,* dont elles constituent le quatrième ordre, celui des *annélides apodes;* elles sont le type caractéristique de la famille des *hirudinées.*

L'emploi de ces animaux dans l'art de guérir a donné lieu à un élevage raisonné, l'*hirudiculture,* qui permet d'utiliser des marais et pièces d'eau qui, autrement, seraient sans valeur.

On connaît les sangsues depuis la plus haute antiquité : elles se trouvent mentionnées dans la Bible, sous le nom d'*aluka.* Les Latins les nommaient *sanguisuga;* enfin Linné leur a donné le nom générique d'*hirudo.*

Histoire naturelle. — Les sangsues ont le corps mou, allongé, formé de segments distincts, égaux et courts; le corps est légèrement déprimé, et va en se rétrécissant graduellement en avant. L'animal est recouvert d'un épiderme mince et transparent, dont il se débarrasse périodiquement, subissant ainsi, comme les serpents, une sorte de *mue,* un

véritable changement de peau. Au-dessous de cet épiderme
est le pigmentum, ou matière colorante.

Le tube digestif traverse toute la longueur du corps, sans
aucune circonvolution. En avant, il forme la cavité buccale,
qui est formée de trois mâchoires découpées en dents aiguës
et disposées radiairement, en arrière ; le tube digestif s'ouvre
par un orifice anal situé au-dessus de la ventouse postérieure.

La digestion est très longue chez ces animaux, et se continue pendant quatre ou six mois.

L'appareil circulatoire se compose d'un vaisseau dorsal et
de vaisseaux latéraux communiquant entre eux par des anas-
tomoses transversales.

Quinze à vingt branchies, situées sur les côtés du corps,
servent à la respiration. Ces nombreux organes permettent
aux sangsues de vivre plusieurs jours sans respirer. C'est ainsi
qu'elles demeurent sans périr cinq ou six jours, et quelquefois même davantage, sous la cloche d'une machine pneuma-
tique. (Boyle.) On en a fait vivre plus de huit jours dans de
l'eau distillée. D'après M. Moquin-Tandon, les sangsues mé-
dicinales peuvent vivre au moins vingt-quatre heures dans
l'acide carbonique, et plus de quarante dans un flacon d'huile
hermétiquement bouché [1].

La manière dont se meuvent ces animaux est assez curieuse :
lorsqu'une sangsue veut avancer, elle fixe d'abord sa ventouse
postérieure, et par l'aspiration de l'air, forme une sorte de
coupe qui adhère fortement ; puis elle en fait autant avec la
ventouse orale, qu'elle détache ensuite la première, la rapproche de la précédente, et ainsi de suite.

Généralement, les sangsues se trouvent au fond de l'eau,
fixées sur des pierres ou des végétaux aquatiques ; elles exécutent alors des mouvements de balancement alternatifs.

Ces animaux sont très sensibles aux variations atmosphé-

---

1. A. Moquin-Tandon, *Monographie de la famille des Hirudinées*.

riques. M. Moquin-Tandon a remarqué que lorsqu'il doit faire un grand vent, les sangsues parcourent la pièce d'eau avec une vitesse surprenante. Si le temps se montre nébuleux, elles se cachent dans la boue. Aux approches des orages, elles montent à la surface de l'eau, et les pêcheurs profitent de ce moment pour les saisir.

Les sangsues sont hermaphrodites, c'est-à-dire que les organes mâles et femelles se trouvent réunis sur le même individu ; il y a neuf paires de testicules et deux ovaires. Malgré cela, deux individus sont nécessaires pour la reproduction.

Fig. 60. — Cocons de sangsues.

Cet hermaphrodisme spécial est appelé *androgyne*. La copulation se fait ventre à ventre, et dure plusieurs heures.

La ponte a lieu un mois après l'accouplement. La sangsue pond des *cocons* ovoïdes (fig. 60), de consistance spongieuse, sortes de réceptacles contenant plusieurs œufs ; l'éclosion se fait un mois après la ponte. Les jeunes sangsues qui en sortent sont rougeâtres et filiformes ; elles mesurent près de 2 centimètres de long.

La vie de ces annélides est très tenace ; c'est ainsi qu'en coupant une sangsue par le milieu, pendant qu'elle suce le sang d'un animal, la partie antérieure continue à sucer pendant quelques heures.

Les naturalistes ne sont pas bien d'accord sur la durée de

la vie des sangsues ; cependant, il est très probable qu'elle peut se prolonger au delà de dix ans.

Différentes espèces de sangsues. — Les espèces de sangsues sont fort nombreuses ; parmi les principales il faut citer :

1° La *sangsue officinale* (*hirudo officinalis*), ou sangsue verte, qui a le corps d'un vert noirâtre, avec six bandes longitudinales brunes sur le dos ; le ventre est un peu jaunâtre

Fig. 61. — Sangsue officinale.

et uni ; c'est l'espèce qui atteint les plus grandes dimensions, les individus de 15 centimètres de longueur ne sont pas rares.

2° La *sangsue médicale* (*hirudo medicinalis*), ou sangsue grise, est plus petite et d'un gris verdâtre ; elle a le ventre maculé de noir et bordé d'une bande étroite ; sur le dos sont six raies longitudinales rousses. Cette espèce est très commune dans les mares et les ruisseaux du nord et du centre de la France.

3° La *sangsue dragon*, ou *truite* (*h. interrupta*), a le corps plus large, verdâtre, avec six bandes de points noirs ou roussâtres sur le dos; l'abdomen est bordé de bandes en zig-zag. On la trouve en abondance en Algérie.

4° La *sangsue granuleuse* (*h. granulosa*), qui est d'un brun verdâtre, avec six bandes obscures sur le dos, et qui présente des rayures de trente-huit à quarante tubercules sur chacun des anneaux intermédiaires. Cette espèce habite les Indes.

5° La *sangsue ponctuée* (*h. albo punctata*), qui a le corps brun-noirâtre, avec six bandes longitudinales très noires. Elle habite surtout la Suède.

Les trois premières espèces, et surtout l'*hirudo medicinalis*, sont les plus employées en médecine.

La *sangsue de cheval* (*hemopis vorax*), qu'on trouve communément dans notre pays, est impropre au service médical; elle est même très nuisible, en ce sens qu'elle pénètre fréquemment dans les narines des bestiaux, lorsque ceux-ci vont boire.

Élevage. — L'élevage des sangsues se fait dans des marais ou étangs qui doivent réunir quelques conditions spéciales. D'abord la nature du fond : le fond doit être tourbeux ou sableux, même glaiseux; les fonds rocheux ou caillouteux ne sauraient convenir.

La pièce d'eau n'a pas besoin d'être vaste, 3 ou 4 hectares au plus suffisent. Le terrain devra pouvoir être inondé à volonté; le relief devra en outre être accidenté, afin d'avoir des profondeurs d'eau variant entre 15 et 40 centimètres, en réservant çà et là des places où la profondeur sera de 1 mètre à 1^m,50.

Le bassin doit être entouré d'une enceinte en sable bien tassé, afin d'empêcher la fuite des sangsues. Il sera divisé en plusieurs compartiments, au moyen de digues, pour permettre de répartir les sangsues suivant leur âge.

Le plus grand des bassins est destiné à la ponte et à l'alimentation ; c'est le *bassin à nourriture;* les autres, dont l'ensemble devra présenter une étendue égale à la moitié du bassin à nourriture, constituent les *bassins à purification* et *abstinence.*

Dans le marais à nourriture il faudra réserver quelques îlots intérieurs, pourvus d'herbes, et où les sangsues trouveront un refuge.

C'est dans les bassins à purification que les sangsues jeûnent une année avant d'être livrées au commerce.

Les plantes qui conviennent le mieux sur les bords des marais à sangsues sont : les *iris,* l'*equisetum palustris,* le *typha,* etc. Dans l'eau même, ce sont les *joncs,* les *scirpes,* les *charas,* les *potamogeton,* et surtout le *phalaris arundinacea.*

Dans les marais de la Dombe, les plus productifs en sangsues, M. Ebrard[1] a constaté la présence du *poa fluitans,* du *juncus oliginosus,* de la *renoncule officinale,* de l'*alisma plantago,* du *ranunculus flammula,* etc.

Nature des eaux. — L'eau doit être amenée au-dessus du niveau habituel du marais. Autant que possible, on préférera les eaux de rivière, de pluie ou de source pures et bien aérées; les eaux alcalines ou acides doivent être rejetées, car elles provoquent le dégorgement chez les sangsues. Leur température doit être pour ainsi dire tiède, car le froid, ou seulement une transition subite, exerce une influence fatale sur la digestion des animaux qui nous occupent.

En résumé, dans le bassin à nourriture, les eaux tièdes sont à recommander; dans les bassins à purification, les eaux un peu vives sont préférables. Toutefois, il faut éviter les courants tant soit peu violents, car les sangsues ne sont pas d'excellentes nageuses.

En définitive, les conditions favorables à l'élevage des

(1) D\ Ebrard, *Des Sangsues considérées au point de vue de l'économie médicale;* in-8°.

sangsues, en ce qui concerne l'emplacement, peuvent être ainsi résumées :

1° Autant que possible, profiter des marais naturels.

2° Ménager des îlots dépassant un peu le niveau du marais.

3° Disposer les bords des réservoirs et des îlots en talus.

4° Enherber les rives et les îlots.

5° Maintenir le niveau de l'eau à la même hauteur dans les réservoirs.

6° Éviter les courants trop rapides et les inondations.

Peuplement. — Quelquefois on peuple les marais avec des cocons ; cela se faisait encore, il y a quelques années, dans le Finistère. Cependant, il est préférable d'employer des sangsues adultes. A ce propos, nous conseillerons, plutôt que d'aller chercher des reproducteurs à l'étranger, surtout en Hongrie, comme le font quelques éleveurs, de choisir les beaux individus de nos races indigènes, qui, quoi qu'on en puisse dire, donnent d'aussi bons résultats.

On recommande de peupler avec des sangsues gorgées, c'est-à-dire ayant déjà sucé du sang ; elles sont beaucoup plus fécondes. De Prancy, Pallas, Moquin-Tandon, et bien d'autres observateurs, sont unanimes pour reconnaître la véracité de cette assertion.

Nourriture. — L'alimentation des sangsues est peut-être la question la plus importante de l'hirudiculture.

Si les marais ont été peuplés de sangsues gorgées, on peut se dispenser, pendant trois ou quatre mois, de leur donner de la nourriture ; mais, ce terme passé, il est nécessaire d'intervenir.

Un grand nombre d'éleveurs et d'auteurs prétendent qu'il faut à ces animaux un sang chaud parfaitement pur, puisé dans les veines d'un mammifère ; aussi la plupart des producteurs emploient-ils encore, pour nourrir les sangsues, ce moyen barbare, qui consiste à faire entrer dans

le marais des vieux chevaux usés, devenus incapables de
travailler. On fait circuler ces pauvres bêtes dans l'eau,
les annélides se fixent à leurs téguments et se gorgent de
liquide sanguin. Ce repas a lieu tous les deux ou trois jours,
et se prolonge environ deux heures chaque fois.

D'autres auteurs prétendent qu'on peut alimenter les
sangsues avec du sang provenant des abattoirs, ou même
avec des animaux autres que des chevaux, comme des lombrics, des grenouilles, des salamandres, etc. Nous sommes
entièrement de cet avis, car nous avons pu constater qu'en
nourrissant les sangsues au moyen de planchettes portant
du sang en caillot, qu'on fait flotter sur l'eau, on obtient
d'excellents résultats.

On peut encore remplir de sang liquide des boyaux de
veau, que l'on fait flotter à la surface de l'eau.

Le bon sens suffit pour faire voir, dit M. Soubeiran,
que, si les sangsues dans les marais n'avaient d'autre
chance de se nourrir que celle qui leur est donnée par les
bestiaux, leurs repas, livrés à un tel hasard, ressembleraient
trop souvent à des jeûnes.

M. Borne, dans un mémoire qu'il a adressé à l'Académie de Médecine, a fait connaître le procédé qu'il emploie
pour nourrir les sangsues. Dans les marais mêmes, il met
du sang encore chaud, provenant de l'abattoir, et qui est
entraîné par un léger courant ménagé à cet effet.

M. Gonzalez de Sota nourrit ces annélides avec du sang
de boucherie, chaud ou froid, selon la saison ; il le distri-
bue par parties réglées avec un appareil spécial, en ayant
soin de le débarrasser préalablement de la fibrine qu'il
renferme, et qui, paraît-il, est indigeste.

M. le Dr Rollet, dans les Landes, emploie un autre système. D'après lui, les vieux chevaux maigres et épuisés
sont incapables de procurer une nourriture substantielle
aux sangsues ; aussi, au moment où les petites sangsues se

montrent à la surface de l'eau, il fait entrer dans le marais des vaches grasses et bien portantes, les sangsues se gorgent de leur sang riche et sain. Avec ce système, au bout de la première année, les sangsues ont déjà de fort belles dimensions. Il laisse les vaches environ une heure dans l'eau, rarement deux heures. Or, chose curieuse, ces vaches, dit M. Rollet, mieux nourries que d'habitude, engraissaient au lieu de maigrir; elles donnaient un lait d'aussi bonne qualité et en aussi grande abondance que de coutume.

Par suite de ce singulier mode d'alimentation, M. Rollet prétend que pour faire un élevage vraiment productif, il faut faire de l'hirudiculture le complément d'une exploitation agricole.

Pour notre part, nous ne doutons pas que ce système ne soit très favorable aux sangsues; mais, en ce qui concerne les vaches, nous sommes loin d'être aussi convaincu.

Je crois, dit M. Huzard, qu'au bout de quelques années, lorsqu'il y aura une belle végétation dans le vivier, il se sera peuplé suffisamment d'animaux qui, par eux-mêmes ou par leurs débris, donneront aux sangsues la nourriture dont elles ont besoin (si toutefois elles ont réellement besoin, en partie, d'une nourriture animale), sans qu'on soit obligé d'avoir recours au sang des mammifères [1].

M. Huzard pousse peut-être les choses un peu loin, car il est évident qu'avec un élevage tant soit peu intensif il faut procurer de la nourriture aux sangsues. A notre avis, le meilleur mode d'alimentation consiste à introduire du sang de boucherie dans des boyaux ou membranes animales, qu'on fait flotter à la surface de l'eau.

On doit nourrir les sangsues au printemps ou à la fin de l'hiver, lorsque ces animaux sortent de leur engourdissement hivernal; on continuera à les alimenter copieusement jusqu'en

---

1. J.-B. Huzard, *Multiplication des Sangsues*, in-8°.

juin, époque de la ponte ; on interrompt alors la distribution de nourriture jusqu'à la fin de septembre, époque à laquelle on les nourrit de nouveau jusqu'à l'entrée de l'hiver.
A ce moment, elles s'engourdissent.

Ponte. — C'est généralement en juin qu'elle a lieu ; mais
il est à remarquer que cette époque est loin d'être fixe, et
qu'elle peut n'arriver qu'en juillet, et même en août ; aussi
est-il imprudent, comme le fait remarquer M. Vayson [1],
de remonter les eaux des bassins en août, comme le font les
éleveurs de la Gironde.

On reconnaît que la gestation est avancée lorsque les sangsues présentent un renflement ovoïde jaunâtre au tiers environ de la partie antérieure du corps, c'est-à-dire des parties sexuelles ; cette ceinture constitue le *clitellum*.

Lorsqu'elles veulent pondre, les sangsues montent sur les
talus ou sur les îles ménagés à cet effet, et y creusent de
petites galeries, au fond desquelles elles déposent les cocons.
Ces derniers craignent la sécheresse et la trop grande humidité ; il faut donc redoubler de soins à cette époque.

Quelquefois, on fait des îlots mobiles, portatifs ; on peut
alors recueillir les cocons et les placer dans une caisse dont
le fond, formé d'un treillis très large, sera recouvert de
mousse ; on y pose les cocons, qui sont recouverts d'un lit de
même substance, et ces caisses sont placées au bord de l'eau.
Les jeunes sangsues, au fur et à mesure qu'elles éclosent,
passent à travers la mousse et le treillis, et vont gagner le
marais.

Un cocon (fig. 60) renferme de cinq à vingt œufs, rarement plus ; en général, une sangsue pond deux cocons. Les
jeunes sangsues qui en proviennent se nourrissent en suçant
le sang de têtards, de grenouilles et de petits poissons ; les
lombrics leur conviennent surtout.

Ce n'est qu'au printemps que se montrent les jeunes sang-

1. L. Vayson, *Guide pratique des éleveurs de Sangsues*, in-8°.

sues, nées en automne ; elles sont alors très voraces. Au bout de deux ans, ces animaux pèsent environ 1 gr. 50 à 2 grammes : ils peuvent déjà être livrés au commerce.

Ennemis et maladies. — Les sangsues sont très voyageuses ; il faut donc surveiller les bassins, et leur fermer toutes les issues.

Bon nombre d'ennemis s'attaquent à ces animaux ; parmi les principaux, nous devons tout d'abord mentionner les canards, qui sont des destructeurs acharnés, et qui, en fort peu de temps, ont bien vite dépeuplé un marais. A ce propos, Puymaurin rapporte qu'un éleveur de la Sologne vit son petit étang, où il y avait 200,000 sangsues, dépeuplé en moins de vingt-quatre heures par une bande de canards sauvages. Viennent ensuite les taupes, les rats d'eau, qui s'attaquent surtout aux sangsues nouvellement gorgées ; puis la musaraigne, qui est la plaie des hirudiculteurs ; enfin, la couleuvre à collier, l'anguille, le brochet, le dytique, etc.

Parmi les maladies les plus importantes, il nous faut citer la *jaunisse*. Les sangsues atteintes sont tuméfiées, flasques et jaunes ; c'est une affection grave, qui en fait périr un grand nombre. Elle semble avoir pour cause une température trop élevée.

L'étranglement est une maladie non moins terrible, qui se manifeste par un étranglement à la partie supérieure du corps. D'après M. Moquin-Tandon, elle serait causée par une nourriture trop abondante. Il est donc essentiel de cesser toute alimentation dès le mois de juin.

Pêche. — Pour s'emparer des sangsues, les pêcheurs, chaussés de fortes bottes, entrent dans l'eau et frappent vigoureusement l'élément liquide à l'aide de bâtons ; les sangsues, alors, se remuent et viennent à la surface ; on les saisit avec les deux doigts, et elles sont mises dans un sac que le pêcheur porte avec lui.

Les pêcheurs, dit M. Jourdier, doivent avoir soin de saisir la sangsue très rapidement, afin de ne pas lui donner le temps de s'attacher aux mains. Ils devront veiller à ce que leurs mains et leurs bottes soient propres. Ils devraient aussi avoir toujours la précaution d'envelopper leurs bottes de toile. De cette manière, les sangsues s'y attacheraient, et la pêche deviendrait plus commode et plus rapide : car l'odeur de l'huile ou de la graisse, que les pêcheurs emploient pour entretenir leurs chaussures, empêche les sangsues d'adhérer au cuir, et c'est même pour cet annélide délicat une cause de dégoût qui peut nuire à la pêche. Malgré ces bonnes raisons, ce procédé est cependant loin d'être généralement suivi. Il faudra s'abstenir de pêcher quand soufflent avec force les vents du nord, d'est ou d'ouest. Ce serait vainement, d'ailleurs, qu'on le tenterait alors ; les sangsues les plus affamées sortent à peine dans ces cas-là [1].

On pêche les sangsues de mai en juillet, suivant les climats ; mais il est à remarquer que ces pêches sont inconsidérées, et qu'on épuise les eaux ; aussi les sangsues deviennent-elles rares.

Transport. — On transporte ces animaux dans des sacs en toile placés à côté les uns des autres, dans des paniers carrés qu'on entoure de mousse humide en été, et de paille sèche en hiver.

Commerce. — Autrefois, la France recevait beaucoup de sangsues de la Hongrie, des États sardes, d'Espagne, d'Algérie, d'Égypte, etc. ; aujourd'hui, ces importations ont bien peu d'importance ; par contre, nous en exportons en Angleterre, aux États-Unis, au Brésil, au Chili, à la Martinique, Cayenne, etc.

Au point de vue commercial, on divise les sangsues en cinq catégories.

---

1. A. Jourdier, *La Pisciculture*, in-12.

1° Les *filets*, très jeunes sangsues pesant environ 0 gr. 50; elles se vendent au poids.

2° Les *petites moyennes*, qui pèsent 0 gr. 80, et se vendent au mille.

Ces deux catégories sont peu employées en médecine.

3° Les *grosses moyennes*, qui pèsent 1 gr. 25 à 2 grammes.

4° Les *grosses*, dont le poids atteint 3 gr. 50.

Ces deux catégories sont les plus généralement employées.

5° Les *vaches*, qui pèsent 4 grammes et au delà.

Dans le commerce de gros, ces cinq sortes sont généralement mélangées, et vendues au mille, sous le nom de *sangsues de race*.

Elles se vendent 50 à 60 francs le mille.

Fraudes. — Souvent, on cherche à donner aux *filets* l'apparence de *moyennes*, ou aux *moyennes* l'apparence de *grosses*, en les gorgeant avec du sang de bœuf ou de mouton. Or, il est facile de découvrir la fraude en pressant doucement le corps de la sangsue, en partant de la ventouse anale; si elle a été gorgée, on voit bientôt un renflement à la partie antérieure du corps; en pressant un peu plus fort, on fait sortir le sang par la bouche.

Emploi des sangsues. — La consommation des sangsues en France peut être évaluée à environ 15,000,000 par an.

La première mention des sangsues comme remède a été faite par Themison, de Laodicée, célèbre médecin du commencement de l'ère chrétienne.

L'emploi de ces annélides dans le traitement des maladies inflammatoires repose sur le prompt et facile dégagement de sang que détermine l'application d'un certain nombre de sangsues aux environs de la partie malade. C'est surtout sous l'influence des doctrines de Broussais que leur emploi s'est généralisé; à cette époque (1824 à 1835), leur prix s'élevait à 200 francs le mille. C'était alors la panacée universelle. Mais les temps ont changé: aujourd'hui, les sangsues sont beaucoup moins employées, elles ne sont plus guère appliquées que pour produire des saignées locales peu intenses.

Une application de sangsues produit deux actions assez distinctes : 1° une perte de sang ; 2° une irritation locale, qui se traduit par une rougeur plus ou moins vive.

On utilise les sangsues sur tous les points de la surface du corps, excepté toutefois à la plante des pieds ou à la paume des mains; on doit encore éviter de les placer sur le trajet des gros troncs nerveux et des gros vaisseaux.

Avant d'appliquer l'animal, il faut raser la surface de la peau, puis laver avec de l'eau tiède. Quelquefois, on humecte avec un peu d'eau sucrée, pour engager la sangsue à mordre. On enferme l'annélide dans un petit verre à pied, ou on le tient dans le creux de la main munie d'un gant.

Quelquefois, les sangsues, pour une cause ou pour une autre, refusent de mordre ; dans ce cas, il faut les exciter, soit en les roulant dans la main, soit, comme le conseille Reims de Zwickau, en les trempant quelques instants dans de la bière.

Lorsqu'une sangsue veut appliquer sa bouche pour faire une morsure, dit M. Moquin-Tandon, elle allonge sa ventouse anale et contracte les deux lèvres, qui se replient en dehors. Le petit corps tendineux qui porte les mâchoires se raidit, et celles-ci sont portées en avant. La sangsue fait alors entrer dans sa bouche, en forme de petit mamelon, la peau de l'animal; elle la presse avec ses trois mâchoires ; puis, contractant et resserrant alternativement l'anneau musculaire et tendineux, elle parvient à déchirer le mamelon en trois endroits. Les denticules des bords intérieurs commencent l'incision, et ceux qui sont placés vers la partie extérieure, graduellement plus gros et plus aigus, s'enfoncent successivement dans l'enveloppe cutanée.

Le point d'appui a lieu sur les anneaux de la ventouse, qui sont alors très rapprochés, et qui sont fixés, à leur tour, d'une manière extrêmement solide, à la peau de l'animal [1].

Une fois posée, il faut éviter de toucher la sangsue, qui risquerait de se détacher.

Généralement, une sangsue cesse de sucer au bout de trois quarts d'heure ou une heure et demie ; le plus souvent elle tombe d'elle-même. Cependant, il arrive parfois qu'elle reste trop longtemps ; dans ce cas, pour arrêter la succion, il suffit de saupoudrer l'animal avec du sel, du tabac, ou du vinaigre.

La sangsue étant enlevée, on recouvre la petite plaie produite avec de l'amadou, du linge brûlé, ou du plâtre en poudre, pour arrêter l'écoulement du sang.

Pendant longtemps, on a jeté les sangsues ayant servi ; on prétendait qu'il était dangereux de les faire resservir ; aujourd'hui, ce préjugé a disparu. On les fait dégorger, et ceci fait, on les met dans de l'eau fraîche, pour les utiliser de nouveau lorsque c'est nécessaire.

On a pu craindre, dit à ce sujet M. Guibourt, que l'application de sangsues qui ont sucé, il y a peu de temps, le sang d'une personne malade, aurait de graves inconvénients ; mais depuis que l'emploi des sangsues dégorgées a lieu, dans les hôpitaux de Paris, sur une grande échelle, on n'a eu aucun exemple d'accident produit par leur emploi. Antérieurement, le docteur Pallas avait démontré, par des essais entrepris sur lui-même, l'innocuité des blessures, de sangsues déjà employées, qui avaient été lavées et conservées pendant quelques jours dans la terre humide. Il n'a même pas craint de s'appliquer des sangsues qui s'étaient repues sur un bubon de l'aine et sur les bords d'un

1. Moquin-Tandon, *Monographie*, etc.

ulcère syphilitique : ces annélides prirent très bien, et
leurs piqûres guérirent avec facilité, comme des morsures
ordinaires [1].

Il y a diverses manières de faire dégorger les sangsues.
M. A. Chatin conseille de plonger la sangsue dans un mélange de parties égales d'eau et de vin, en l'y maintenant
jusqu'à ce qu'elle ait laissé échapper quelques gouttelettes
de sang par la bouche ; on la presse alors d'arrière en

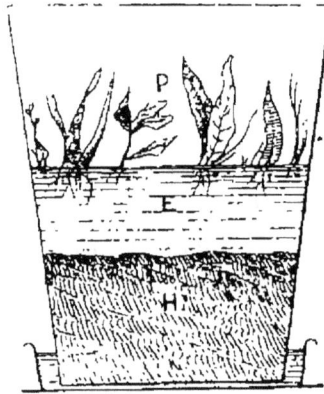

Fig. 62. — Marais domestique.

avant, de façon à diriger le sang vers l'ouverture buccale
par laquelle il s'échappe.

Un autre moyen consiste à les saupoudrer de sel.

D'après M. Moquin-Tandon, une sangsue de petite taille
peut absorber 2 grammes 70 de sang, c'est-à-dire deux fois
et demie son poids; et une grosse, 4 grammes 30. Ces
chiffres semblent un peu faibles. Il en est de même de ceux
donnés par M. Alphonse Sanson, qui admet qu'en moyenne
une sangsue absorbe 5 à 6 grammes de sang. Or, on peut
dire, sans crainte de se tromper, qu'une sangsue de moyenne
taille suce de 15 à 20 grammes de sang.

Conservation des sangsues. — Les moyens employés

1. Guibourt, *Traité des drogues.*

pour la conservation de ces animaux par les pharmaciens, les marchands, et même les particuliers, sont assez nombreux.

Souvent on se sert d'un simple baquet de bois, au fond duquel on met une couche d'argile délayée avec de l'eau, de manière à former une pâte molle ; cette argile est mouillée trois ou quatre fois par semaine. Quelquefois, on remplace l'argile par de la tourbe.

L'emploi du *marais domestique*, imaginé par M. Méeus et perfectionné par M. Vayson, tend à se généraliser. C'est

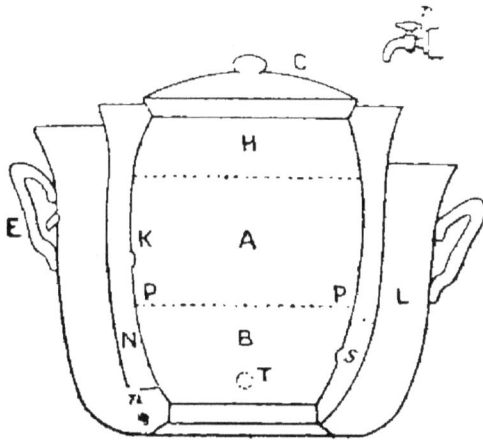

Fig. 63. — Appareil de M. Desseaux-Vallette.

un vase en terre cuite, dont la base est percée de petits trous qui ne peuvent laisser échapper les sangsues ; on le remplit de tourbe ou d'argile jusqu'à une certaine hauteur (H, fig. 62) au-dessus de l'eau E, et enfin quelques plantes aquatiques P. Dans cet appareil, non seulement les sangsues se conservent, mais elles se multiplient avec facilité. Il va sans dire que le fond du vase plonge dans une assiette ou un plat creux.

L'appareil de conservation de Desseaux-Vallette est un peu plus compliqué. Il consiste en un réservoir (B, fig. 63) contenant une couche de charbon concassé ; on ferme son ouverture latérale avec un bouchon T. Au-dessus de ce réservoir s'en trouve un autre, le *magasin* A, qui renferme de l'argile ou de la mousse, et qui reçoit les sangsues. Au-dessus est un autre réservoir H, destiné à recevoir les sangsues servant à la consommation journalière ; on y met aussi un peu de mousse. Un couvercle C ferme cet appareil. Le robinet r fournit de l'eau, qui arrive par l'ouverture s au fond du réservoir à charbon ; elle monte à travers la paroi p p, qui est percée, soit en K, pour se rendre en N, et de là, par l'ouverture n, dans la cuvette L, qui entoure l'appareil ; et enfin, sort en E.

Cet appareil a le grand avantage que l'eau s'y renouvelle continuellement ; il rend de grands services dans les pays chauds.

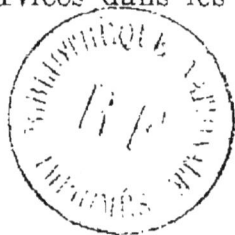

FIN.

TABLE DES NOMS D'AUTEURS

CITÉS DANS CET OUVRAGE.

FIN DE LA TABLE DES NOMS D'AUTEURS.

TABLE DES MATIÈRES

PAR ORDRE ALPHABÉTIQUE.

FIN DE LA TABLE DES MATIÈRES.

ENSEIGNEMENT PROFESSIONNEL

BIBLIOTHÈQUE

DES

PROFESSIONS

INDUSTRIELLES, COMMERCIALES et AGRICOLES

PARIS

J. HETZEL ET Cie, ÉDITEURS

18, RUE JACOB, 18

Bibliothèque des Professions industrielles, commerciales et agricoles

Le premier mérite des volumes qui composent cette ENCYCLO-PÉDIE c'est d'être accessibles par la forme, par le fond et par le prix, aux personnes qui ont le plus souvent besoin d'indications pratiques sur la profession dont elles font l'apprentissage, ou dans laquelle elles veulent devenir plus intelligemment habiles.

A ces personnes, dont le nombre est très grand, il faut des *guides pratiques exacts*, d'un format commode, d'un prix modéré, rédigés avec clarté et méthode, comme est clair et méthodique l'enseignement direct du professeur à l'élève ou celui du maître à l'apprenti. Telle a été la pensée qui a présidé à la publication de la *Bibliothèque des professions industrielles, commerciales et agricoles.*

Elle se compose de *onze séries*, qui se subdivisent comme suit :

A. Sciences exactes. — B. Sciences d'observation. — C. Art de l'Ingénieur. — D. Mines et Métallurgie. — E. Professions commerciales. — F. Professions militaires et maritimes. — G. Arts et métiers, Professions industrielles. — H. Agriculture, Jardinage, etc. — I. Economie domestique, Comptabilité, Législation, Mélanges. — J. Fonctions politiques et administratives, Emplois de l'Etat, Départementaux et Communaux, Services publics. — K. Beaux-arts, Décoration, Arts graphiques.

Les volumes de cette collection sont publiés dans le format grand in-18, la plupart d'entre eux sont illustrés de gravures qui viennent mieux faire comprendre le texte ; des atlas renferment les dessins qui exigent d'être représentés à grandes échelles et avec plus de détails.

L'ENVOI est fait franco pour toute demande dépassant 15 francs et accompagnée de son montant en billets de banque, timbres-poste, mandats-poste, chèques ou mandats à vue sur Paris, coupons de valeur (déduction faite de l'impôt de 3 0/0).

Le prix du port est de 30 centimes pour les volumes de 3 francs et au-dessous ; 40 centimes pour les volumes de 4 francs ; 50 centimes pour les volumes de 5 et 6 francs ; — 60 centimes pour les volumes au-dessus de ce prix.

NOTA. — Les ouvrages marqués d'un ✳ ont été choisis par le ministère de l'Instruction publique pour faire partie des catalogues des bibliothèques publiques scolaires. Le deuxième ✳, plus petit, désigne les ouvrages choisis pour être distribués en prix.

Figure spécimen du *Guide pratique de l'ouvrier mécanicien*. (Voir page 44.)

BIBLIOTHÈQUE

DES

PROFESSIONS INDUSTRIELLES

COMMERCIALES ET AGRICOLES

Parmi les bibliothèques spéciales, techniques plutôt, qui tiennent ou commencent à tenir une si grande place dans la librairie contemporaine, il faut citer au premier rang la *Bibliothèque des Professions industrielles, commerciales et agricoles*, mise en vente par la librairie Hetzel, et qui comprend déjà 121 ouvrages formant 124 volumes accompagnés de 4 atlas. Le champ est vaste de toutes les connaissances exigées, ou qui devraient l'être, par ceux, — et le nombre en est de plus en plus considérable, — qui se destinent à l'industrie, au commerce ou à l'agriculture. Autrefois, il n'y a pas longtemps encore, la seule science à peu près reconnue était la routine. En tout, partout, dans les grandes comme dans les petites exploitations, on tenait à ne pas s'éloigner des habitudes et des traditions transmises. Cela faisait, en quelque sorte, partie de l'héritage.

Depuis quelques années, nous commençons, en France, à nous affranchir de ces méthodes arriérées. C'était bon de s'enfermer dans sa coquille quand les communications étaient difficiles, quand on se suffisait, pour ainsi dire, chacun chez soi, et quand on n'avait qu'un médiocre intérêt à suivre les progrès de l'industrie, par exemple, puisque la production répondait à la consommation. Aujourd'hui, ce n'est plus tout à fait cela ; c'est à qui fera le mieux, et, en même temps, fera le plus vite. La rapidité des transports, la rapidité des demandes qui peuvent être transmises, le même jour, d'un bout du monde à l'autre, ont provoqué une concurrence presque sans limites, et c'est tant pis pour ceux qui, s'en tenant aux vieux moyens, n'ont à leur service qu'un outillage inférieur. N'en pourrait-on dire autant pour l'agriculture, si complètement transformée depuis quelques années ? et même pour le commerce, dont les relations, au lieu d'être limitées, confinées dans un certain rayon, sont aujourd'hui universelles ?

Quoi de plus naturel que d'étudier les conditions nouvelles auxquelles sont soumises les industries diverses, les transactions commerciales, les exploitations agricoles ? Et en même temps, quoi de plus curieux, pour cette partie du public éclairé et qui aime d'autant plus à s'instruire, que l'étude rendue claire et facile, de ces trois choses qui sont les bases mêmes de la fortune d'un pays ? Les spécialistes n'ont qu'à choisir, dans les rayons de cette bibliothèque, pour trouver aussitôt ce qui les concerne et les intéresse. Autant de branches de la science, autant de traités particuliers, composés et écrits par les savants les plus autorisés et les professeurs les plus compétents.

La collection comprend onze séries consacrées à des ouvrages spéciaux, mais réunis tous, cependant, par un lien commun. Ainsi, il y a une série pour les sciences exactes, une autre pour les sciences d'observation. Dans la troisième, se trouve traité, sous ses différents aspects, l'art de l'ingénieur ; la quatrième s'occupe des mines et de la métallurgie. Ici sont étudiées les machines motrices ; là les professions militaires et maritimes. Plus loin, sous la rubrique Arts et Métiers, sont passées en revue les professions industrielles ; puis enfin l'agriculture, le jardinage et tout ce qui s'y rattache, l'étude des eaux, des bois et forêts, et enfin l'économie domestique. On voit tout ce qui peut tenir de traités particuliers dans cette nomenclature générale. Chacun a son volume, accompagné de dessins explicatifs et de figures, quand il est nécessaire, pour les mieux mettre à la portée du public.

Il est aisé de comprendre qu'une telle collection ne peut pas être exactement limitée, par la raison bien simple qu'elle doit se tenir à la hauteur du mouvement, c'est-à-dire du progrès, et tenir compte des inventions nouvelles qui, sans bouleverser de fond en comble les systèmes adoptés, les transforment en partie, ou tout au moins les modifient. Telle qu'elle est, on peut la considérer déjà comme supérieure à tout ce qui existe dans le même ordre d'idées. Le cadre général est plus vaste et peut s'élargir encore ; quant aux traités particuliers, comment n'offriraient-ils pas toutes les garanties désirables, grâce aux noms des spécialistes qui les ont rédigés? La physique, la chimie, les sciences naturelles, d'un côté, la géométrie, l'algèbre, de l'autre, sont enseignées de la façon la plus claire, et, ce qu'il ne faut pas oublier, par des moyens mis à la portée des gens du monde désireux d'acquérir des connaissances au moins superficielles sur toutes choses.

Ce qui caractérise notre époque, est un immense besoin de savoir. On veut au moins des notions sur toutes choses. Comment les propriétaires, par exemple, pourraient-ils se rendre compte des engagements imposés à leurs fermiers, s'ils n'étaient, eux-mêmes, au fait des exigences de l'agriculture? Et il en est partout ainsi.

Cette bibliothèque répond donc à un besoin réel, à un moment où la machine remplace de plus en plus les bras et où le mécanicien fait des progrès constants. Rien de plus clair et de plus complet n'a été fait jusqu'à ce jour, ni de plus réellement utile. C'est l'encyclopédie du dix-neuvième siècle, qui se recommande aussi bien par la variété des sujets que par la valeur propre de chacun d'eux, où l'on trouve, en même temps que les vues d'ensemble, les guides pratiques de toutes les industries en exploitation et de toutes les professions et métiers. Nous ne saurions trop la recommander aux gens du monde curieux de notions générales, ainsi qu'aux personnes désireuses d'apprendre ou d'approfondir une spécialité.

Gravure spécimen du *Manuel pratique de Jardinage*. (Voir page 40.)

LISTE DES OUVRAGES

PAR ORDRE DE SÉRIE

SÉRIE A

SCIENCES EXACTES

---

1.   **P. Leprince**. Principes d'algèbre. 1 vol.   5   »
2.   **Lenoir**. Calculs et comptes faits.   4   »
3-4. **Ch. Rozan**. Leçons de géométrie. 1 vol. et un atlas. .   6   »
5-6. **Ortolan** et **Mesta**. Dessin linéaire. 1 vol. et un atlas.   6   »

SÉRIE B

SCIENCES D'OBSERVATION

CHIMIE — PHYSIQUE — ÉLECTRICITÉ

---

1.   **Dr Sacc**. Chimie minérale. 1 vol. 3 50
2.   —————   Chimie organique. 1 vol 3 50
3-4. **Hetet**. Chimie générale élémentaire. 2 vol. . . . . .   10 »
5.   **Chevalier**. L'étudiant photographe. 1 vol.   3   »
6.   **Gaudry**. Essais des matières industrielles. 1 vol. . . .   4   »
7.   **B. Miège**. Télégraphie électrique. 1 vol.   2   »
8.   **Du Temple**. Introduction à l'étude de la physique. 1 vol.   4   »
9.   **Flammarion (C.)**. Manuel pratique de l'astronome (*en préparation*). . . . .   »   »
10. **Frésenius** et **Will**. Potasses, soudes. 1 vol..   2   »
11. **Liebig**. Introduction à l'étude de la chimie. 1 vol. . .   3   »
12. **J. Brun**. Fraudes et maladies du vin. 1 vol.   3   »

SÉRIE C

ART DE L'INGÉNIEUR

PONTS ET CHAUSSÉES — CHEMINS DE FER — CONSTRUCTIONS CIVILES

SÉRIE D

MINES ET MÉTALLURGIE

GÉOLOGIE — HISTOIRE NATURELLE

SÉRIE E

PROFESSIONS COMMERCIALES

SÉRIE F

PROFESSIONS MILITAIRES ET MARITIMES

SÉRIE G

ARTS ET MÉTIERS

PROFESSIONS INDUSTRIELLES

SÉRIE H

AGRICULTURE

JARDINAGE. — HORTICULTURE. — EAUX ET FORÊTS.
CULTURES INDUSTRIELLES. — ANIMAUX DOMESTIQUES. — APICULTURE.
PISCICULTURE.

SÉRIE I

ÉCONOMIE DOMESTIQUE

COMPTABILITÉ. — LÉGISLATION. — MÉLANGES

12.	**Emion.** Manuel des expropriés. 1 vol.	1 »
14.	**Lunel.** Hygiène et médecine usuelle. 1 vol.	2 »
16.	**J. d'Omalius d'Halloy.** Manuel d'Ethnographie. 1 vol.	4 »

SÉRIE J

FONCTIONS POLITIQUES & ADMINISTRATIVES

EMPLOIS DE L'ÉTAT, DÉPARTEMENTAUX, COMMUNAUX
SERVICES PUBLICS

1.	**Mortimer d'Ocagne.** Les grandes Écoles de France. 1 vol.	3 »
2.	**Mortimer d'Ocagne.** Choix d'une carrière (*en prépa-ration*).	» »
3.	**J. Albiot.** (*Code départemental*). Manuel des Conseillers généraux. 1 vol.	4 »
4.	Manuel des Censeillers communaux. 1 vol. (*en prépa-ration*)	» »
6.	**Lelay (E.).** Lois et règlements sur la Douane. 1 vol. .	4 »
7.	**Laffolay.** Nouveau manuel des octrois. 1 vol.	4 »

SÉRIE K

BEAUX-ARTS — DÉCORATIONS
ARTS GRAPHIQUES

1.	**Carteron.** Introduction à l'étude des Beaux-Arts. 1 vol.	4 »
2.	**Viollet-le-Duc.** Comment on devient dessinateur. 1 vol.	4 »
3.	**Pellegrin.** Perspective. 1 vol.	4 »

*Le cartonnage toile de chaque volume se paye 0,50 c. en plus
des prix indiqués.*

TABLE DES MATIÈRES

d'une manière concise et substantielle les notions usuelles nécessaires pour
l'étude des animaux destinés à l'acclimatation, la naturalisation et la domestication.

ACIDES (Voir Chimie, page 23, et Potasses, page 54).

₤ACIER (*Guide pratique de l'emploi de l'*), ses propriétés, avec une introduction et des notes de Ed. GRATEAU, ingénieur civil des mines, par J.-B.-J. DESSOYE, ancien manufacturier, 1 volume. . . . . 4 fr.

Ce livre constitue une véritable monographie de l'acier. M. Dessoye prend
l'art de fabriquer l'acier à son origine et nous montre ses progrès. Il signale
la nature et les propriétés natives de l'acier, en indique les différents modes
d'élaboration et termine son guide par une étude sur l'emploi de l'acier dans les
manipulations qu'on lui fait subir. Comme le fait remarquer M. Grateau dans sa
savante introduction, ce livre s'adresse à tous ceux qui sont appelés à acheter
et à consommer de l'acier d'une qualité quelconque, sous toute forme, et il
devra être consulté par tous les praticiens.

Extrait de la table. — Considérations préliminaires. — Etudes historiques
sur la fabrication de l'acier. — Etudes générales sur l'existence des propriétés
natives. — Etudes sur l'emploi de l'acier, considéré dans ses propriétés caractéristiques. — De l'emploi de l'acier considéré dans les manipulations qu'on lui
fait subir.

ACIER (*Traité de l'*), théorie métallurgique, travail pratique, propriétés et usages, par H.-G. LANDRIN fils, ingénieur civil, 1 volume, avec figures. . . . . 5 fr.

Figure spécimen du *Traité de l'acier.*

Les deux ouvrages de MM. Landrin et Dessoye se complètent l'un par l'autre.
Ils donnent au complet la fabrication et l'emploi de l'acier. Nous avons dit, en
parlant de celui de M. Dessoye, en quoi consistait son étude ; nous allons, par
un extrait de la table des matières du livre de M. Landrin, indiquer en quoi il
complète le précédent. — Histoire de l'acier, sa découverte, sa métallurgie dans
l'antiquité et dans les différentes contrées. — De la chaleur, de l'oxygène, du
soufre, de la chaux, des minerais de fer, des combustibles. — De l'acier et de
sa théorie. — Théorie de Réaumur, docimasie. — Métallurgie, acide naturel,
acier de fonte, acier puddlé, acier cimenté, acier de fusion, acier du Wootz.

Nouveaux procédés : Procédé Chenot, procédé Bessemer, procédé Taylor, procédé Uchatuis, acier damassé. *Etoffes* : Travail de l'acier, raffinage, soudure, recuit à la forge, trempe, recuit à la trempe, écrouissage. *Propriétés de l'acier :* Des limes, du fil d'acier, des aiguilles, tôle d'acier, des scies.

AGENT VOYER (Voir Ponts et Chaussées, page 53).

AGRICULTURE GÉNÉRALE *(Guide pratique d')*, par A. GOBIN, 1 vol. — En réimpression. —

ALGÈBRE *(Principes d')*, par Paul LEPRINCE, ingénieur, ancien élève de l'Ecole d'arts et métiers de Châlons-sur-Marne, 1 volume avec figures . . . . . 5 fr.

Un ouvrage de ce genre n'a pas encore été publié. Il indique les moyens les plus prompts et les plus simples à employer pour parvenir à la solution des problèmes. Il ne comprend que la marche pratique à suivre en algèbre pour arriver aux formules appliquées dans l'industrie en général.

ALLIAGES MÉTALLIQUES (*Guide pratique des)*, par A. GUETTIER, ingénieur, directeur de fonderies, etc. 1 volume . . . . 3 fr.

Après avoir donné quelques explications préliminaires sur les propriétés physiques et chimiques des métaux et des alliages, l'auteur examine au point de vue des alliages entre eux les métaux spécialement industriels, c'est-à-dire d'un usage vulgaire très répandu (cuivre, étain, zinc, plomb, fer, fonte, acier). Il donne ensuite quelques indications générales sur les métaux appartenant aux autres industries, mais n'occupant qu'une place secondaire (bismuth, antimoine, nickel, arsenic, mercure), et sur des métaux riches appartenant aux arts ou aux industries de luxe (or, argent, aluminium, platine) ; enfin, il envisage les métaux d'un usage industriel restreint, au point de vue possible de leur association avec les alliages présentant quelque intérêt dans les arts industriels.

ALUMINIUM et MÉTAUX ALCALINS *(Guide pratique de la recherche, de l'extraction et de la fabrication de l')*. Recherches techniques sur leurs propriétés, leurs procédés d'extraction et leurs usages, par Charles et Alexandre TISSIER, chimistes-manufacturiers. 1 volume, 1 planche et figures dans le texte . . . . 3 fr.

Les notions sur l'aluminium se trouvaient disséminées dans des recueils nombreux publiés en France et à l'étranger. Les auteurs de ce guide ont eu l'idée de faire de ces notions éparses un tout homogène dans lequel, après avoir retracé l'historique de la préparation des métaux alcalins, ils esquissent l'histoire de la préparation de l'aluminium. Des chapitres spéciaux sont consacrés à la fabrication industrielle et aux propriétés physiques et chimiques de ce nouveau métal, qui a conquis très rapidement une grande place dans l'industrie.

AMIDONNIER (Voir Féculier et Amidonnier, p. 34).

ANIMAUX (Voir Habitations des Animaux, page 37).

ANIMAUX DOMESTIQUES (Voir Acclimatation des Animaux domestiques, page 13).

ARCHITECTURE (*Introduction à l'étude de l'*), par Viollet-le-Duc. — **En préparation.** —

ARCHITECTURE NAVALE (*Guide pratique d'*) à l'usage des capitaines de la marine du commerce, appelés à surveiller les constructions et les réparations de leurs navires, par Gustave Bousquet, capitaine au long cours, ingénieur, 1 volume avec figures dans le texte . . . . 2 fr.

Figure spécimen du *Guide pratique d'architecture navale*.

Dans la *première partie*, l'auteur traite de la connaissance des cales, c'est-à-dire l'endroit où doit être réparé le navire. — Droit et tour d'une pièce. — Écarts. — Quille. — L'étrave. — L'étambot. — L'assemblage des couples, etc. Dans la *deuxième partie*, nous avons les revêtements intérieurs. — La lisse. — Les carlingues. — Les livets. — Bauquières. — Barrots. — Épontilles, etc. Puis les revêtements extérieurs. Précintes, bordées, bois étuvés, chevillage, clous, calfatage, panneaux ou écoutilles, etc.

Cet abrégé très sommaire des matières contenues dans ce volume suffira pour faire comprendre que sa lecture ne peut être que très profitable.

ASPHALTE et des **BITUMES** (*Guide pratique pour la fabrication et l'application de l'*), par Léon MALO, ingénieur civil, ancien élève de l'École centrale, 1 volume, 7 planches, contenant 57 figures. . . . . **4 fr.**

L'usage de l'asphalte et des bitumes se généralise. L'asphalte, après les ciments et les mortiers, vient prendre immédiatement sa place dans les constructions, et cependant il n'existait pas de traité pratique sur la fabrication et l'emploi de ces substances. Le livre de M. Malo comble cette lacune. Il abonde en renseignements intéressants non seulement pour les ingénieurs, mais aussi pour les autorités municipales. Ce guide pratique est accompagné de sept planches, dont quelques-unes de très grand format.

Extrait de la table des matières. — Définition, description historique de l'asphalte. — Nomenclature et régime des principales mines. — Extraction, préparation et cuisson. — Du bitume. — Manière d'employer l'asphalte. — Usages divers de l'asphalte. — Asphalte comprimé. — Notes et documents divers.

ASTRONOMIE (*Manuel pratique de l'*), par Camille FLAMMARION. *L'art d'observer le ciel et de se servir des instruments d'optique.* 1 volume. — **En préparation.** —

Figure spécimen de *Habitations des animaux*. (Voir page 37.)

B

BEAUX-ARTS (*Introduction à l'étude des*). 1 volume.
— **En préparation.** —

BERGERIES (voir Habitation des animaux, page 37).

BETTERAVE (*Traité pratique de la culture et de l'alcoolisation de la*). Résumé complet des meilleurs travaux faits jusqu'à ce jour sur la betterave et son alcoolisation, renfermant toutes les notions nécessaires au cultivateur et au distillateur, ainsi que l'examen des méthodes de pulpation, de macération, de fermentation et de distillation employées aujourd'hui. 3e édition corrigée et considérablement augmentée, par N. BASSET. 1 volume avec figures dans le texte. . . . . 3 fr.

Avant de donner au public cette nouvelle édition, l'auteur avait étudié à fond les principales questions relatives à la culture, à la distillation de la betterave, afin d'apporter son contingent à la grande question de la transformation agricole, par les données que l'expérience lui a fournies. Il a voulu mettre sous les yeux des agriculteurs et des distillateurs les faits techniques, scientifiques et pratiques, dans la plus grande simplicité d'expression. Il examine avec impartialité les différents systèmes : Champenois, Kessler, Dubrunfaut, etc.

BIÈRE (Voir Brasseur, page 19).

BIJOUTIER (*Guide pratique du*). Application de l'harmonie des couleurs dans la juxtaposition des pierres précieuses, des émaux et de l'or de couleur, par L. MOREAU, bijoutier et dessinateur. 1 volume avec 2 planches coloriées . . . . 2 fr.

Ce petit livre est une protestation hardie contre l'esprit de routine. L'auteur a réuni les données fournies par la science sur l'harmonie et le contraste des couleurs, et comparant ces données aux observations faites dans la pratique du métier, il a formé une théorie applicable à la bijouterie.

BITUMES (Voir Asphalte et Bitumes, page 17).

BOIS EN FORÊTS (*Carbonisation des*), par E. DROMART, ingénieur civil, 1 volume avec figures et 1 planche . . . . 4 fr.

Extrait de la table des matières : Bois. — Charbon de bois. — Carbonisation des meules en forêts. — Carbonisation des bois à goudron. — Appareils à vases clos. — Appareils à vapeur surchauffée. — Carbonisation des bois durs, des tiges de bruyère. — Analyse des charbons.

BOIS (*Guide théorique et pratique de Cubage et d'Estimation des*) à l'usage des propriétaires, régisseurs, marchands de bois, gardes forestiers. etc., etc., par Alexis FROCHOT, sous-inspecteur des forêts, etc. 2e édition. 1 volume, tableaux et 14 figures et 1 planche graphique donnant les tarifs de cubage des arbres sur pied et des arbres abattus. . . . . 4 fr.

Extrait de la table des matières. — **Cubage des bois abattus.** Bois en grume, bois ronds, bois méplats, bois équarris, bois de feu ; exécution des calculs de cubage. — **Cubage des bois sur pied.** — Mesures des hauteurs : 1o au dendromètre ; 2o à vue d'œil ; 3o mesure des diamètres. — Cubage des résineux. — **Estimation des bois sur pied en matière**, bois de charpente, étais, perchos de mines, poteaux télégraphiques, sciage, traverses de chemins de fer, bois de fente, bois de feu. écorces, frais de transport et d'exploitation. — Estimation en argent. — **Estimation des forêts en fonds et superficie.** — Exposé de la méthode, bois susceptibles de revenus égaux et périodiques, bois donnant des revenus inégaux. — Procédés de calculs à employer. — Applications. tarifs linéaires, renseignements bibliographiques.

BOTANIQUE (* *Traité pratique et élémentaire de*) appliquée à la culture des plantes, par Léon LEROLLE, ancien élève de l'Ecole d'agriculture de Grand-Jouan, membre de la Société d'horticulture de Marseille, 1 volume, 108 figures dans le texte. . . . . 6 fr.

Extrait de la table: De la germination des graines, choix et conservation des graines. — De la végétation des plantes, des bourgeons. — Phénomènes souterrains, phénomènes aériens, phénomènes anatomiques de la végétation. — Nutrition des végétaux, nature des substances absorbées par les racines, sécrétion, transpiration. — Agents essentiels de la végétation. — De la reproduction des plantes, du périanthe, des étamines, du pistil, des ovules. — Floraison. — Fécondation. — Fructification. — Granification.

BRASSEUR (*Guide du*) ou *l'Art de faire de la Bière,* par G.-J. MULDER, professeur à l'Université d'Utrecht. Traité élémentaire théorique et pratique. La bière, sa composition chimique, sa fabrication, son emploi comme boisson, traduit de l'allemand et annoté par L.-F. Dubief, chimiste, nouvelle édition revue et corrigée, par M. Ch. BAYE. 1 vol. . . . . 4 fr.

M. Mulder a tâché d'analyser tous les écrits qui ont été publiés sur ce sujet pour en tirer la quintessence en y apportant de son propre fond. C'est un travail consciencieusement écrit, fruit de laborieuses études dont le brasseur pourra faire son profit.

BRIS ET NAUFRAGES (*Nouveau code des*), ou sûreté et sauvetage maritime, publié avec l'autorisation du ministre de la Marine et des Colonies, par J. TARTARA, commissaire ordonnateur de la marine en Algérie, 1 volume . . . . 7 fr.

Figure spécimen du *Guide de cubage et d'estimation des bois.* (Voir page 19.)

C

CAFÉIER ET CACAOYER (Voir Cultures exotiques, page 28).

CAISSIER (*Manuel du*). Traité théorique et pratique des PAIEMENTS et RECETTES. — **En préparation.** —

CALCULS ET COMPTES FAITS à l'usage des industriels en général et spécialement des mécaniciens, charpentiers, serruriers, chaudronniers, toiseurs, arpenteurs, vérificateurs, etc. Troisième édition complètement refondue des calculs faits de A. LENOIR, par Joseph VINOT. 1 volume et tableaux . . . . 4 fr.

Son objet est d'éviter aux chefs d'atelier une foule de calculs souvent assez difficiles à résoudre ; enfin c'est un aide-mémoire qui est appelé à rendre de grands services par le temps qu'il fait économiser. Il se divise comme suit : 1º Arithmétique. — 2º Conversion — 3º Physique. — 4º Mécanique. — 5º Frottements, résistances. — 6º Cubage des métaux. — 7º Cubage des bois. — 8º Tables commerciales.

CALLIGRAPHIE. Cours d'écriture avec 32 planches, par L. BAUDE, 1 vol. . . . . 5 fr.

SOMMAIRE : Objets et instruments nécessaires pour écrire. — Formes et variante de l'écriture anglaise. — De la manière de tenir la plume. — Principes généraux de l'écriture anglaise. — Des différentes grosseurs d'écriture. — Majuscules. — Minuscules. — Chiffres. — De l'expédiée ou cursive anglaise. — Des écritures fortes : Bâtarde, Coulée, Ronde et Gothique. — *De l'emploi dans l'écriture des accents, de la ponctuation et autres signes,*

CANARDS (Voir Oies et Canards, page 48).

CANNE A SUCRE (Voir Cultures exotiques, page 28).

CARBONISATION DES BOIS (Voir Bois, page 18).

CARTON (Voir Papier et Carton, page 50).

CENDRES (Voir Potasses, page 54).

CHALEUR (*Théorie mécanique de la*), traduit de l'allemand par F. FOLIE, professeur à l'École industrielle, et répétiteur à l'École des mines de Liège, par R. CLAUSIUS, professeur à l'Université de Wurtzbourg. 2 volumes.   15 fr.

CHARCUTERIE PRATIQUE (*La*), par Marc BERTHOUD, ancien charcutier, ex-président de la corporation des charcutiers de Genève. 2ᵉ édition. 1 volume avec 74 figures. . . . . 4 fr.

EXTRAIT DE LA TABLE DES MATIÈRES. — *1ʳᵉ partie :* Le porc, différentes races, élevage, engraissement, maladies, transports. — Locaux, appareils, ustensiles. — Condiments, accessoires. — Abatage du porc, utilisation des différentes parties du porc, salaison, désalaison. — Premières manipulations. — *2ᵉ partie :* Charcuterie proprement dite : Andouilles, andouillettes, boudins, saucisses, saucissons, jambons, petites pièces chaudes et froides. — Grosses pièces froides. — Sauces, accessoires. — Cochon de lait, sanglier. — Pâtisserie. — Terrines. — Décoration. — Conservation des viandes, conserves. — *3ᵉ partie :* Charcuterie allemande : saucisses, produits divers.

CHARPENTIER ※ (*Le livre de poche du*), application pratique à l'usage des CHANTIERS, des ÉLÈVES DES ÉCOLES PROFESSIONNELLES, etc., par J.-F. MERLY, charpentier, entrepreneur de travaux publics, membre de la

Société industrielle d'Angers, etc. Collection de 140 ÉPURES, 1 vol. 287 pages de texte et planches en regard. . . 5 fr.

M. Merly n'est pas un savant qui doit s'efforcer d'oublier la technologie de l'école pour parler le langage ordinaire de la plupart de ses auditeurs ; M. Merly est, au contraire, un ouvrier, un homme pratique, qui a cherché à se faire comprendre par les compagnons de travail auxquels il s'adressait, et qui est arrivé à des démonstrations si claires, à des explications si naturelles, que les théoriciens eux-mêmes ont bientôt eu à s'inspirer de ses travaux. Rien de plus net que ses dessins, rien de plus simple que ses préceptes : c'est en quelque sorte en se jouant qu'il arrive aux épures les plus compliquées. — C'est le résumé des cours faits par M. Merly à ses compagnons charpentiers.

CHASSEUR MÉDECIN (*Le*), ou traité complet sur les maladies du chien, par M. Francis CLATER, vétérinaire anglais, traduit de l'anglais sur la 27e édition. 3e édition française, corrigée et augmentée, par M. Mariot-Didieux. 1 volume. . . . . 2 fr.

Le succès que ce livre a eu en Angleterre (vingt-sept éditions) dispense de tout commentaire. Le guide que nous avons placé dans notre Bibliothèque en est la troisième édition française. M. Mariot-Didieux, le savant vétérinaire, en acceptant la revision de cette édition, s'est attaché à supprimer dans le texte original des formules trop compliquées, à en simplifier d'autres et en ajouter de nouvelles. Ainsi entièrement refondu, l'ouvrage est véritablement un traité complet sur les maladies du chien, traité auquel un chapitre sur l'art de mégisser les peaux pour en faire des tapis sert de complément.

CHAUFFAGE PAR LE GAZ (*Le*), considéré dans ses diverses applications, science, industrie et usages domestiques, suivi d'une notice sur les *Moteurs à gaz*, par Gustave GERMINET. 1 volume avec 126 figures. . . . 4 fr.

CHAUFFEUR (*Manuel du*), guide pratique à l'usage des mécaniciens, des chauffeurs et des propriétaires de machines à vapeur; exposé des connaissances nécessaires, suivi de conseils afin d'éviter les explosions des chaudières à vapeur, par JAUNEZ, ingénieur civil. 2e édition. 1 volume, 37 figures dans le texte et planches . . . . 2 fr.

Cet ouvrage est spécialement destiné aux chauffeurs, comme l'indique son titre. Les bons chauffeurs pour l'industrie privée sont rares et, par conséquent, recherchés. Les personnes qui ont des machines à vapeur ne sont que trop souvent obligées d'employer pour chauffeurs des hommes qui manquent non seulement des connaissances indispensables pour remplir un tel emploi, mais quelquefois même de la moindre instruction pratique. Dans de telles circonstances, il y a évidemment danger, et c'est pourquoi nous avons publié cet ouvrage, afin qu'il soit mis dans les mains de tous les ouvriers qui, sans savoir le premier mot de la théorie de la chaleur ni de la mécanique, seront à même, après l'avoir lu attentivement, de conduire une machine à vapeur. Cet ouvrage doit être dans leurs mains comme un catéchisme qui viendra leur apprendre leur métier.

Extrait de la table des matières : — Pression de l'air. — Baromètre. —

Compression de l'air. — Pompes. — Du calorique. — Thermomètre. — Quantité d'eau nécessaire à la condensation de l'eau. — De la vapeur d'eau. — Des moyens pour connaître la force de la vapeur. — Manomètre. — Soupapes de sûreté. — Conduite du feu. — Chaudière. — Giffard. — Incrustations et dépôts dans les chaudières. — Des soins et de l'entretien des machines à vapeur. — Résumé des moyens ayant pour but d'éviter les explosions. — Mise en marche des machines à vapeur. — Renseignements généraux, etc.

CHEMINS DE FER (*Traité de l'exploitation des*), ouvrage composé de deux parties, précédé d'une préface par M. Jules FAVRE, par Victor EMION.

PREMIÈRE PARTIE. — **VOYAGEURS ET BAGAGES.** . 4 fr.
DEUXIÈME PARTIE. — **MARCHANDISES.** . . . . . . 4 fr.

Aujourd'hui que tout le monde voyage, le manuel de M. V. Emion est devenu un guide indispensable. Il fait connaître à chacun ses droits et ses devoirs vis-à-vis des compagnies: il prend le voyageur chez lui, le mène à la gare, le suit à son départ, pendant sa route, à son arrivée, et le ramène à son domicile; il prévoit toutes les difficultés, toutes les contestations, et en donne la solution fondée sur la loi, les règlements, la jurisprudence et l'équité.

Dans la seconde partie, M. Emion traite avec beaucoup de détails l'organisation du service des marchandises, les tarifs, les formalités exigées pour la remise des marchandises en gare, l'expédition, la livraison, enfin tout ce qui concerne les actions à intenter aux compagnies, soit pour avaries, soit pour retard, perte, négligence, etc.

CHEMINS DE FER (*Album des*), résumé graphique du cours professé à l'Ecole centrale des arts et manufactures. 4e édition, par G. CORNET, répétiteur à l'École centrale des arts et manufactures de Paris. 1 vol. texte et 74 planches gravées sur acier . . . . 10 fr.

CHEVAL (*Élevage et dressage du*), par de SOURDEVAL. 1 vol. — **En préparation.** —

CHIMIE (*Introduction à l'étude de la*), contenant les principes généraux de cette science, les proportions chimiques, la théorie atomique, le rapport des poids atomiques avec le volume des corps, l'isomorphisme, les usages des poids atomiques et des formules chimiques, les combinaisons isomériques des corps catalyptiques, etc., accompagnée de considérations détaillées sur les acides, les bases et les sels, traduit de l'allemand par Ch. GÉRHARDT, augmentée d'une table alphabétique des matières présentant les définitions techniques et les relations des corps, par J. LIEBIG. 1 volume . . . . 3 fr.

L'accueil favorable que cette traduction a rencontré en France rappelle le succès obtenu en Allemagne par l'édition originale de l'illustre savant, considéré à juste titre comme l'un des princes de la chimie moderne.

CHIMIE (*Éléments de*), par le Dr SACC, professeur à l'Académie de Neuchâtel (Suisse), membre correspondant de la Société nationale de l'agriculture, professeur à Genève, etc. 2 volumes.

PREMIÈRE PARTIE. — **CHIMIE MINÉRALE** ou synthétique. 1 vol. . . . . 3 fr. 50

SECONDE PARTIE. — **CHIMIE ORGANIQUE** ou asynthétique. 1 vol. . . . . 3 fr. 50

Ce petit traité, comme le dit l'auteur, n'a qu'une ambition, celle de faire aimer cette admirable science, d'en exposer aussi brièvement que possible le champ immense de manière à la rendre abordable à tous. C'est la première tentative d'une *chimie naturelle* et pure. L'auteur, laissant de côté tous les systèmes, aborde donc une voie qui doit devenir féconde.

CHIMIE GÉNÉRALE ÉLÉMENTAIRE, d'après les principes modernes, avec les principales applications à la médecine, aux arts industriels et à la pyrotechnie, comprenant l'analyse chimique qualitative et quantitative. Ouvrage publié avec l'approbation de M. le ministre de la Marine et des Colonies, par Frédéric HÉTET, professeur de chimie aux écoles de la marine, pharmacien en chef, officier de la Légion d'honneur, membre de plusieurs sociétés savantes. 2 volumes avec 174 figures dans le texte. 10 fr.

SOMMAIRE DES PRINCIPAUX CHAPITRES. — Nomenclature chimique. — Notation chimique. — Lois des combinaisons. — Théorie atomique. — Acides. — Sels. — Éléments monoatomiques. — Série du chlore. — Série du brome. — Série de l'iode. — Fluor. — Série du cyanogène. — Métalloïdes diatomiques. — Série de l'oxygène. — Protoxyde d'hydrogène. — Eau. — Eaux potables. — Série du soufre. — Métalloïdes triatomiques. — Série du bore. — Métalloïdes tripentatomiques. — Série de l'azote. — Combinaisons de l'azote avec l'hydrogène. — Composés oxygénés de l'azote. — Agents explosifs modernes. — Analyse de l'acide azotique. — Série du phosphore. — Combinaisons oxygénées du phosphore. Série de l'arsenic. — Série de l'antimoine. — Bismuth. — Uranium. — Tableau résumé des azotoïdes. — Métalloïdes tétratomiques. — Série du silicium. — Série du carbone. — Gaz d'éclairage. — Combinaisons avec l'oxygène. — Sulfure de carbone. — Feux liquides de guerre. — Dosage du carbone. — Analyse des gaz et des mélanges gazeux. — Série de l'étain. — Généralités sur les métaux. — Métaux positifs. — Première classe. — Monoatomiques. — Potassium. — Poudres. — Alcalimétrie. — Sodium. — Fabrication de la soude. — Lithium. — Analyse spectrale. — Rubidium. — Césium. — Thallium. — Argent. — Alliages d'argent. — Azotate d'argent. — Réaction des sels d'argent. — Dosage de l'argent. — Métaux de la deuxième classe ou biatomique. — Calcium. — Oxydes de calcium. — Usages de la chaux. — Sulfures de calcium. — Plâtre. — Cuisson du plâtre. — Phosphates calciques. — Carbonate de calcium. — Baryum. — Strontium. — Magnésium. — Oxyde de magnésium. — Zinc. — Oxyde de zinc. — Cadmium. — Cuivre. — Laitons. — Bronzes. — Oxyde de cuivre. — Acétate de cuivre. — Réactions des sels de cuivre. — Mercure. — Chlorure de mercure. — Iodure de mercure. — Sulfate de mercure. — Fulminate de mercure. — Plomb. — Oxyde de plomb. — Minium. — Céruse. — Cobalt. — Nickel. — Chrome. — Manganèse. — Oxydes de manganèse. — Bioxyde de manganèse. — Fer. — Préparation de l'acier. — Usages du fer et de l'acier. — Propriété du fer et de l'acier. — Combinaisons du fer. — Analyse des combinaisons du fer. — Analyses des fontes et aciers. — Métaux triatomiques. — Or. — Dorure. — Métaux tétratomiques. — Molybdène. — Platine. — Amorces à fil de platine. — Osmium. — Iridium. — Palladium. — Aluminium. — Aluns. — Kaolins. — Argiles. — Mortiers. — Ciments. — Poteries. — Bétons. — Action de l'eau de mer. — Mastics. — Photographie.

CHIMIE INORGANIQUE appliquée à l'agriculture (Voir Sciences physiques, page 57).

CHIMIE ORGANIQUE appliquée à l'agriculture (Voir Sciences physiques, page 57).

CHIMISTE-AGRICULTEUR (*Manuel du*), par A.-F. POURIAU. 1 volume avec 148 figures dans le texte, et de nombreux tableaux, suivi d'un appendice. . . 6 fr.

Ce volume forme en quelque sorte le complément de la *Chimie organique* et de la *Chimie inorganique*. Il fait connaître les diverses manipulations qui sont décrites avec un très grand soin. Il contient, en outre, un grand nombre d'indications d'une utilité toute pratique.

L'intention de l'auteur en le publiant a été d'offrir aux personnes qui s'occupent de chimie agricole un guide renfermant la description des méthodes les plus simples à suivre dans l'analyse des divers composés naturels ou artificiels qui sont du domaine de l'agriculture. Désireux de mettre son livre à la portée de tout le monde, l'auteur a toujours eu le soin, dans l'exposé de ses méthodes, d'établir deux catégories d'essais. Les unes essentiellement pratiques et accessibles à tous, et les autres plus exactes et qui exigent une plus grande habitude des manipulations chimiques.

CHOIX D'UNE CARRIÈRE (*Le*), par MORTIMER D'OCAGNE. 1 vol. — En préparation. —

CODE DES BRIS ET NAUFRAGES (Voir Bris et Naufrages, page 20).

COLLODION SEC (*Manuel pratique de*) au tanin et de tirage économique des épreuves positives, suivi d'une étude sur la rectitude et le parallélisme des lignes en photographie, par le comte Ludovico de COURTEN, photographe. 1 volume avec figures dans le texte et une très belle photographie. . . . . 4 fr.

CONFÉRENCES AGRICOLES (*Guide pratique des*), accompagné d'un appendice comprenant des notes et des instructions pratiques puisées dans les Annales du Génie civil, par L. GOSSIN, cultivateur, professeur d'agriculture dans l'Oise. 1 volume. . . . . 1 fr.

(Ouvrage recommandé officiellement pour les écoles normales, etc.)

Dans les grandes villes, on tient des conférences ; M. Gossin a rêvé les conférences au village, des conversations intimes, familières, fructueuses. Dévoué depuis de longues années à l'enseignement rural, M. Gossin possède de plus l'art de la démonstration facile, et sa parole sympathique est écoutée avec plaisir et par conséquent avec fruit.

CONSEILLERS GÉNÉRAUX (*Manuel des*). Loi organique des conseillers généraux, avec les commentaires officiels, par J. ALBIOT. (*Code départemental.*) 1 volume. 4 fr.

Cet ouvrage peut être considéré comme un aide-mémoire à l'aide duquel les personnes notables appelées, en qualité de conseillers généraux, à discuter les intérêts de leur département, trouveront de nombreux renseignements relatifs à la législation qu'ils auront à appliquer.

CONSEILLERS COMMUNAUX (*Manuel des*). 1 vol. — **En préparation.** —

CONSTRUCTEUR (✻ *Guide pratique du*). Dictionnaire des mots techniques employés dans la construction, à l'usage des architectes, propriétaires, entrepreneurs de maçonnerie, charpente, serrurerie, couverture, etc., renfermant les termes d'architecture civile, l'analyse des lois de voirie, des bâtiments, etc., par L.-P. PERNOT, officier de la Légion d'honneur, architecte-vérificateur des travaux publics. Troisième édition, corrigée, augmentée et entièrement refondue, par C. TRONQUOY, ingénieur civil, et ROCHET, architecte, 1 volume. — **En réimpression.** —

CONSTRUCTEUR (Voir Maçonnerie, page 43).

CONSTRUCTIONS A LA MER (*Études et notions sur les*), par BOUNICEAU, ingénieur en chef des ponts et chaussées. 1 volume avec atlas de 44 planches in-4°, dont plusieurs doubles . . . . 18 fr.

Cet ouvrage est le résumé d'études longues et consciencieuses d'un des ingénieurs en chef les plus distingués du corps national des ponts et chaussées. M. Bouniceau a attaché son nom à des travaux d'une haute importance. Son travail devra être médité par tous ceux qu'intéressent les nouveaux développements que doivent prendre les constructions conçues en vue d'améliorer les ports de mer et les ouvrages nécessaires à la préservation des côtes. L'atlas qui accompagne ces études est remarquable sous le rapport du choix des planches et de leur exécution.

Définitions et préliminaires. — Avant-ports. Bassins. Darses. — *Môles ou brise-lames.* — Môles à claire-voie. Môles anciens. Môles modernes. — *Jetées.* Ports à marée. Cheneaux. Dragues. Musoirs. Remorquage à vapeur dans les cheneaux. — *Ports d'échouage :* Épaisseur des quais. Écluses. Portes d'èbe et de flot. Manœuvre des portes. Pose des portes. Ponts sur les écluses. *Bassins à flot :* leur forme, leur largeur, leur superficie. Valeur des places à quai. — *Nettoyage des ports.* — *Ouvrages pour la construction et le radoubage des na-*

vires : Cales de construction. Cales de débarquement. Machines élévatoires. — *Ports dans les rivières à marée.* — *Canaux maritimes.* — *Ouvrages à l'issue des ports de commerce.* Phares. Phares en fer sur pieux à vis. Phares flottants. Feux de port. Bouées. Balises. — *Matériaux de construction. Mortiers.* Pierres, sables, chaux et ciments. Fabrication des mortiers. Briques, bois. Fondations par épuisement. Fondations mixtes sur pilotis. Fondations en rade.

CORPS GRAS INDUSTRIELS (*Guide pratique de la connaissance et de l'exploitation des*), contenant l'histoire des provenances, des modes d'extraction, des propriétés physiques et chimiques, du commerce des corps gras, des altérations et des falsifications dont ils sont l'objet, et des moyens anciens et nouveaux de reconnaître ces sophistications. Ouvrage à l'usage des chimistes, des pharmaciens, des parfumeurs, des fabricants d'huiles, etc., des épurateurs, des fondeurs de suif, des fabricants de savon, de bougie, de chandelle, d'huile et de graisses pour machines, des entrepositaires de graines oléagineuses et de corps gras, etc., par Th. CHATEAU, chimiste, ex-préparateur au Muséum d'histoire naturelle. 2° édition, augmentée d'un appendice. 1 volume avec tableaux. . . . . . . 5 fr.

M. Chateau, en publiant la première édition de cet ouvrage, avait eu pour but de donner aux chimistes et aux manufacturiers une histoire aussi complète que possible des corps gras industriels employés tant en France qu'à l'étranger, et considérés au point de vue de leur provenance, de leur extraction, de leur composition, de leurs propriétés physiques et chimiques, de leur commerce et de leurs altérations spontanées ou frauduleuses.

Dans la nouvelle édition, M. Chateau a ajouté à sa monographie des corps gras un appendice renfermant quelques corrections indispensables et d'importantes additions.

COUPE et **CONFECTION** de vêtements de femmes et d'enfants (*Méthode de*). — Travaux à aiguille usuels. — Cours de couture en blanc. — Raccommodage. — Méthode de **TRICOT**. — Art de la coupe et de la confection en général, par Elisa HIRTZ. 1 volume avec 154 figures. . . . . 3 fr.

COTONNIER (*Guide pratique de la culture du*), par SICARD. 1 volume avec figures dans le texte. . . . . 2 fr.

La culture du cotonnier ne peut convenir qu'à de certaines contrées. M. Sicard, qui l'a expérimentée avec succès et pendant de longues années dans les provinces du Midi et en Algérie, a publié cet ouvrage pour faire profiter le public de l'expérience qu'il avait acquise dans la culture de cet arbrisseau.

L'ouvrage est enrichi de dessins exécutés d'après la photographie et d'une exactitude rigoureuse.

CUBAGE et **ESTIMATION DES BOIS** (Voir Bois, page 19).

CULTURES EXOTIQUES. Guide pratique de la culture de la **CANNE A SUCRE**, du **CAFIER**, du **CACAOYER**, suivi d'un traité de la **FABRICATION DU CHOCOLAT**, par BOURGOIN D'ORLI. 1 volume. . . . . 4 fr.

CULTURE MARAICHÈRE (✻ *Manuel pratique de*). 6° édit., augmentée d'un grand nombre de figures et de plusieurs articles nouveaux. Ouvrage couronné d'une médaille d'or par la Société centrale d'agriculture, d'une grande médaille de vermeil par la Société centrale d'horticulture, par COURTOIS-GÉRARD. 1 volume avec 89 figures dans le texte. 5 fr.

Figure spécimen du *Guide de culture maraîchère.*

Outre les récompenses honorifiques qui viennent d'être mentionnées, l'auteur de ce manuel a obtenu une attestation qui garantit la valeur de son travail aux yeux du public, en même temps qu'elle constate l'exactitude de ses recherches et l'utilité des notions renfermées dans son ouvrage. Cette attestation émane de vingt-cinq jardiniers maraîchers de la ville de Paris qui, après avoir entendu la lecture du travail de M. Courtois-Gérard, déclarent qu'ils lui donnent toute leur approbation, comme étant conforme aux bonnes méthodes de culture en usage parmi eux, et autorisent l'auteur à le publier sous leur patronage.

Cet ouvrage est officiellement recommandé pour les écoles normales, etc. Cette nouvelle édition a été augmentée d'un chapitre sur la culture des porte-graines et d'un vocabulaire maraîcher.

Table des principaux chapitres :

Marais pour culture de pleine terre. — Marais pour culture de primeurs. — Analyse des terres. — De l'établissement d'un jardin maraîcher. — Engrais et pailles. — Outillage. — Diverses opérations. — La culture des porte-graines. — Destruction des insectes. — Des maladies des plantes. — Calendrier du maraîcher ou travaux manuels. — Vocabulaire du maraîcher.

D

DESSINATEUR (✳ *Comment on devient un*), par VIOLLET-LE-DUC. 1 volume, orné de 110 dessins par l'auteur et d'un portrait de Viollet-le-Duc. 8ᵉ édition. . . . . 4 fr.

EXTRAIT DE LA TABLE DES MATIÈRES. — Notables découvertes. — Comment il est reconnu que la géométrie s'applique à plusieurs choses. — Autres découvertes touchant la lumière et la géométrie descriptive. — Où on commence à voir. — Une leçon d'Anatomie comparée. — Opérations sur le terrain. — Cinq ans après. — Où une vocation se dessine. — Douze jours dans les Alpes. — Conclusion.

DESSIN LINÉAIRE (*Guide pratique pour l'étude du*) et de son application aux professions industrielles, par A. ORTOLAN, mécanicien chef de la marine de l'Etat, et J. MESTA, mécanicien principal. 1 volume avec un atlas de 41 planches doubles. . . . . 6 fr.

Cet ouvrage recommandable est aujourd'hui adopté dans plusieurs écoles industrielles; on le trouve dans tous les ateliers. Un dictionnaire des termes techniques lui sert d'introduction, ce qui a permis aux auteurs de donner dans le cours de leur travail des indications sur les détails, sans obliger l'élève à recourir au texte des premières leçons. C'est donc par la nomenclature des instruments indispensables à l'étude du dessin que les auteurs ont débuté, puis arrivant à l'application, ils donnent la définition des lignes géométriques : le point, la ligne droite, brisée, courbe; arc de cercle, rayon; les angles. — Tracé des parallèles et des perpendiculaires. — Construction des angles. — Figures géométriques. — Des triangles. — Des quadrilatères. — Tangentes et sécantes à la circonférence. — Angles inscrits et circonscrits à la circonférence. — Polygones réguliers, figures inscrites et circonscrites. — Définition et construction. — Mesure et divisions des lignes. — Mesure des angles. — Rapporteurs. — Des solides. — Du plan horizontal et du plan vertical, des projections, des croquis, de la vis. — Exécution d'un dessin d'après un croquis coté et sur une échelle de convention. — Exécution d'un dessin d'ensemble avec projection de coupe. — Des engrenages ou roues dentées. — De quelques courbes et de leur tracé. — Rédaction et copie d'un dessin. — Dessins ombrés au tire-ligne, du lavis, etc., etc.

DICTIONNAIRE DES FALSIFICATIONS (Voir Falsifications, page 34).

DICTIONNAIRE DU CONSTRUCTEUR (Voir Constructeur, page 26).

DICTIONNAIRE DES TERMES TECHNIQUES (Voir Termes techniques, page 59).

DICTIONNAIRE DES COSMÉTIQUES ET PARFUMS (Voir Parfumeur, page 50).

DOUANE (*Recueil abrégé des lois et règlements sur la*), son organisation, son personnel et ses brigades, par Eugène LELAY, capitaine des douanes. 1 volume. 4 fr.

TABLE DES MATIÈRES. — *Des Douanes et de leur organisation.* — *Attributions du personnel.* — *Service actif ou des brigades.* — *Lois générales relatives au personnel.*

DRAINAGE (*Guide pratique de*); résultats d'observations et d'expériences pratiques, traduit pour l'usage des agriculteurs français par C. Hombourg, par C.-E. KIELMANN, directeur de l'Ecole agricole de Haasenfelde. 1 volume avec figures dans le texte . . . . 2 fr.

La plupart des ouvrages publiés sur le drainage sont le résultat d'études théoriques que l'expérience n'a pas encore sanctionnées. M. Kielmann est entré dans une autre voie : il n'a eu recours à la théorie qu'autant que cela était nécessaire pour expliquer certains phénomènes. Comme il le dit dans sa préface, il voulait offrir à ceux qui commencent à s'occuper du drainage, et même au plus petit cultivateur, un livre à la lecture facile et surtout compréhensible. *Extrait de la table des matières.* — Quels sont les terrains qui ont besoin d'être drainés. — De la fabrication des tuyaux, leur longueur, largeur et épaisseur. — Préparation d'une bonne matière pour la confection des tuyaux. — Machine à étirer les tuyaux, préparation de l'argile. — De la cuisson des tuyaux, des travaux préparatoires, nivellement des tranchées, circulation de l'air à travers les tuyaux. — De la quantité d'eau qui s'écoule par les drains, etc.

DROIT MARITIME INTERNATIONAL ET COMMERCIAL (*Notions pratiques de*), par Alph. DONEAUD, professeur à l'Ecole navale. *Aide-mémoire de l'officier de marine*, marine militaire et marine marchande. 1 volume. . . . . 3 fr.

Les derniers traités de commerce ont augmenté dans des proportions considérables les relations internationales. Cet ouvrage de M. Doneaud devient donc d'une grande utilité pratique. Nous ajouterons que ce livre commence une série de volumes dont l'ensemble formera, dans notre bibliothèque, l'*Aide-mémoire de l'officier de marine*. *Extrait de la table des matières.* — De la mer et des fleuves. — Droit international en temps de paix. — Droit commercial. — Droit maritime international en temps de guerre. — Documents officiels. — Bibliographie des principaux ouvrages à consulter pour le droit des gens en général, le droit international maritime et le droit commercial.

DYNAMITE et AGENTS EXPLOSIFS. 1 volume. — En préparation. —

E

ÉCOLES DE FRANCE (*Les grandes*). Écoles militaires, Écoles civiles, par Mortimer d'Ocagne. 3e édit. 1 volume. . . . . 3 fr.

ÉCONOMIE DOMESTIQUE (*Guide pratique d'*), publié sous forme de dictionnaire, contenant des notions d'une *application journalière* : chauffage, éclairage, blanchissage, dégraissage, préparation et conservation des substances alimentaires, boissons, liqueurs de toutes sortes, cosmétiques, soins hygiéniques, médecine, pharmacie, etc., par le docteur B. Lunel, médecin-chimiste, membre des Académies des sciences de Caen, de Chambéry, etc., 1 volume. . . . . 2 fr.

L'économie domestique, longtemps dédaignée, s'est élevée aujourd'hui au point de devenir elle-même une science. Le Guide de M. le docteur Lunel, sous la forme commode du dictionnaire, constitue une véritable encyclopédie de cette science nouvelle.

ÉCURIES et **ÉTABLES** (Voir Habitation des animaux, page 37).

ÉLECTRICIEN (*Guide pratique de l'ouvrier*). 1 volume. — En préparation. —

ÉLECTRICITÉ (*Leçons élémentaires d'*) ou exposition concise des principes généraux de l'ÉLECTRICITÉ ET DE SES APPLICATIONS, par Snow-Harris, annotées et traduites par E. Garnault, professeur de physique à l'École navale. 1 volume avec 72 figures dans le texte . . . . 3 fr.

Les leçons de M. Snow-Harris ont eu un grand succès en Angleterre. L'auteur s'est surtout attaché à donner des idées saines, pratiques et théoriques sur les principes généraux de l'électricité et les faits les plus simples qu'il démontre à l'aide d'expériences faciles à répéter.

Le traducteur, qui est lui-même un professeur distingué, a ajouté à l'ouvrage anglais des notes dans lesquelles il donne surtout des aperçus sur les principales applications de l'électricité dans l'industrie.

ENGRENAGES (*Traité pratique du tracé et de la construction des*), de la vis sans fin et des cames, par F.-G. DINÉE, mécanicien de la marine, ex-élève de l'École des arts et métiers de Châlons-sur-Marne. 1 volume et 17 planches. 3 50

Ce livre répond à un besoin, car depuis longtemps il manquait à toute bibliothèque industrielle ; c'est une œuvre de mécanique véritablement pratique.

Il se divise en trois chapitres :

1o Des courbes en usage dans la construction des engrenages ; 2o dimensions des détails et de l'ensemble des engrenages ; 3o tracé des engrenages, des vis sans fin, des cames.

ENTOMOLOGIE AGRICOLE (*Guide pratique d'*), et petit traité de la destruction des insectes nuisibles, par H. GOBIN. 1 volume orné de 42 figures, 2o édit.   4 fr.

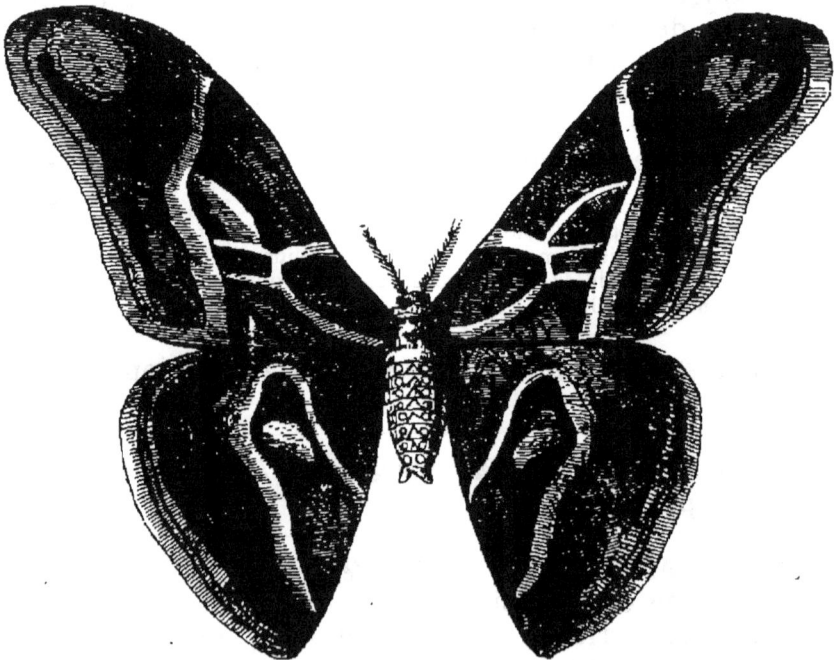

Figure spécimen du *Guide d'entomologie agricole.*

Ce traité, d'une lecture attrayante, possède un grand fonds de science. Il se compose de lettres familières adressées à un nouveau propriétaire rural. Tous es insectes qui s'attaquent aux champs et à leurs produits et aux animaux y sont passés en revue, et, ce qui est mieux encore, l'auteur a indiqué le moyen de se débarrasser de cette engeance envahissante. Le livre est terminé par des nomenclatures scientifiques avec les noms français.

ENTREPRISES COMMERCIALES (*Manuel des*). 1 volume. — En préparation. —

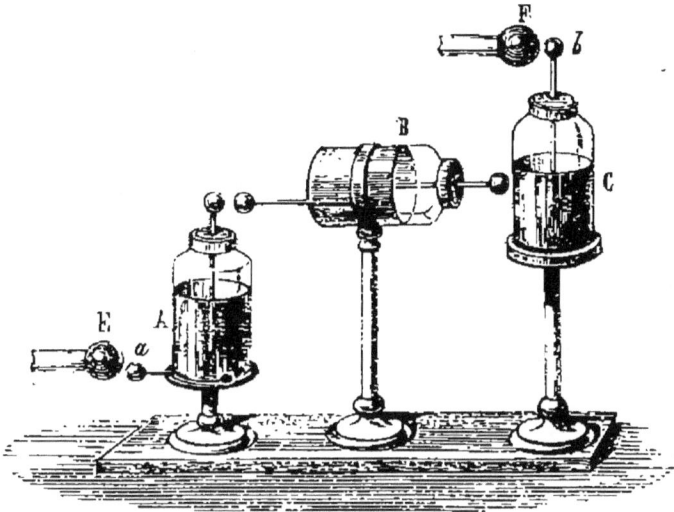

Gravure spécimen des *Leçons d'Électricité*. (Voir page 31.)

ÉPICERIE (*Guide pratique de l'*), ou Dictionnaire des denrées indigènes et exotiques, comprenant : l'étude, la description des objets consommables ; les moyens de constater leurs qualités, leur nature, leur valeur réelle ; les procédés de préparation, d'amélioration et de conservation des denrées, etc. ; contenant, en outre, la fabrication des liqueurs, le collage des vins, et enfin les procédés de fabrication d'une foule de produits que l'on peut ajouter au commerce de l'épicerie, par le docteur B. LUNEL. 1 volume   3 fr.

Le commerce de l'épicerie et des denrées indigènes et exotiques d'un usage journalier est l'un des plus importants et des plus utiles pour la société. Il était regrettable que cette branche si étendue du commerce n'ait pas encore son livre spécial. Sans doute on trouve dans nombre d'ouvrages l'histoire des denrées indigènes et exotiques. Réunir sous forme de dictionnaire toutes ces données éparses, afin de faciliter les renseignements, tel a été le but que s'est proposé le docteur Lunel en publiant son livre sur l'épicerie.

ETHNOGRAPHIE (✳ *Manuel pratique d'*), ou description des races humaines ; les différents peuples, leurs caractères naturels, leurs caractères sociaux, divisions et subdivisions des différentes races humaines, par

2

J. D'OMALLIUS D'HALLOY. 5ᵉ édition. 1 volume avec une
planche représentant les principaux types. . . . . . 4 fr.

Extrait de la table des matières. — De l'ethnographie en général. — De la
race blanche. — Du rameau européen, du rameau arménien, du rameau scyti-
que. — De la race brune, du rameau éthiopien, du rameau indou , du rameau
indochinois, du rameau malais. — De la race rouge, du rameau hyperboréen,
du rameau mongol, du rameau sinique. — De la race noire. — Des hybrides.
— Tableaux de la division du genre humain en races, rameaux, familles et
peuples.

**EXPROPRIÉS POUR CAUSE D'UTILITÉ
PUBLIQUE** (*Manuel pratique et juridique des*), suivi
de deux tableaux donnant le chiffre de la valeur du mètre
de terrain dans Paris, et faisant connaître les principales
indemnités accordées aux industriels, négociants et com-
merçants expropriés, par Victor EMION, avocat à la Cour
de Paris, ancien sous-préfet. 1 volume . . . . 1 fr.

F

FALSIFICATIONS (*Guide pratique pour reconnaître
les*), ou Dictionnaire des falsifications des substances alimentaires (aliments et boissons), contenant : la description
de *l'état naturel ou normal des substances alimentaires* et
leur *composition chimique*, les moyens de constater leur
nature, leur valeur réelle ; les altérations spontanées, accidentelles, qu'elles peuvent subir, et les moyens de les prévenir ; les altérations et falsifications qui les dénaturent
c'est-à-dire qui en modifient l'aspect, la saveur, les propriétés nutritives, et qui les rendent souvent dangereuses ;
enfin les moyens chimiques de rendre sensibles les altérations, falsifications et contrefaçons des diverses substances
alimentaires, par le docteur LUNEL. 2ᵉ édit. 1 volume. 5 fr.

FÉCULIER et de l'**AMIDONNIER** (*Guide pratique
du*), suivi de la conversion de la fécule et de l'amidon en
dextrine sèche et liquide, en sirop de glucose, sirop de
froment, sirop impondérable ; en sucre de raisin, sucre
massé, sucre granulé et cassonade, en vin, bière, cidre,

alcool et vinaigre, ainsi que leur application dans beaucoup d'autres industries, par L.-F. DUBIEF. 3e édition, 1 volume avec gravures dans le texte. . . . . 4 fr.

Extrait de la table des matières. — Première partie. — Aperçu historique. — Des substances qui contiennent la fécule. — Composition et conservation de la pomme de terre. — Extraction de la fécule. — Lavage, râpage, tamisage, épuration, séchage, blutage. — Des résidus de la pomme de terre. — Du blanchiment de la fécule. — Rendement de la pomme de terre en fécule. — Perfectionnements importants apportés au lavage, etc. — Conservation, vente et falsification. — Caractères et propriétés de la fécule.

Dans la deuxième partie, l'auteur donne la description des procédés à suivre pour fabriquer les amidons.

La troisième et dernière partie vient compléter les deux premières par les renseignements les plus récents.

Dans cet ouvrage, l'auteur s'est appliqué à dégager son texte de toute gêne scientifique; il a été clair et précis pour mettre son enseignement à la portée de toutes les instructions et de toutes les intelligences. Pour chaque sujet, il est entré dans des développements minutieux en indiquant souvent ces tours de mains si indispensables, et que seule, la pratique ordinairement peut apprendre.

FER (*Le*). *Guide pratique du métallurgiste*, son histoire, ses propriétés et ses différents procédés de fabrication. ouvrage traduit de l'anglais, avec l'approbation de l'auteur, et augmenté de notes et d'un appendice, par M. Gustave MAURICE, ingénieur civil des mines, secrétaire de la rédaction du *Bulletin de la Société d'encouragement*, par William FAIRBAIRN, ingénieur civil, membre de la Société royale de Londres, correspondant de l'Institut de France, etc. 1 volume avec 68 figures dans le texte . . . . 4 fr.

Depuis longtemps, le nom de M. Fairbairn fait autorité dans l'industrie du fer. Après avoir tracé l'histoire des progrès de la fabrication du fer, l'auteur donne les analyses des minerais et des combustibles dans leurs rapports avec les résultats des différents procédés de fabrication : il saisit cette occasion pour donner la description des fourneaux, machines, etc., employés dans la métallurgie du fer.

M. Maurice a complété cette traduction par des notes et un appendice. Il a éliminé tout ce que le texte original pouvait présenter de trop laconique ou de trop exclusivement rédigé en vue de la métallurgie anglaise. Parmi ces appendices, on remarque ceux concernant les procédés Bessemer et les notes sur la résistance des tubes à l'écrasement.

Extrait de la table des matières. — Histoire de la fabrication du fer. — Les minerais des différentes parties du monde. — Les combustibles : charbon de bois, tourbe, coke, houille. — Production des combustibles dans le monde entier. — Réduction des minerais. — Transformation de la fonte en fer. — Des machines employées pour forger le fer. — La forge. — Le procédé Bessemer. — Fabrication de l'acier. — Trempe et recuite de l'acier. — De la résistance et des autres propriétés mécaniques de la fonte, du fer et de l'acier. — Composition chimique de la fonte. — Statistique de l'industrie sidérurgique, etc.

G

GÉOGRAPHIE (*Traité de*) physique, ethnographique et historique à l'usage des artistes, des écoles d'architecture et des gens du monde, par O. Lescure, professeur à l'École centrale d'architecture. 1 volume. 3 fr.

Ce traité est le développement du programme de géographie sur lequel sont interrogés les candidats à l'Ecole spéciale d'architecture.

GÉOLOGUE (*Manuel du*), par Dana, traduit et adapté de l'anglais par W. Houtlet. 1 volume avec 363 figures. 2ᵉ édition. . . . . 4 fr.

TABLE DES MATIÈRES. — *Introduction.* — *Géologie physiographique.* — Traits généraux de la surface terrestre. — Système des formes terrestres. — *Géologie lithologique.* — Constitution des roches. — Condition et structure des masses rocheuses. — Règne animal. — Règne végétal. — *Géologie historique.* — Age archéen. — Temps paléozoïque. — Temps mésozoïque. — Temps cénozoïque — Ere de l'intelligence. — *Observations générales sur l'histoire géologique.* — Durée des temps géologiques. — Progrès de la vie. — *Géologie dynamique.* — Vie. — Atmosphère. — Eau. — Chaleur. — Mouvements dans la croûte terrestre et leurs conséquences. — *Appendice.* — Instruments de géologie. — Échantillons.

Gravure spécimen du *Manuel du Géologue.*

GÉOMÈTRE ARPENTEUR (*Guide pratique du*), comprenant l'arpentage, le nivellement, le levé des plans et le partage des propriétés agricoles, avec un appendice sur le calcul des solides ; 3ᵉ édition, entièrement refondue, par P.-G. Guy, ancien élève de l'Ecole polytechnique, officier d'artillerie. 1 volume avec 183 figures. . . . 4 fr.

L'auteur, en publiant cet ouvrage, a eu pour intention d'en faire un *vade-mecum* utile aux ingénieurs, aux conducteurs des ponts et chaussées, aux agents voyers, géomètres, arpenteurs, etc. Son format portatif permet de pouvoir le consulter sur le terrain ; il est un abrégé d'un grand nombre d'ouvrages encombrants, dont il présente toutes les données nécessaires pour connaître et vérifier la contenance des pièces de terre et pour en construire un plan exact.

GÉOMÉTRIE ÉLÉMENTAIRE (*Leçons de*), par Ch. ROZAN, professeur de mathématiques. 1 volume avec un atlas de 31 planches doubles. . . . . 6 fr.

En résumant les principes essentiels de la géométrie élémentaire, ceux qui conduisent directement à la mesure des lignes, des surfaces et des corps, l'auteur s'est attaché surtout à faire sentir la liaison qui existe entre ces principes, la manière dont ils découlent les uns des autres par un enchaînement continuel de déductions et de conséquences. Il s'est donc attaché à couper le discours aussi peu que possible, et à dire d'une seule traite tout ce qui se rattache à un même ordre de questions. Il le dit très brièvement, pour ne pas fatiguer l'attention ou faire perdre de vue le point de départ ; cette rapidité des démonstrations n'a cependant rien ôté à leur clarté.

H

HABITATIONS DES ANIMAUX (❋ *Guide pratique pour le bon aménagement des*), par E. GAYOT, membre de la Société centrale d'Agriculture de France. Cet ouvrage se compose de 2 parties.

1re partie : ❋ les **ÉCURIES ET LES ÉTABLES**. 1 volume avec 63 figures. . . . . 3 fr.

2e partie : ❋ les **BERGERIES ET LES PORCHERIES**, les habitations des animaux de la basse-cour, clapiers, oiselleries et colombiers. 1 volume avec 65 figures . . . 3 fr.

Aucun animal ne saurait être développé dans ses facultés natives, dans ses aptitudes propres, et produire activement dans le sens de ces dernières, si on ne le place dans les meilleures conditions d'alimentation, de logement, de multiplication. M. Gayot, avec l'autorité d'une longue expérience, a réuni dans ces deux volumes les conditions générales d'établissements et les dispositions particulières aux diverses espèces d'animaux.

1re PARTIE. — Écuries et Étables. *Extrait de la table des matières.* — Le sujet à vol d'oiseau. — Des effets de l'air pur et de l'air vicié sur l'économie animale. — L'aération : les portes et fenêtres, barbacanes et ventilateurs. *Dispositions particulières aux diverses espèces* : les dimensions intérieures, encore les portes et fenêtres, de l'aire des écuries, le plancher supérieur des écuries, arrangement intérieur et ameublement des écuries, les séparations, les boxes, établissements spéciaux, la température des écuries. *Les étables de l'espèce bovine* : l'aération, l'aire des étables, les dimensions et l'aménagement intérieurs, les boxes, règle d'hygiène générale, établissements spéciaux. 2e PARTIE. — **Les Bergeries** : de l'habitation en plein air, le parc des champs, le parc domestique, les abris brise-vent. — DE L'HABITATION COUVERTE : conditions particulières à l'établissement des bergeries, les portes et fenêtres, l'aération, les bâtiments, les aménagements intérieurs, auges et râteliers. — LA PORCHERIE : les conditions spéciales, la construction, les portes et fenêtres, les aménagements essentiels, les auges, dispositions particulières de l'ensemble. — *Les habitations de la basse-cour* : l'habitation du dindon, l'habitation de l'oie, la demeure du canard, le colombier et la volière, la faisanderie, etc., etc.

HERBORISEUR (✳ *Manuel de l'*). Comment on devient botaniste. — Clefs analytiques. — Description des genres et des espèces, suivie d'un vocabulaire. par E. GRIMARD. 5° édit. 1 volume . . . . 5 fr.

HYDRAULIQUE ET D'HYDROLOGIE souterraine et superficielle (*Guide pratique d'*), ou traité de la science des sources, de la création des fontaines, de la captation et de l'aménagement des eaux pour tous les besoins agricoles et industriels, par LAFFINEUR. 1 volume avec figures . . . . 3 fr. 50

HYDRAULIQUE URBAINE ET AGRICOLE (*Guide pratique d'*). Traité complet de l'établissement des conduites d'eau pour l'alimentation des villes, bourgs, châteaux, fermes, usines, et comprenant les moyens de créer partout des sources abondantes d'eau potable, par Jules LAFFINEUR, ingénieur civil et agronome, membre de plusieurs Sociétés savantes. 1 volume. —**Epuisé.** —

HYGIÈNE ET DE MÉDECINE USUELLE *Guide pratique d'*), complété par le traitement du *choléra épidémique*, par Victor LUNEL. 1 volume . . . . . 2 fr.

Ce livre ne s'adresse à aucune spécialité de lecteurs et convient à tout le monde. Il se subdivise en hygiène privée et en hygiène publique. Dans la première partie, l'auteur examine dans quelle mesure l'homme qui veut conserver sa santé doit, selon son âge, sa constitution et les circonstances dans lesquelles il se trouve, user des choses qui l'environnent et de ses propres facultés, soit pour ses besoins, soit pour ses plaisirs. Dans la seconde, il s'occupe de tout ce qui concerne la salubrité publique. Un chapitre spécial est consacré à la médecine des accidents.

I

INGÉNIEUR AGRICOLE (*Guide pratique de l'*). Hydraulique, dessèchement, drainage, irrigation, etc.; suivi d'un appendice contenant les lois, décrets, règlements et instructions ministérielles qui régissent ces matières, etc., par Jules LAFFINEUR, ingénieur civil et agronome, membre de plusieurs sociétés savantes. 1 volume avec figures et 3 planches. . . . . 3 fr.

> *Extrait de la table.* — Classification des terrains. — Travaux de dessèchement, évaporation, infiltration. — Jaugeage des sources, des ruisseaux et rivières. — Tracé des canaux. — Description des procédés de dessèchement, colmatage, limonage, du drainage. — Irrigation, établissement d'un système d'irrigation. — Murs de soutènement des canaux, revêtements, radiers, déversoirs, barrage, siphon. — Des diverses méthodes d'arrosage. — Mise en culture des terrains à grandes pentes. — Jurisprudence rurale.

INTRODUCTION A L'ÉTUDE DES BEAUX-ARTS, par CARTERON. 1 volume. . . . . 4 fr.

> EXTRAIT DE LA TABLE DES MATIÈRES : *La Peinture.* — Étude pratique et raisonnée du dessin.
> *Genres différents de la Peinture.* — Peinture d'histoire et peinture religieuse. — Peinture de genre. — Portrait. — Paysage.
> *Histoire de la Peinture et aperçu des différentes écoles. — Sculpture et statuaire. — Histoire de la sculpture. — L'Architecture. — Les Artistes.*

INTRODUCTION A L'ÉTUDE DE LA CHIMIE (Voir Chimie, page 23).

INTRODUCTION A L'ÉTUDE DE LA PHYSIQUE (Voir Physique, page 51).

INVENTEURS en France et à l'Étranger (*Les droits des*). Conseils généraux. — Brevets d'invention. — Péremption. — Vente. — Licences. — Exploitation. — Géographie industrielle. — Marques de fabrique. — Dessins. — Objets d'utilité, par H. DUFRENÉ, ingénieur civil, ancien élève de l'Ecole des arts et manufactures. 1 volume . . . . 3 fr.

J

JARDINAGE (✳ *Manuel pratique de*), contenant la manière de cultiver soi-même un jardin ou d'en diriger la culture. 9° édition, par Courtois-Gérard, marchand grainier, horticulteur. 1 volume avec 1 planche et de nombreuses figures dans le texte . . . . 4 fr.

Gravure spécimen du *Manuel de jardinage*.

Nous renvoyons à la note accompagnant le *Manuel de culture maraîchère* pour les titres de M. Courtois-Gérard à la confiance publique. Dans le *Manuel du jardinier*, les jardiniers de profession trouveront des conseils, des détails nouveaux et des renseignements pratiques qu'ils peuvent ignorer ; le propriétaire et l'amateur de jardin y puiseront des instructions précises et claires qui leur éviteront toute espèce de méprises et d'erreurs.

Sommaire des principaux chapitres :
Dispositions générales d'un jardin potager. — Calendrier. — Travaux de chaque mois. — Les outils. — Les défoncements. — Les fumiers. — Les arrosements. — Les couches. — Semis. — Repiquages. — Marcottes. — Boutures. — De la greffe. — De la conservation des plantes. — Les maladies des plantes potagères. — La culture des arbres fruitiers. — La culture des arbres d'agrément. — Destruction des animaux nuisibles, etc.

JOAILLIER (*Guide pratique du*), ou, traité complet des pierres précieuses, leur étude chimique et minéralogique, les moyens de les reconnaître sûrement, leur valeur approximative et raisonnée, leur emploi, la description des plus extraordinaires des chefs-d'œuvre anciens et modernes auxquels elles ont concouru, par Ch. Barbot, ancien joaillier, inventeur du procédé de décoloration du diamant brut, membre de plusieurs sociétés savantes. 1 vol. avec 3 planches renfermant 178 figures représentant les diamants les plus célèbres de l'Inde, du Brésil et de l'Europe, bruts et taillés, et les dimensions exactes des brillants et roses en rapport avec leur poids, depuis un carat jusqu'à cent carats. Nouvelle édition, revue, corrigée et annotée par Ch. Baye. 1 vol . . . 4 fr.

L

LAINE peignée, cardée, peignée et cardée (*Traité pratique de la*), contenant : 1re *partie*, mécanique pratique, formules et calculs appliqués à la filature : 2e *partie*, filature de la laine peignée, cardée peignée, sur la Mull-Jenny ; 3e *partie*, filage anglais et français sur continu ; 4e *partie*, laine cardée, par Charles LEROUX, ingénieur mécanicien, directeur de filature. 1 volume avec 32 figures dans le texte et 4 planches. . . . . 15 fr.

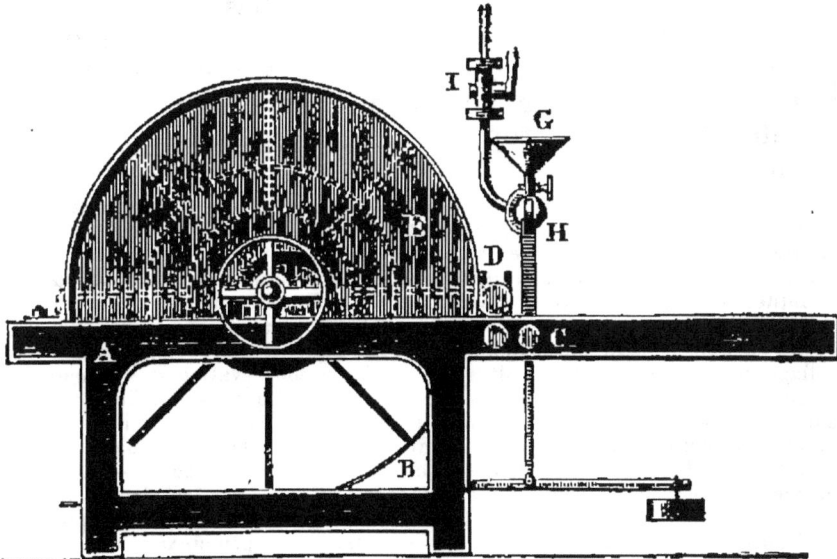

Figure spécimen du *Traité de la laine.*

Extrait de la table des matières. — Choix d'un moteur. — Transmissions. — Arbres de couche. — Courroies. — Poulies. — Engrenages. — Frottements. — Force des moteurs. — Leviers. — Fabrication. — Triage des laines. — Caractères des laines. — Main-d'œuvre du triage. — Battage. — Nettoyage des laines. — Dessuintage. — Dégraissage. — Graissage des laines. — Disposition mécanique d'un assortiment de cardes. — Aiguisement des garnitures. — Bourrage des garnitures. — Cardages. — Passage au Gill-Box. — Lissage et dégraissage des rubans. — Peignage des laines. — Préparation des laines pour filage français. — Les différents passages. — Filage français sur Mull-Jenny.

LAPINS (✳ *Guide pratique de l'éducation des*), ou Traité de la race cuniculine, suivi de l'Art de mégisser leurs peaux et d'en confectionner des fourrures, par MARIOT-DIDIEUX. 1 volume . . . . 2 fr. 50

L'industrie de l'éducation de la race cuniculine est créée et elle marche vers le progrès. C'est dans le but de la voir se propager dans les campagnes que l'auteur a publié cette nouvelle édition de son *Guide pratique*, en l'enrichissant d'un grand nombre de données nouvelles. En résumé, l'auteur démontre qu'aucune viande ne peut être produite à aussi bon marché que celle du lapin. En terminant sa préface, il adjure les habitants des campagnes de se livrer à l'éducation des lapins, parce qu'ils y trouveront, sans beaucoup de soins, une source abondante de bien-être.

LÉGISLATION PRATIQUE (✳ *Premiers principes de*), appliquée au Commerce, à l'Industrie et à l'Agriculture, par Maurice BLOCK. 2ᵉ édit. 1 volume . . . 4 fr.

LIQUEURS (*Traité de la fabrication des*) françaises et étrangères, sans distillation. 6ᵉ édition, augmentée de développements plus étendus, de nouvelles recettes pour la fabrication des liqueurs, du kirsch, du rhum, du bitter, la préparation et la bonification des eaux-de-vie et l'imitation de celles de Cognac, de différentes provenances, de la fabrication des sirops, etc., etc., par L.-F. DUBIEF, chimiste œnologue. 1 volume. . . . . 4 fr.

Ce traité est formulé en termes clairs et familiers; la personne la moins expérimentée dans l'art du distillateur, qui en lira attentivement les préceptes, pourra, sans aucun guide, devenir un bon fabricant après quelques essais. *Sommaire de quelques chapitres :* — De la composition des liqueurs. — Quantités d'alcool, de sucre et d'eau, pour les différentes classes de liqueurs.— Des teintures aromatiques. — Des infusions. — De la coloration des liqueurs. — Du mélange. — Du perfectionnement des liqueurs par le tranchage. — Du collage des liqueurs. — De la filtration. — De la conservation des liqueurs. — Règle générale pour bien opérer la fabrication des liqueurs. — Considérations à observer. — Des spiritueux aromatiques non sucrés. — Emploi des écumes et des eaux provenant du lavage des filtres. — Formules et préparations des sirops. — De l'alcool. — Du coupage ou mouillage des alcools. — Des eaux-de-vie. — Opérations d'eaux-de-vie à tous les titres avec les alcools d'industrie. — Résumé pour les liqueurs, les eaux-de-vie et les alcools. — Appendice. — L'auteur termine cet ouvrage par une liste des principaux marchés des eaux-de-vie, esprits, etc.

LIQUORISTE DES DAMES (*Le*), ou l'art de préparer en quelques instants toutes sortes de liqueurs de table et des parfums de toilette avec toutes les fleurs cultivées dans les jardins, suivi de procédés très simples et expérimentés pour mettre les fruits à l'eau-de-vie, faire des liqueurs et des ratafias, des vins de dessert, mousseux et non mousseux, des sirops rafraîchissants, etc., par L.-F. DUBIEF. 1 volume avec figures dans le texte. 3 fr.

Ce que nous avons dit des autres ouvrages de M. Dubief nous dispense de nous étendre sur celui-ci. C'est aux dames qu'il est adressé, et l'accueil qu'il a obtenu prouve suffisamment combien il est utile dans toute bibliothèque de ménage.

M

✴ **MAÇONNERIE** — Guide pratique du Constructeur — par A. DEMANET, lieutenant-colonel honoraire du génie, membre de l'Académie royale de Belgique, etc. 1 volume avec tableaux, accompagné de 20 planches doubles renfermant 137 figures gravées sur acier. . . . . 5 fr.

Extrait de la table des matières. — Des tracés. — Des mortiers et mastics — Des appareils. — De l'exécution des maçonneries. — Echafaudages et cintres — Outils et appareils. — Décintrements, charges, jointoiement. — Des épaisseurs à donner aux maçonneries. — Évaluations des travaux de maçonnerie. — Travaux divers. — Travaux d'entretien et de restauration. — De l'organisation des chantiers, etc.

MAISON (✴✴ *Comment on construit une*), par VIOLLET-LE-DUC. 1 volume avec 62 dessins par l'auteur. 5e édition. . . . . 4 fr.

Extrait de la table des matières. — Plantations de la maison et opérations sur le terrain. — La construction en élévation. — La visite au chantier. — — L'étude des escaliers. — Ce que c'est que l'architecture. — Etudes théoriques. — La charpente. — La fumisterie. — La menuiserie. — La couverture et la plomberie. — L'inauguration de la maison.

MANGANÈSES (Voir Potasses, page 54).

MARCHANDISES (*La liberté et le courtage des*), par V. EMION. Commentaire pratique de la loi du 18 juillet 1866. — **Épuisé.** —

MARCHANDISES (Voir Exploitation des chemins de fer, page 23).

MARÉCHALERIE-FERRURE. 1 volume. — **En préparation.** —

MATIÈRES INDUSTRIELLES (*Guide pratique pour l'essai des*), d'un emploi courant dans les usines, les chemins de fer, les bâtiments, la marine, etc., à l'usage des ingénieurs, manufacturiers, architectes. officiers de marine, etc., par Jules GAUDRY, chef du laboratoire des essais au chemin de fer de l'Est. 1 volume avec 37 figures et nombreux tableaux. . . . . 4 fr.

SOMMAIRE DES PRINCIPAUX CHAPITRES : PREMIÈRE PARTIE. — *Principes généraux de l'essai chimique.* — I. Composition et décomposition des corps. — II. Principes fondamentaux de l'analyse. — III. Manipulations chimiques. — IV. Marche de l'analyse. — DEUXIÈME PARTIE. — *Méthode d'essai des principales substances*

d'emploi courant. — TROISIÈME PARTIE. *Tableaux :* Tableau A. Des principaux corps simples. — B. Division des bases en cinq groupes. — C. Division des
acides en trois groupes. — D. Décomposition de l'eau par les métaux. — E. Analyse de l'eau. — F. États des incinérations. — G. Degré oléométrique des huiles.
— H. Tableau comparatif des principaux métaux industriels. — Appareils divers
pour les essais

Gravure spécimen de *Comment on construit une maison.* (Voir page 43.)

MÉCANICIEN (✳ *Guide pratique de l'ouvrier*), ou la Mécanique de l'atelier, par MM. Bonnefoy, Cochez, Dinée, Gibert, Guipont, Juhel et Ortolan, mécaniciens en chef et mécaniciens principaux de la marine de l'Etat. 1 volume avec de nombreuses figures dans le texte et un atlas de 52 planches. Texte et atlas. 2ᵉ édition. 12 fr.

Extrait de la Préface. — L'*Ouvrier mécanicien* est un recueil de faits réunis
sous la forme de calculs arithmétiques accessibles à toutes les personnes qui
savent faire les quatre premières règles. Nous ne saurions trop recommander
aux ouvriers qui ne sont plus familiarisés avec les signes et les annotations
mathématiques élémentaires, de ne pas croire qu'il y a pour eux quelque difficulté à comprendre les formules écrites dans ce livre et à s'en servir. Les
calculs qu'elles résument sous la forme la plus simple sont suivis d'un ou de
plusieurs exemples d'application.

Les parties du texte imprimées en caractères plus forts contiennent les indications simples et précises sur le plus grand nombre de cas d'application de la
mécanique aux professions industrielles. Ces indications proviennent de l'expé-

riouce des ingénieurs et des constructeurs en renom et de celle des auteurs du livre.

Les parties du texte imprimées en petits caractères traitent le côté plus théorique que pratique des questions. On peut se dispenser de les étudier, si on ne veut trouver dans l'*Ouvrier mécanicien* que le secours d'un formulaire pour l'application immédiate.

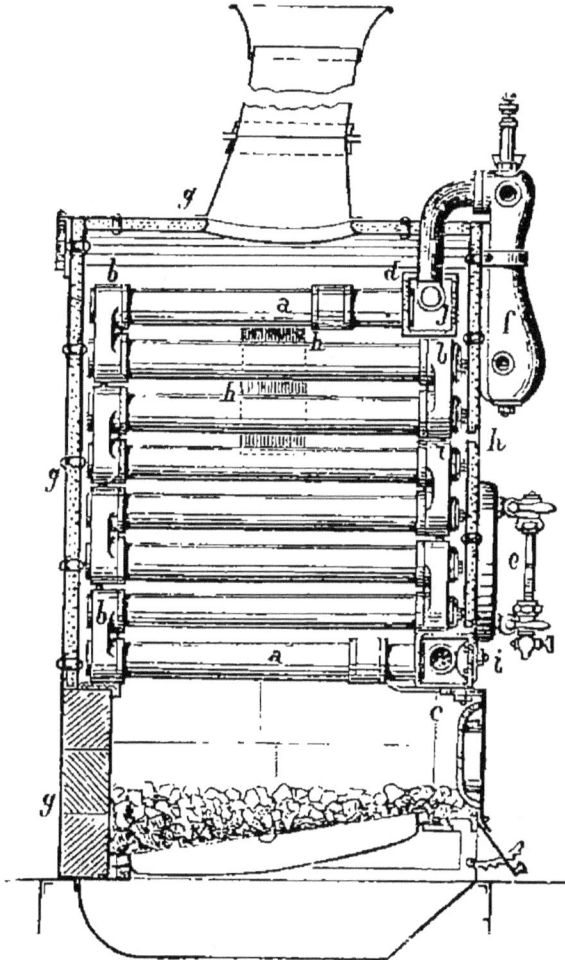

Figure spécimen du *Guide pratique de l'Ouvrier mécanicien*.

Principales divisions de l'ouvrage : Arithmétique. — Algèbre pratique. — Géométrie pratique. — Mécanique élémentaire, forces, transformation des mouvements, résistance des matériaux. — Machines motrices à air, pompes, machines hydrauliques. — Machines à vapeur; de la chaleur, de la vapeur, condensateur, chaudières, données et renseignements divers.

Vingt-cinq tables numériques complètent les données pratiques sur les questions d'application. L'atlas comprend 52 planches.

MÉCANIQUE (*Introduction à l'étude de la*), par Louis Du Temple, capitaine de frégate en retraite. 1 volume. — **En préparation.** —

MÉDECINE USUELLE (Voir Hygiène et Médecine usuelle, page 38).

MÉTALLURGIE (*Guide pratique de*), ou exposition détaillée des divers procédés employés pour obtenir des métaux utiles, précédé du Dictionnaire des mots techniques employés en métallurgie et de l'essai de la préparation des minerais, par D. L., 1 volume avec 8 planches in-4 gravées sur cuivre comprenant plus de 100 figures .   4 fr.

EXTRAIT DE LA TABLE DES MATIÈRES : Définition et aperçu de l'histoire de la métallurgie. — Vocabulaire des mots techniques métallurgiques. — PREMIÈRE PARTIE. — *De l'essai des minerais*. — Des essais mécaniques par la voie sèche, la voie humide, d'or, d'argent, de platine, de fer, de cuivre, de zinc, d'étain, de plomb, de plomb argentifère par la coupellation, de mercure, d'antimoine, d'arsenic, de bismuth. — DEUXIÈME PARTIE. — *De la préparation et du traitement des minerais*. — I. De la préparation des minerais ; triage, criblage, bocardage, lavage, grillage. — II. Traitement métallurgique des minerais d'or, d'argent, de platine, de fer, de cuivre, de zinc, d'étain, de plomb, de mercure, antimoine, arsenic, bismuth, etc. — Préparation mécanique. — Amalgamation, etc.. etc.

MÉTAUX ALCALINS (Voir Aluminium et Métaux alcalins, page 15).

MÉTÉOROLOGIE AGRICOLE (*Manuel de*) appliquée aux travaux des champs, à la physiologie végétale et à la prévision du temps, par F. Canu, météorologiste-publiciste et Albert Larbalétrier, diplomé de l'Ecole de Grignon, sous-directeur à la ferme-école de la Pilletière, 1 volume avec 3 figures et de nombreux tableaux. .   2 fr.

Extrait de la table des matières : *Notions préliminaires*. — *Chaleur :* Action de la chaleur sur le sol, échauffement, desséchement, action de la chaleur sur la plante, évolution, action physique. — *Lumière :* Production de la chlorophylle, assimilation, transpiration, lumière du sol. — *Humidité de l'air.* — *Brouillard et rosée.* — *Pluie.* — *Froid.* — *Gelées.* — *La neige.* — *Vents.* — *Électricité.* — *Grêle.* — *Les éléments de l'air et le sédiment.* — *Instructions météorologiques.* — *Prévision du temps :* Prévision à longue et à courte échéance, prévisions des gelées nocturnes. — *Tableaux divers.*

MÉTIERS MANUELS (*Le livre des*), répertoire des procédés industriels, tours de main et ficelles d'atelier, recettes nouvelles et inédites, méthodes abréviatives de travail recueillies en vue de permettre aux amateurs, manufacturiers, ouvriers des petites villes et des campagnes d'exécuter aussi bien que les ouvriers spécialistes de Paris tous les travaux usuels d'une utilité journalière, par J.-P. Houzé. 1 volume avec 5 planches hors texte comprenant de nombreux dessins techniques . . . . . . 5 fr.

MINÉRALOGIE USUELLE (*Guide pratique de*). Exposition succincte et méthodique des minéraux, de leurs caractères, de leur composition chimique, de leurs gisements, de leur application aux arts et à l'industrie, par M. DRAPIEZ. 1 volume . . . . 3 fr.

A la lucidité des définitions et à la simplicité de la méthode d'exposition, ce guide joint un mérite qui n'échappera pas aux hommes pratiques ; il contient la description des 1,500 espèces minérales dont il analyse les caractères distinctifs, la forme régulière et la forme irrégulière, les propriétés particulières, les compositions chimiques et les synonymies, les gisements, les applications dans les arts, dans l'industrie, etc.

MINÉRALOGIE APPLIQUÉE (*Guide pratique de*), histoire naturelle inorganique ou connaissance des combustibles minéraux, des pierres précieuses, des matériaux de construction, des argiles céramiques, des minerais manufacturiers et des laboratoires, des minerais de fer, de cuivre, de zinc, de plomb, d'étain, de mercure, d'argent, d'antimoine, d'or, de platine, etc., par A.-F. NOGUÈS, professeur de sciences physiques et naturelles. 2 volumes avec 248 figures. . . . . 10 fr.

Cet ouvrage a été écrit principalement pour les personnes qui désirent acquérir des notions justes, pratiques et usuelles sur les minerais métallifères et les minéraux employés dans les arts et l'industrie. Les étudiants qui suivent les cours des Facultés, les élèves des Écoles spéciales et industrielles, les ingénieurs, les élèves des Écoles des mines, les mineurs, les agriculteurs, les directeurs d'exploitations minières, les gardes-mines, les amateurs et les gens du monde qui voudront acquérir des connaissances pratiques en minéralogie, le consulteront avec fruit.

Ce guide a été conçu dans un esprit essentiellement pratique et industriel. M. Noguès, en publiant cet ouvrage, a voulu offrir au public le cours de minéralogie qu'il professe avec tant de succès à l'École centrale des arts et manufactures de Lyon. — Nous ne donnons pas ici la table des matières contenues dans l'œuvre de M. Noguès, elle est trop considérable, mais nous indiquerons le titre des chapitres.

I. Définitions des termes et généralités. — II. Caractères géométriques des minéraux ou cristallogie. — Cristallogie comparée ou morphologie minérale. — Cristallogénie. — Caractères physiques, chimiques et géologiques des minéraux. — Classification des minéraux. — Description des espèces minérales. — Appendice au carbone. — Organolithes. — Classifications.

N

NATURALISTE (*Manuel du*). — Zoologie, par AGASSIZ et GOULD. Traduit par Elisée Reclus. 1 volume. — **En préparation.** —

O

OCTROIS (*Nouveau manuel des*), par E. LAFFOLAY, inspecteur de l'octroi en retraite. 1 volume avec tableaux . . . . 4 fr.

Observations concernant la rédaction des procès-verbaux. — Formulaire pour la rédaction des procès-verbaux les plus usuels en matière d'octroi, en matière de contributions indirectes et d'octroi et eu matière de contributions indirectes inclusivement.

OIES et **CANARDS** (*Guide pratique de l'éducation lucrative des*), par MARIOT-DIDIEUX, vétérinaire. 1 volume. . . . . 2 fr. 50

Les ouvrages de M. Mariot-Didieux sont au premier rang parmi ceux qui enrichissent notre bibliothèque. Aussi voulons-nous, pour en mieux faire ressortir le mérite, donner ici le sommaire des principaux chapitres.

1o *L'oie*. — Histoire naturelle. — Races françaises, petite race, grosse race et leurs variétés au nombre de cinq. Races étrangères; elles sont au nombre de douze. — Produits de l'oie, du plumage, de la multiplication, des accouplements, de la ponte, de l'incubation. — Eclosion, nourriture des oisons, nourriture ordinaire des oies. — Logement. — Engraissement. — Foies gras. — Manière de tuer les oies. — Commerce, vente, mégissage des peaux d'oies pour fourrures, — Maladies, hygiène.

2o *Du Canard*. — Histoire naturelle, mœurs. — Races françaises; elles sont au nombre de quatre. — Races étrangères, on en compte onze principales. — De la ponte. Manière d'augmenter la ponte. — De l'incubation naturelle. — Des canards mulets. — Nourriture et élevage des canetons, engraissement. — Vente des canetons. — Comment on doit tuer le canard. — Du plumage. — Habitation. — Maladies. — Hygiène, etc.

OSTRÉICULTEUR (*Guide pratique de l'*), ou Culture des huîtres et procédés d'élevage et de multiplication des races marines comestibles, histoire naturelle des mollusques et des crustacés. — Causes du dépeuplement progressif des bancs d'huîtres. — Industrie et procédés actuels. — Construction des claires, parcs, viviers, etc. — Exploitation des claires. — Culture des moules. — Élevage des homards, langoustes, etc., par Félix FRAICHE, professeur de sciences mathématiques et naturelles. 1 volume avec figures dans le texte . . . . 3 fr.

Les chemins de fer et la navigation, en diminuant les distances, ont créé pour les races marines comestibles des débouchés qui leur avaient manqué jusqu'alors. De là et d'autres causes que M. Fraiche indique, l'appauvrissement des bancs d'huîtres. L'auteur, qui s'est inspiré des travaux de M. Coste, démontre que l'ostréiculture est une industrie facile à créer et à développer, et qui donne des résultats rémunérateurs à ceux qui savent l'exploiter.

Figure spécimen du *Guide de l'Ostréiculteur*.

P

PAPIER et du **CARTON** (*Guide pratique de la fabrication du*), par A. Prouteaux, ingénieur civil, ancien élève de l'École centrale des arts et manufactures, ancien directeur de papeterie. Nouvelle édit. 1 volume avec 8 planches. 4 fr.

Extrait de la table des matières. — Historique. — Matières premières. — Fabrication : triage, délissage, blutage, lavage et lessivage, défilage, égouttage, blanchiment, raffinage, collage, matières colorantes, travail de la machine à papier, de l'apprêt. — Fabrication du papier à la cuve ou à la main. — Classification des papiers. — Diverses substances propres à la fabrication du papier. — Papier de paille, papier de bois, papier d'alfa. — Papiers spéciaux. — Analyse chimique des matières employées en papeterie. — Matériel d'une papeterie. — Prix de revient, personnel, administration d'une papeterie. — Fabrication du carton. — Fabrication du papier en Chine et au Japon. — Considérations économiques. — Principaux brevets d'invention français relatifs à l'industrie du papier. — Prix des appareils et des principales matières employées en papeterie.

PARFUMEUR (*Guide pratique du*), dictionnaire raisonné des **cosmétiques et parfums**, contenant : la description des substances employées en parfumerie, les altérations ou falsifications qui peuvent les dénaturer, etc., les formules de plus de 500 préparations cosmétiques, huiles parfumées, poudres dentifrices dilatoires, eaux diverses, extraits, eaux distillées, essences, teintures, infusions, esprits aromatiques, vinaigres et savons de toilette, pastilles, crèmes, etc., par le docteur B. Lunel. 1 volume rédigé sous forme de dictionnaire avec un appendice. . . . . 4 fr.

La parfumerie est une industrie qui, bien comprise et loyalement faite, se rattache d'un côté à l'hygiène et de l'autre est destinée à satisfaire des goûts et des sensations commandées par le luxe et une civilisation plus ou moins avancée.

M. Lunel divise la fabrication en trois classes : fabrique de parfumerie à bon marché, fabrique dont les produits sont coûteux, et enfin les fabriques mixtes, dans les vastes magasins desquelles on trouve aussi bien les produits ordinaires que les produits extra-fins.

M. Lunel donne des renseignements précieux sur toutes ces préparations, et son livre a cela de précieux qu'il donne toutes les formules et les secrets de la fabrication.

PERSPECTIVE (*Théorie pratique de la*). Étude à l'usage des artistes peintres, des élèves des Écoles des beaux-arts, des Écoles industrielles, etc., par V. Pellegrin, peintre. 1 volume avec 42 figures et 1 planche de 16 figures. . . . . 4 fr.

PHYSIQUE (* *Introduction à l'étude de la*), par Louis Du Temple, capitaine de frégate en retraite. 1 volume avec 146 figures, 2ᵉ édition . . . . 4 fr.

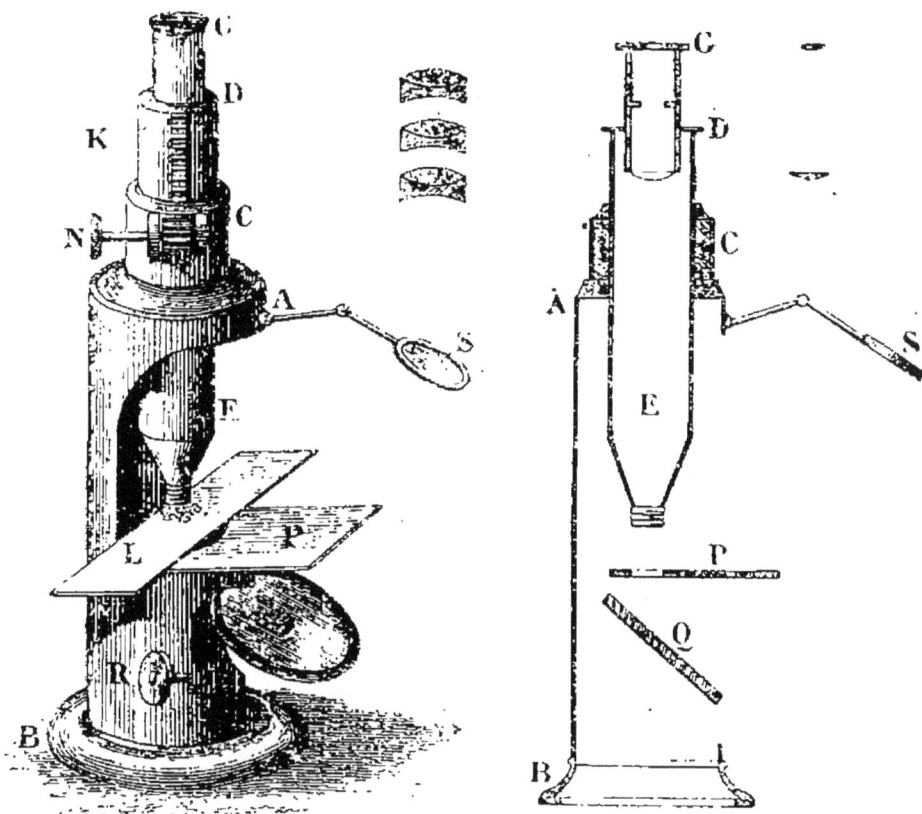

Figure spécimen de l'*Introduction à l'Étude de la physique*.

Sommaire des principaux chapitres : *Quelques définitions de chimie* : Éléments qui entrent dans la composition des corps. — Nomenclature chimique. — *Introduction.* — *La Force* : Pesanteur. — Actions moléculaires. — *Calorique et Chaleur* : Température. — Mode de propagation de la chaleur. — Changement d'état des corps par la chaleur. — *Lumière.* — Réflexion de la lumière. — Réfraction. — Décomposition et recomposition de la lumière. — Applications diverses des phénomènes de la lumière. — Lunettes. — *Sons.* — Propagation. — Réflexion. — Vibration. — *Électricité.* — *Électro-Magnétisme.* — *Electro-Chimie.*

PHOTOGRAPHE (*L'étudiant*), traité pratique de photographie à l'usage des amateurs, avec les procédés de

MM. Civiale, Bacot, Cavelier, Robert, par A. CHEVALIER. 1 volume avec 68 figures . . . . 3 fr.

Ce livre est un manuel simplifié de photographie. Il sera utile à tous ceux qui voudront s'occuper des moyens de reproduire la nature à l'aide de la lumière. Comme son titre l'indique, c'est le livre de l'étudiant, et certes nous n'avons, en le livrant à la publicité, qu'un seul désir, celui d'être utile. Nous sommes sûrs des procédés indiqués, car nous avons dû expérimenter nous-mêmes celui relatif au collodion humide.

PIERRES PRÉCIEUSES (Voir Joaillier, page 40).

PISCICULTURE et AQUICULTURE FLUVIALES (*Manuel de*), appliqué au repeuplement des cours d'eau et à l'élevage en eaux fermées, par Albert LARBALÉTRIER, diplômé de l'École d'agriculture de Grignon, ancien élève libre de l'Institut national agronomique, ex-professeur de pisciculture, etc., 1 volume avec figures et tableaux. . . . . 4 fr.

EXTRAIT DE LA TABLE DES MATIÈRES. — *Pisciculture d'eau douce.* — Notions préliminaires. — PREMIÈRE PARTIE : *Les Poissons.* — Considérations générales. — Organisation des poissons. — Classification des poissons. — Description des ordres de poissons. — Nature des Eaux douces. — Description, mœurs et genre de vie des principales espèces de poissons. — DEUXIÈME PARTIE : *Les procédés de multiplication et d'élevage.* — La Pisciculture naturelle : les Étangs, aménagement des cours d'eau. — La Pisciculture artificielle : Acclimatation des poissons, Fécondations artificielles, Incubation et éclosion, Alevinage et élevage, transport des œufs et des poissons, Frayères artificielles, Ennemis des Poissons — TROISIÈME PARTIE : *Pêche en eau douce et législation.* — Pêche à la ligne, Pêche au filet. — Législation : Lois et règlements, Historique et considérations générales. — QUATRIÈME PARTIE : *Culture spéciale des Crustacés et Annélides d'eau douce.* — Écrevisse, Sangsues.

PLANTES FOURRAGÈRES (*Guide pratique pour la culture des*), par A. GOBIN, ancien élève de l'École de Grand-Jouan, ancien directeur de la colonie pénitentiaire du Val-d'Yèvres (Cher).

Première partie. — **PRAIRIES NATURELLES, PATURAGES**, 1 volume avec un appendice de nombreuses figures. . . . . 3 fr.

Figure spécimen du *Guide pratique pour la culture des Plantes Fourragères.*

Deuxième partie. — **PRAIRIES ARTIFICIELLES, PLANTES, RACINES**, 1 volume avec 87 figures . . . . 3 fr.

Figure spécimen du *Guide pratique pour la culture des plantes fourragères.*

Les fourrages sont la base de toute culture, et il est admis aujourd'hui, par tous les agriculteurs intelligents, que pour avoir du blé il faut faire des prés. M. Gobin, guidé par sa grande expérience, a voulu rédiger un guide tout pratique indiquant tout ce qui doit être observé pour obtenir les meilleurs résultats et éviter les dépenses inutiles : mais, comme il le dit dans sa préface, si le titre même de son livre lui a fait une loi de se restreindre à la culture des plantes fourragères et de s'abstenir de considérations scientifiques inutiles au but qu'il poursuit, il ne s'est pas interdit les applications pratiques des sciences, en tant qu'elles se rapportent à l'explication des phénomènes ou à l'amélioration des méthodes de culture. « C'est là, en effet, dit-il, ce que nous entendons par la pratique, et non point seulement la routine manuelle, qui consiste à savoir tenir les mancherons de la charrue, charger une voiture de gerbes ou manier la faux, celle-ci suffit à un ouvrier, celle-là est nécessaire au moindre cultivateur intelligent. »

Ce guide peut être considéré comme le résumé des leçons professées avec tant de succès par M. Gobin à l'*Ecole de Grignon.*

PONTS ET CHAUSSÉES et de l'Agent voyer (*Guide pratique du Conducteur des*). Principes de l'art de l'ingénieur, comprenant : plans et nivellements, routes et chemins, ponts et aqueducs, travaux de construction en général et devis, par F. BIROT, ingénieur civil, ancien conducteur des ponts et chaussées. 4° édition, revue et augmentée.

Première partie. — **ROUTES**. — 1 vol. accompagné de 12 planches doubles, contenant 99 figures . . . . . . 4 fr.

Deuxième partie. — **PONTS**. — 1 vol. accompagné de 8 planches doubles, contenant 44 figures . . . . . . .4 fr.

Nous allons donner un extrait de la table des matières de ces volumes, devenus le *vade-mecum* des agents des ponts et chaussées.

Première partie. — *Chap. Ier.* — Tracé et mesure des lignes. Arpentage proprement dit. Mesure des angles. Levé à l'échelle. Instruments. — *Chap. II.*

Objets du nivellement. Niveaux de différents systèmes. Stadia. — *Chap. III.* Classification des routes. Projets. De la forme générale des routes. Tracé des courbes. Tables diverses. — *Chap. IV.* Construction des chaussées. Entretien des routes. Déblais et remblais.

Deuxième partie. — *Chap. I.* Ponts et aqueducs. Ponceaux. Murs de soutènement. Parapets. Voûtes biaises. Sondages. Pieux. Pilotis. Palplanches. Enrochements. — *Chap. II.* Des cintres et des ponts en charpente. — *Chap. III.* Études des matériaux employés dans les constructions. — *Chap. IV.* Du métrage et du devis. Avant-métré d'un aqueduc, d'un ponceau, etc.

L'auteur a terminé par le programme d'admission pour l'emploi de conducteur.

PORCHERIES (Voir Habitations des animaux, page 37).

POTASSES (*Guide pratique pour reconnaître et pour déterminer le titre véritable et la valeur commerciale des*), des SOUDES, des CENDRES, des ACIDES et des MANGANÈSES, avec neuf tables de déterminations, traduit de l'allemand par le docteur G.-W. BICHON, ancien élève de M. Justus Liebig, nouvelle édition, augmentée de notes, tables et documents, par R. FRÉSÉNIUS et le Dr WILL, docteurs, assistants et préparateurs au laboratoire de Giessen. 1 volume avec figures. 2 fr.

Le livre de MM. Frésénius et Will est le résultat des précieuses recherches auxquelles se sont livrés ces deux savants chimistes étrangers; c'est avec beaucoup de pénétration et de succès qu'ils sont parvenus à perfectionner les méthodes d'essais relatifs aux potasses, soudes, acides et manganèses.

POUDRES ET SALPÊTRES (*Guide pratique de la fabrication des*), avec un appendice par le major STEERK sur les *feux d'artifice*, par M. SPILT. 1 volume avec de nombreuses figures dans le texte. . . . . 6 fr.

Dès les premières lignes de ce livre, on s'aperçoit que l'auteur est un homme compétent dans la matière qu'il traite, et qu'à l'étude dans le laboratoire, le major Steerk a joint l'expérience en grand. Dans ses données, tout est rigoureusement exact, et on peut accepter l'auteur comme guide, sans craindre de se tromper.

L'appendice sur les feux d'artifice résume en quelques pages les notions nécessaires pour la confection de ces feux.

Sommaire des chapitres. — *Première partie :* Soufre, salpêtre, bois. — Charbon : carbonisation par distillation, par vapeur, analyses des charbons. — Poudres : poudres de guerre, poudres de mine, poudres du commerce extérieur et poudres de chasse. — Epreuves. — Combustion des poudres, dosages, analyses.

Deuxième partie : Feux d'artifice. — Historique, matières premières, produits chimiques, outils, cartonnages, cartouches, feux qui produisent leur effet sur le sol, feux qui le produisent dans l'air, sur l'eau, etc., feux de salon, feux de théâtre. Confection des principales pièces d'artifice.

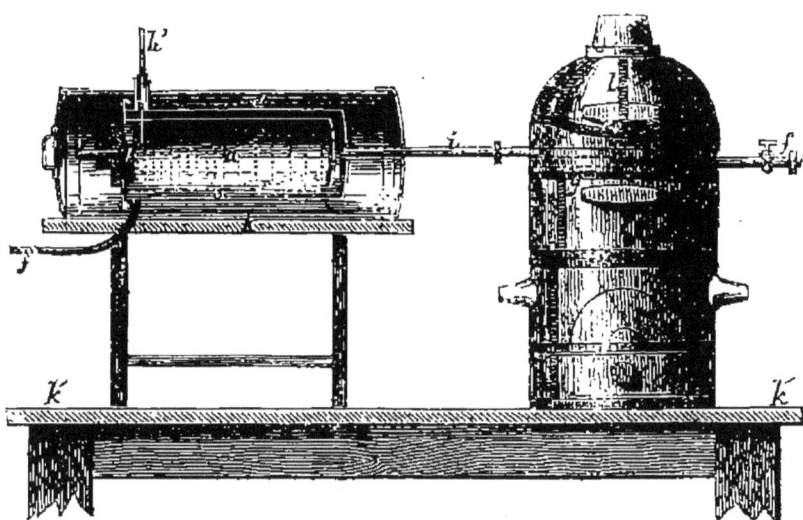

Figure spécimen du *Guide de la fabrication des poudres et salpêtres*.
(Voir page 54.)

POULES (*Éducation lucrative des*), ou traité raisonné de gallinoculture, par MARIOT-DIDIEUX, vétérinaire en premier aux remontes de l'armée, membre et lauréat de plusieurs sociétés savantes. Nouvelle édition. 1 vol. 4 fr.

L'éducation, la multiplication et l'amélioration des animaux qui peuplent les basses-cours ont fait depuis une quinzaine d'années de notables progrès. Répondant à un besoin de l'économie domestique, l'auteur de ce guide pratique a voulu faire un traité complet de gallinoculture dans lequel, après des considérations historiques, anatomiques et physiologiques sur les poules, il décrit les caractères physiques et moraux de quarante-deux races, apprend à faire un choix parmi ces races si diverses et indique les moyens de conservation et de multiplication des individus. Des chapitres spéciaux sont consacrés aux maladies, à la pharmacie gallinée, à la statistique des poules et des œufs de la France, etc.

Les ouvrages de M. Mariot-Didieux sont au premier rang parmi ceux qui enrichissent notre bibliothèque. Aussi voulons-nous, pour en mieux faire ressortir le mérite, donner ici le sommaire des principaux chapitres :

Gallinoculture. — De la poule, son antiquité, son utilité, expositions, concours, anatomie, considérations physiologiques, des sensations, voix du coq, voix de la poule. — Choix des races. — Signes extérieurs de la ponte. — Considérations sur les races de poules. — Races françaises, hollandaises, belges, anglaises, espagnoles, italiennes, prussiennes.— Races asiatiques, indiennes, japonaises, indo-chinoises. — Races syriennes, africaines, américaines. — Races de l'Océanie. — Du croisement des races. — Dépenses et produits de la poule. — Du poulailler, de la cour, des œufs. Moyens de reculer, d'augmenter ou d'avancer la ponte. — Fécondation du coq. — Castration ou chaponnage des coqs. — De l'incubation. — Elevage des poulets. — Maladies des poules. — De la saignée. — Pharmacie. — Vente des produits, etc.

R

ROSEAU (Voir Saule, page 55).

ROUES HYDRAULIQUES (*Traité de la construction des*), contenant tous les systèmes de roues en usage, les renseignements pratiques sur les dimensions à adopter pour les arbres tournants, les tourillons, les bras de roues hydrauliques, etc., etc., par Jules LAFFINEUR. 1 volume avec de nombreux tableaux et 8 planches. . . . . 3 fr. 50

L'auteur démontre dans sa préface que le perfectionnement des machines motrices des usines est à la fois une nécessité d'intérêt général et privé. Dans son ouvrage, il recherche et il définit les principales conditions à remplir sous ce rapport, et il donne ensuite tous les détails relatifs à la construction des roues hydrauliques dans les meilleures conditions possibles.

Fidèle à la méthode qui lui est propre, M. Laffineur s'est surtout attaché à se faire comprendre par la simplicité des termes employés et par les nombreux exemples qu'il donne.

Les planches sont d'une grande netteté ; elles représentent tous les systèmes de roues en usage, roues à palettes, roues pendantes, roues en dessous et à aubes courbes, roues à augets, roues horizontales, roues à niveau constant, frein dynamométrique, etc.

ROUTES (Voir Ponts et Chaussées, page 53).

S

SALPÊTRES (Voir Poudres, page 54).

SAULE (*Guide pratique de la culture du*) et de son emploi en agriculture, notamment dans la création des oseraies et des saussaies, avec un appendice sur la culture du roseau, par M.-J. KOLTZ, chevalier de l'ordre R. G. D. de la Couronne de chêne, agent des eaux et forêts, etc. 1 volume avec 35 figures dans le texte . . . . 2 fr.

Ce travail a pour objet de faire ressortir les avantages que procure la culture du saule dans les terrains qui lui conviennent, et qui, le plus souvent, ne peuvent être rendus productifs qu'à l'aide de cette essence ; M. Koltz donne donc le moyen de mettre en produit des terrains vagues. Dans certains parages, le roseau commun forme le complément obligé de l'osier ; l'appendice que M. Koltz a consacré à cette plante renferme des détails intéressants, surtout pour les propriétaires de terrains aujourd'hui tout à fait improductifs.

SCIENCES PHYSIQUES (*Éléments des*), appliquées à l'agriculture; ouvrage divisé en deux parties, par A.-F. POURIAU, docteur ès sciences, ancien élève de l'École centrale, professeur à l'École d'agriculture de Grignon.

Chaque partie se vend séparément.

Première partie. **CHIMIE INORGANIQUE**, suivie de l'étude des marnes, des eaux, et d'une méthode générale pour reconnaître la nature d'un des composés minéraux intéressant l'agriculture ou la médecine vétérinaire. 1 volume avec 153 figures dans le texte et tableaux. . . 7 fr.

Deuxième partie. **CHIMIE ORGANIQUE**, comprenant l'étude des éléments constitutifs des végétaux et des animaux, des notions de physiologie végétale et animale. l'alimentation du bétail, la production du fumier. 1 volume avec 65 figures dans le texte et tableaux. . . . . . . 7 fr.

Figure spécimen des *Éléments des sciences physiques*.

M. Pouriau, aujourd'hui professeur et sous-directeur à l'École d'agriculture de Grignon, a été nommé secrétaire général de la Société d'agriculture de Lyon, à l'élection. Voilà quelques-uns des titres du savant professeur; quant à ses ouvrages, ils sont promptement devenus classiques et ils sont en même temps consultés avec fruit par tous les agriculteurs, les propriétaires, les gentils-hommes-fermiers et par tous les gens d'étude et les gens du monde. Pour cette dernière classe de lecteurs, nous citerons le passage de la préface qui indique que cet ouvrage a été en partie rédigé à leur intention :

« Mais, d'autre part, je conseille aux gens du monde, que de semblables détails ne peuvent que médiocrement intéresser, de laisser de côté ces paragraphes, pour reporter leur attention sur les autres chapitres.

« Enfin, toujours guidé par le désir de satisfaire aux besoins de chaque classe de lecteurs, j'ai indiqué, *en note et séparément*, la préparation des principaux corps étudiés, parce que cette branche du cours ne saurait être utile qu'à ceux en position de faire quelques manipulations.

« Si les amis de la science agricole me prouvent, par un accueil bienveillant fait à mon livre, que j'ai suivi la bonne voie, je leur en témoignerai ma reconnaissance en leur offrant successivement les autres parties de mon enseignement. »

SERRURERIE (*Nouveaux Barêmes de*), par E.
ROULAND, 1 volume . . . . 4 fr.

EXTRAIT DE LA TABLE DES MATIÈRES. — *Balcons* en barreaux de fer rond avec
ou sans ornements, en barreaux de fer plats, en barreaux de fer carré. —
Grilles fixes en barreaux de fer rond avec ou sans petits barreaux, avec ou
sans ornements.—*Grilles ouvrantes* à deux vantaux avec ou sans petits barreaux,
avec ou sans ornements. — *Portes* à un vantail et à deux vantaux en fer à T
avec panneaux tôle. — *Poids des fers*, fers plats, carrés, ronds, T et cornières
double T. — *Poids des tôles.*

SOUDES (Voir Potasses. page 54).

SUCRES (*Guide pour l'essai et l'analyse des*), indigènes
et exotiques, à l'usage des fabricants de sucre. Résultats
de 200 analyses de sucres classés d'après leur nuance, par
E. MONIER, ingénieur chimiste, ancien élève de l'École
centrale des arts et manufactures, 1 volume avec figures
dans le texte et tableaux . . . . 3 fr.

L'auteur, après avoir rappelé les propriétés générales des substances sac-
charifères, donne les méthodes les plus simples qui permettent de doser avec
précision ces mêmes substances. Quelques notes sur l'altération et le rendement des sucres soumis au raffinage terminent le travail de M. Monier, dont
M. Payen a fait un éloge mérité devant l'Académie des sciences.

T

TEINTURIER (*Guide du*), manuel complet des connaissances chimiques indispensables à la pratique de la
teinture, par Frédéric FOL, chimiste. 1 volume avec 91 figures dans le texte. . . . . 8 fr.

En publiant cet ouvrage, l'auteur s'est proposé de répandre dans la population ouvrière qui s'occupe des travaux de teinture, les connaissances nécessaires
des sciences sur lesquelles est basée cette industrie.

TÉLÉGRAPHIE ÉLECTRIQUE (*Guide pratique
de*), ou *Vade-mecum* pratique à l'usage des employés des
lignes télégraphiques, suivi du programme des connaissances
exigées pour être admis au surnumérariat dans l'administration des lignes télégraphiques, par B. MIÈGE, directeur de lignes télégraphiques. 1 volume avec 45 figures
dans le texte.. . . . . 2 fr.

TERMES TECHNIQUES (✱* *Dictionnaire des*) de
la science, de l'industrie, des lettres et des sciences, par
A. SOUVIRON, professeur de technologie et d'histoire
naturelle à l'Association polytechnique. 1 volume . 6 fr.

TISSUS (*Manuel du commerce des*). *Vade-mecum* du **Marchand de Nouveautés**, par Edm. BOURDAIN. 1 vol. 3 fr.

SOMMAIRE DES CHAPITRES : Introduction. — Visite au magasin. — Tableau par rayon de tous les articles composant un magasin de nouveautés — Table des villes de fabrique et des genres où elles excellent. — Tissus employés pour confectionner les divers vêtements et quantités employées. — Soins à donner aux étoffes. — Tissus étrangers. — L'Escompte. — Commission. — Teinture et couleurs. — Vêtements sur mesures. — Fourrures. — Termes techniques. — Conseils pour les achats. — Voyage d'achat. — Tableau des tissages mécaniques de France. — Représentants de fabrique. — Cravates et confections. — Comptabilité. — Monnaies et mesures étrangères. — Conseils aux employés de commerce.

✳*TRANSMISSIONS DE LA PENSÉE ET DE LA VOIX**, par Louis DU TEMPLE, capitaine de frégate en retraite. 2e édit. 1 volume avec 62 figures. . . . 4 fr.

Figure spécimen de *Transmissions de la pensée et de la voix.*

SOMMAIRE DES PRINCIPAUX CHAPITRES : *Organe de la vue et moyens employés pour la corriger.* — Structure de l'œil. — Marche des rayons lumineux dans l'œil. — *Organe de la voix.* — *Organe de l'ouïe.* — Oreille. — Comment l'homme peut diminuer les imperfections de l'ouïe. — *Langage.* — Définition. — Langage écrit. — *Papier.* — Historique. — Fabrication du papier. — Différentes espèces de papier. — *Imprimerie ou Typographie.* — Historique. — Gravure. — Lithographie. — Presses typographiques. — Clichage. — Gravure en creux. — Gravure en relief. — *Photographie.* — Historique. — Procédés. — *Électro-Métallurgie.* — Galvanoplastie. — Appareils galvanoplastiques. — Applications de la galvanoplastie. — *Télégraphes aériens, pneumatiques, électriques.* — *Téléphone.* — *Phonographe.* — *Aérophone.* — *Postes.*

V

VACHE LAITIÈRE (*Guide pratique pour le choix de la*), par Ernest Dubos, vétérinaire de l'arrondissement de Beauvais, professeur de zootechnie à l'Institut agricole de la même ville. 1 volume avec 7 planches. 2ᵉ édition.   2 fr. 50

Les diverses méthodes pour le choix des vaches laitières sont résumées dans ce livre. Les agriculteurs et les éleveurs y trouveront l'indication des signes qui peuvent les guider pour la conservation et l'acquisition des animaux qui conviennent le mieux à leurs exploitations. — Les figures représentant les diverses races de vaches laitières qui sont remarquables.

Dans le chapitre premier, l'auteur s'occupe de la stabulation, de l'alimentation et du rendement. — Le chapitre deuxième est consacré à l'étude du lait, ses modifications et ses altérations. — Dans les autres chapitres, l'auteur donne des renseignements pour reconnaître les propriétés du lait, le moyen de reconnaître les falsifications, les qualités exigées de la servante de ferme et la manière de traire. — Dans les chapitres sixième et septième, il indique les caractères et les méthodes qui peuvent guider dans le choix des meilleures vaches laitières.

VERNIS (*Guide pratique de la Fabrication des*), nouvelle édition, revue, corrigée et complètement refondue,

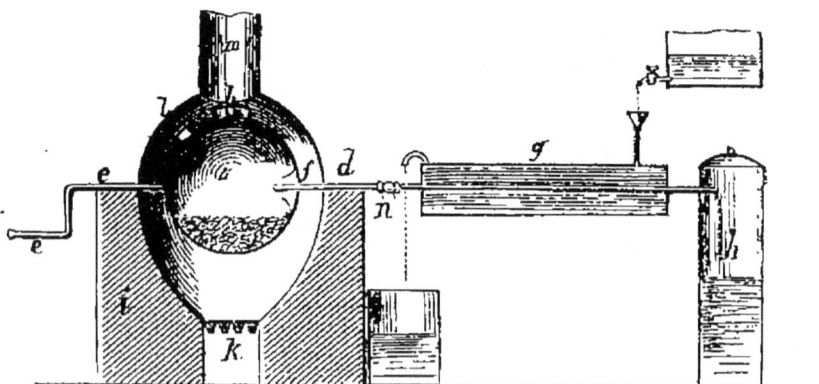

Figure spécimen de la *Fabrication des Vernis.*

de l'ouvrage de M. Tripier-Devaux, par H. Violette, ancien élève de l'École polytechnique, commissaire des poudres et salpêtres, membre de plusieurs sociétés savantes. 1 volume avec figures dans le texte . . . . . . 6 fr.

Extrait de la préface. — Les vernis ne sont autres que des solutions de résines dans certains liquides. Ces liquides, qui sont ordinairement l'*éther*, l'*alcool*, l'*essence de térébenthine* et les *huiles*, donnent aux vernis qui en résultent des propriétés caractéristiques qui en déterminent l'usage. Cette désignation des liquides nous permet de diviser les vernis en quatre classes. — Vernis à l'éther. — Vernis à l'alcool. — Vernis à l'essence. — Vernis gras.

Cette division sera celle des quatre chapitres composant notre ouvrage : nous examinerons chaque classe successivement ; cet examen comprendra : 1o les propriétés physiques et chimiques, ainsi que la préparation du liquide employé à dissoudre les résines de cette classe ; 2o les propriétés physiques et chimiques, ainsi que l'origine des résines employées dans cette catégorie ; 3o la fabrication proprement dite des vernis, par le mélange des résines et liquide précédemment étudiés.

VIDANGE AGRICOLE (*Guide pratique de la*), à l'usage des agronomes, propriétaires et fermiers. Richesse de l'agriculture. Description de moyens faciles, économiques, salubres et pratiques, de recueillir, de désinfecter et d'employer utilement en agriculture l'engrais humain, par J.-H. TOUCHET, chef de service à la compagnie Richer. 2e édition, 1 volume avec figures. . . . . 1 fr.

Ce Guide, en ce qui concerne les vidanges et les différentes manières d'employer l'engrais humain, est le résumé des meilleures méthodes pratiquées actuellement. Les fermiers y trouveront tous des indications utiles. M. Touchet enseigne aux agronomes de la grande et de la petite culture des moyens simples et peu coûteux de se procurer de riches fumiers, richesses trop souvent négligées et perdues pour l'agriculture.

VIGNE (*La*) et ses maladies, contenant les causes et effets morbides depuis l'origine de sa culture jusqu'à nos jours, avec les moyens à employer pour les prévenir et les combattre. Précédé d'une description historique et botanique de cette plante précieuse, ainsi que d'une causerie sur l'oïdium et le phylloxera, par SERIGNE (de Narbonne), membre de plusieurs sociétés savantes. 1 volume. . 3 fr.

SOMMAIRE DES PRINCIPAUX CHAPITRES. — Description historique. — Description botanique. — L'oïdium et le phylloxera. — Description historique de l'oïdium. — Maladies de l'oïdium. — Concours pour la guérison de l'oïdium. — Opinions émises sur l'oïdium. - L'oïdium est-il la cause de la maladie? — Remède adopté contre la maladie. — Effets du soufrage. — Causes réelles de la maladie. — Températures favorables ou nuisibles. — Influence des saisons et des météores. — Blessures ou plaies, blanquet ou pourridie, coulure, carniure, chancre vitifère, clavelée, chlorose ou hydroémie, décrépitude, flottage, grapillure, nielle, geule, stérilité. — Maladie des feuilles. — Pyrales. — Destruction de la pyrale à l'état de papillon, à l'état de larve ou chenille. — Moyens préventifs et moyens curatifs. — Destruction de la pyrale à l'état d'œuf, etc.

VIGNERONS (*L'immense Trésor des*) et des **Marchands de Vin**, indiquant des moyens inédits pour vieillir instantanément les vins, leur enlever les mauvais goûts, même celui de terroir, colorer les vins blancs en rouge Narbonne, même d'une manière hygiénique et sans aucun coupage, éviter leur dégénérescence, partant, plus de vins aigres, amers, gras ou poussés; découverte d'un agent supérieur à l'alcool pour le maintien, la conservation et l'expédition lointaine des vins, par L.-F. DUBIEF, 5e édition revue, corrigée et considérablement augmentée. 1 volume. 3 fr.

Extrait de la table des matières. — De la connaissance des vins. — Appréciation et dégustation. — De la distinction. — Du mélange ou du coupage. — Du vinage. — Amélioration des vins. — De l'imitation des vins. — De la confection des vins mousseux. — Du vin muet et de ses avantages. — Des vins de liqueure et de leurs imitations. — Recettes et opérations des vins de liqueurs. — *Méthode du Midi.* — *Méthode de Paris.* — De la conservation des vins en fûts pleins et en vidange. — Du soutirage ou méchage. — Du collage pour la clarification. — Arome, sève, bouquet et goût de terroir. — Du gouvernement et de la conservation des vins. — De la mise en bouteilles. — Des altérations. — Moyen de les prévenir et de les corriger. — Des altérations accidentelles et moyen de les guérir. — Disposition et conservation des tonneaux. — Contenance des fûts. — L'auteur termine son livre par une série de renseignements très utiles.

VIGNERON (✳*Guide pratique du*), culture, vendange et vinification, par FLEURY-LACOSTE, président de la Société centrale d'agriculture du département de la Savoie, membre de plusieurs Sociétés savantes. 1 volume. . 3 fr.

Dans la première partie, l'auteur donne les principes généraux pour la culture de la vigne basse : culture en ligne, orientation, la taille, le pinçage, les engrais, choix des cépages, 1re, 2e, 3e et 4e années.
La seconde partie, intitulée *Calendrier du Vigneron*, lui indique les travaux qu'il a à faire mensuellement. La culture des hautains sur treillages élevés dans les champs, remplit la troisième partie. — Quatrième partie : Nouvelles observations pratiques sur les phénomènes de la végétation de la vigne. — Cinquième partie : De la vendange et de la vinification : degré de maturité. — Du ban des vendanges. — Personnel. — Le nettoyage et l'écrasement des grains. — La cuve. — Le décuvage. — Enfin l'auteur termine en indiquant les soins à donner aux vins nouveaux et vieux.

VIN (*Guide pratique pour reconnaître et corriger les fraudes et maladies du*), suivi d'un traité d'**analyse chimique** de tous les vins, 2e édit., par Jacques BRUN, vice-président de la Société suisse des pharmaciens. 1 volume, avec de nombreux tableaux. . . . . 3 fr.

L'art de falsifier les vins a fait ces dernières années de rapides progrès. La chimie ne doit pas se laisser devancer par la fraude : elle doit lui tenir tête et pouvoir toujours montrer du doigt la substance étrangère. Cette tâche, dit M. Brun, incombe surtout aux pharmaciens. Son livre est le résumé des différents traitements qu'il a trouvés réellement utiles, et qui, dans sa longue pratique, lui ont le mieux réussi pour l'examen chimique des vins suspects.

VINS FACTICES (*Guide pratique de la fabrication des*) et des boissons vineuses en général, ou manière de fabriquer soi-même les vins, cidres, poirés, bières, hydromels, piquettes et toutes sortes de boissons vineuses, par des procédés faciles, économiques et des plus hygiéniques, par L.-F. DUBIEF. 2º édit. 1 volume . . . . 2 fr.

M. Dubief a publié ce petit ouvrage, non seulement pour venir en aide aux personnes économes, mais encore, et plus, pour celles dont l'économie est une nécessité. Si elles suivent les prescriptions qui y sont indiquées, elles peuvent être assurées de bien fabriquer elles-mêmes et avec facilité toutes sortes de vins, bières, cidres, etc. Ainsi, il traite la cuvée des vins de raisin fabriqués avec le marc, avec sirop de sucre, de fécule. — Vin rouge de sucre. — Vin mousseux, de fruits, cerises, prunes, groseilles, etc., etc. — Vins de grains, céréales, etc. — Toutes les formules et les procédés indiqués par l'auteur sont simples et faciles, et il suffit de les avoir lus pour les mettre en pratique.

VINIFICATION (*Traité complet de*) ou art de faire du vin avec toutes les substances fermentescibles, en tout temps et sous tous les climats, par L.-F. DUBIEF. 4º édit. 1 volume . . . . 6 fr.

Volume contenant : Les moyens de remédier à l'intempérie des saisons relativement à la maturité du raisin. Le tableau des phénomènes de la fermentation et le meilleur moyen de la produire et de la diriger; les moyens particuliers de faire fermenter les marcs provenant de l'égrapillage du raisin et refermenter ceux qui ont déjà été fermentés; de procurer au vin plus de qualité par une seconde fermentation; de le vieillir sans faire de coupage, par des procédés simples et faciles; de lui enlever le goût de terroir, comme aussi d'obtenir des marcs de raisin, de l'alcool, de l'huile, de l'acide tartrique, etc. ; *et suivi* : des procédés de fabrication des vins mousseux, des vins de liqueurs, vins de fruits et vins factices, les soins qu'exigent leur gouvernement et leur conservation, les principes pour la dégustation et l'analyse des vins, etc., etc.

VOYAGEURS ET BAGAGES (Voir Exploitation des chemins de fer, page 23).

Le cartonnage toile de chaque volume se paye 0,50 c. en plus des prix indiqués.

TABLE DES NOMS D'AUTEURS
PAR ORDRE ALPHABÉTIQUE

Imprimeries réunies. C. rue du Four, 54 bis, Paris — 4477.

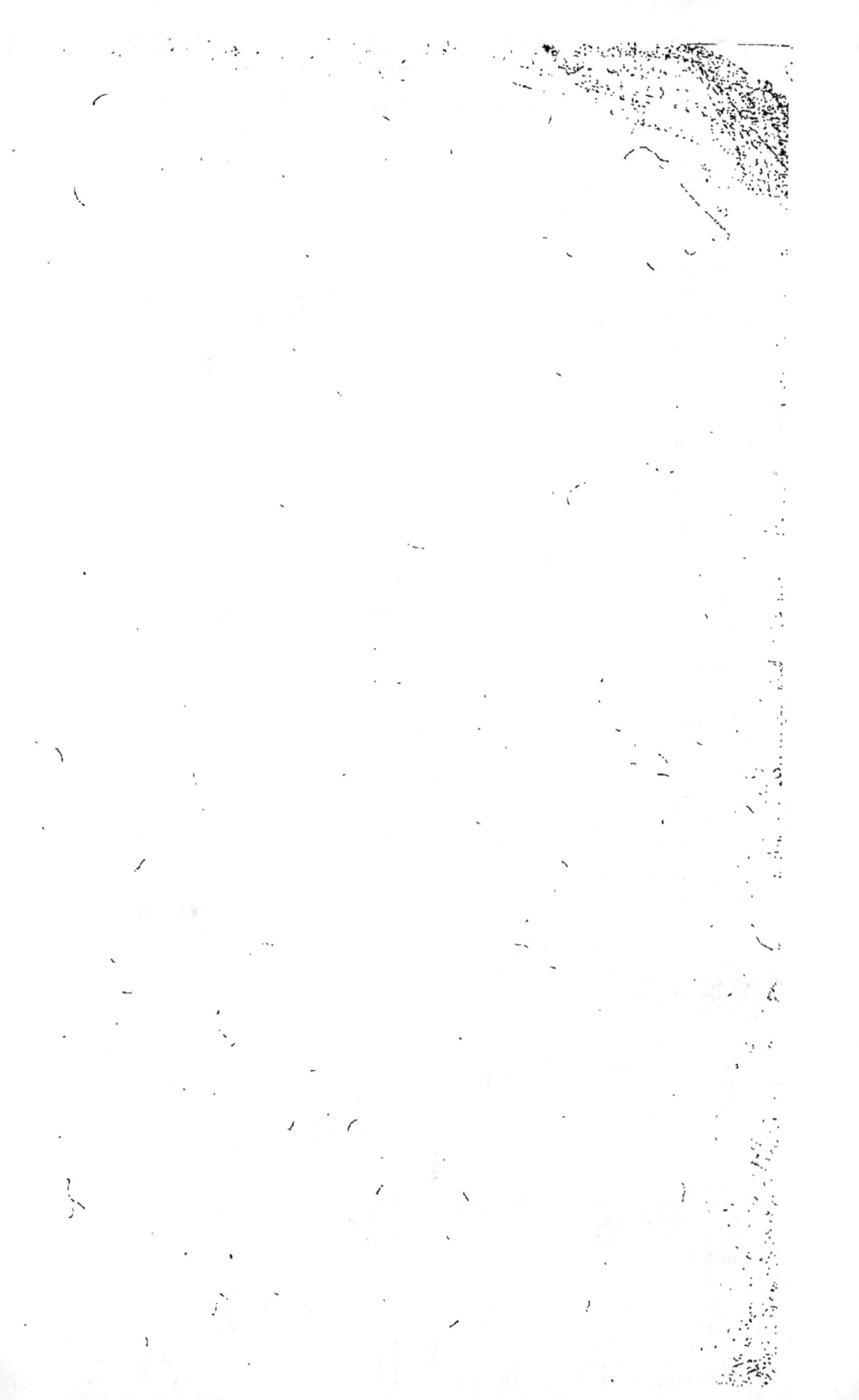

J. HETZEL et Cⁱᵉ, Éditeurs, 18, rue Jacob, Paris.

BIBLIOTHÈQUE DES PROFESSIONS

INDUSTRIELLES, COMMERCIALES ET AGRICOLES

www.ingramcontent.com/pod-product-compliance
Lightning Source LLC
Chambersburg PA
CBHW060952220326
41599CB00023B/3688